#최강단원별연산
#교과서단원에맞춘연산교재
#연산유형완벽마스터
#재미UP!연산학습

계산박사

Chunjae
Makes
Chunjae

▼

| | |
|---|---|
| **기획총괄** | 김안나 |
| **편집개발** | 이근우, 서진호, 한인숙 |
| **디자인총괄** | 김희정 |
| **표지디자인** | 윤순미, 박민정 |
| **내지디자인** | 박희춘 |
| **제작** | 황성진, 조규영 |

| | |
|---|---|
| **발행일** | 2024년 8월 1일 5판 2024년 8월 1일 1쇄 |
| **발행인** | (주)천재교육 |
| **주소** | 서울시 금천구 가산로9길 54 |
| **신고번호** | 제2001-000018호 |
| **고객센터** | 1577-0902 |
| **교재 구입 문의** | 1522-5566 |


※ 정답 분실 시에는 천재교육 홈페이지에서 내려받으세요.
※ KC 마크는 이 제품이 공통안전기준에 적합하였음을 의미합니다.
※ 주의
책 모서리에 다칠 수 있으니 주의하시기 바랍니다.
부주의로 인한 사고의 경우 책임지지 않습니다.
8세 미만의 어린이는 부모님의 관리가 필요합니다.

최강 **단원별** 연산

# 계산박사

POWER

5 단계

최강 단원별 연산

# 계산박사 만의 남다른 특징

## 1

### 교과서 단원에 맞춘 연산 학습

교과서 주요 내용을 단원별로 세분화하여 교과서에 나오는 연산 문제를 반복 연습할 수 있어요.

1 대표 문제를 통해 개념을 이해해 보세요.

2 배운 내용을 아래 문제에서 연습해 보세요.

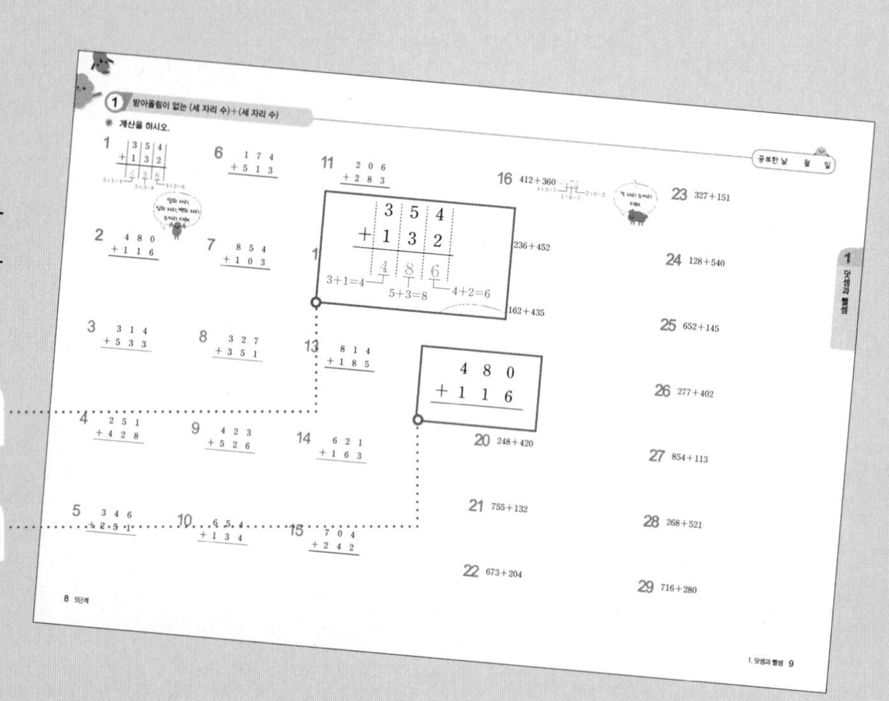

## 2

### QR 코드를 통한 문제 생성기, 게임 무료 제공

QR 코드를 찍어 보세요.
문제 생성기 와 학습 게임 이
무료로 제공됩니다.

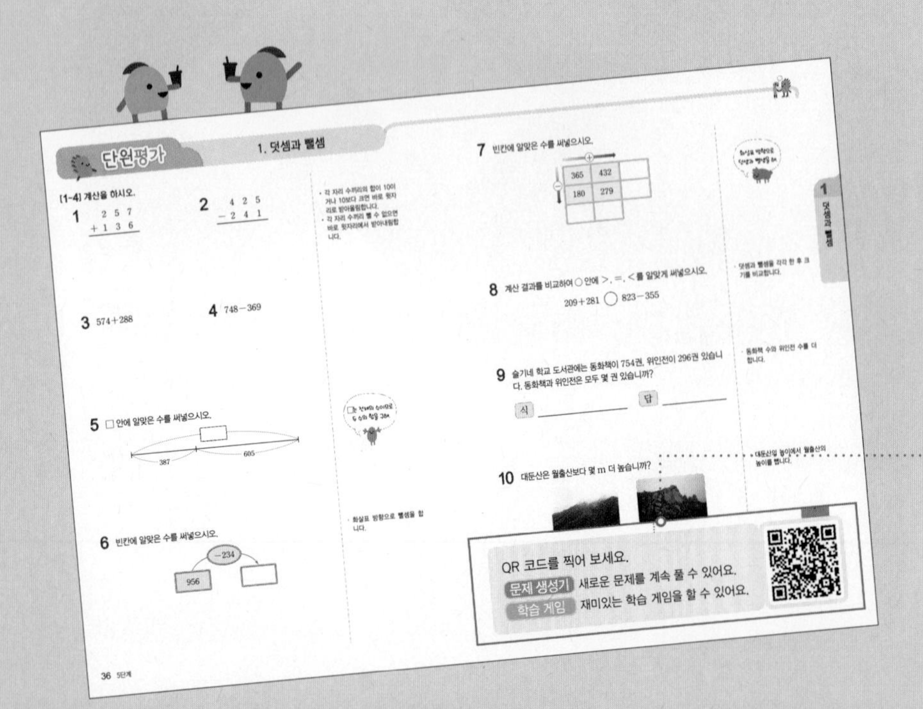

문제 생성기 같은 유형의 여러 문제를 더 풀어 볼 수 있어요.

학습 게임 주제와 관련된 재미있는 학습 게임을 할 수 있어요.

5단계

# 차례

# 1 덧셈과 뺄셈

QR 코드를 찍어 보세요.
재미있는 학습 게임을
할 수 있어요.

## 제1화 로보Z와 함께 우주로 고고씽~

**이미 배운 내용**

[2-1 덧셈과 뺄셈]

- 받아올림이 있는 두 자리 수의 덧셈하기
- 받아내림이 있는 두 자리 수의 뺄셈하기

**이번에 배울 내용**

- 받아올림이 없는, 받아올림이 있는 세 자리 수의 덧셈하기
- 받아내림이 없는, 받아내림이 있는 세 자리 수의 뺄셈하기

**앞으로 배울 내용**

[4-2 분수의 덧셈과 뺄셈]

- 분수의 덧셈과 뺄셈하기

[4-2 소수의 덧셈과 뺄셈]

- 소수의 덧셈과 뺄셈하기

# 배운 것 확인하기

## 1 (두 자리 수)+(한 자리 수)

✷ 계산을 하시오.

1 $25+7=32$

$$\begin{array}{r} {\scriptstyle 1} \\ 2\ 5 \\ +\quad 7 \\ \hline 3\ 2 \end{array}$$

일의 자리 수끼리의
합이 10이거나
10보다 크면 십의
자리로 받아올림해.

2 $46+4$

3 $59+2$

4 $87+9$

5 $34+7$

6 $78+5$

7 $89+6$

8 $66+7$

## 2 (두 자리 수)+(두 자리 수)

✷ 계산을 하시오.

1 $34+19=53$

$$\begin{array}{r} {\scriptstyle 1} \\ 3\ 4 \\ +\ 1\ 9 \\ \hline 5\ 3 \end{array}$$

2 $26+47$

3 $68+25$

4 $56+48$

5 $27+39$

6 $74+18$

7 $58+63$

8 $96+85$

## 3 (두 자리 수)−(한 자리 수)

✷ 계산을 하시오.

1 $23-7=16$

$$\begin{array}{r} \overset{1}{\cancel{2}}\,\overset{10}{3} \\ -\quad 7 \\ \hline 1\,6 \end{array}$$



2 $35-8$

3 $51-2$

4 $84-6$

5 $42-3$

6 $66-9$

7 $97-8$

8 $85-7$

## 4 (두 자리 수)−(두 자리 수)

✷ 계산을 하시오.

1 $32-18=14$

$$\begin{array}{r} \overset{2}{\cancel{3}}\,\overset{10}{2} \\ -\,1\,8 \\ \hline 1\,4 \end{array}$$

2 $54-39$

3 $60-23$

4 $95-47$

5 $48-29$

6 $71-35$

7 $96-68$

8 $82-46$

1 덧셈과 뺄셈

## 1 받아올림이 없는 (세 자리 수)+(세 자리 수)

✺ 계산을 하시오.

**1**
$$\begin{array}{r} 3\ 5\ 4 \\ +\ 1\ 3\ 2 \\ \hline 4\ 8\ 6 \end{array}$$

3+1=4 5+3=8 4+2=6

일의 자리, 십의 자리, 백의 자리 수끼리 더해.

**2**
$$\begin{array}{r} 4\ 8\ 0 \\ +\ 1\ 1\ 6 \\ \hline \end{array}$$

**3**
$$\begin{array}{r} 3\ 1\ 4 \\ +\ 5\ 3\ 3 \\ \hline \end{array}$$

**4**
$$\begin{array}{r} 2\ 5\ 1 \\ +\ 4\ 2\ 8 \\ \hline \end{array}$$

**5**
$$\begin{array}{r} 3\ 4\ 6 \\ +\ 2\ 5\ 1 \\ \hline \end{array}$$

**6**
$$\begin{array}{r} 1\ 7\ 4 \\ +\ 5\ 1\ 3 \\ \hline \end{array}$$

**7**
$$\begin{array}{r} 8\ 5\ 4 \\ +\ 1\ 0\ 3 \\ \hline \end{array}$$

**8**
$$\begin{array}{r} 3\ 2\ 7 \\ +\ 3\ 5\ 1 \\ \hline \end{array}$$

**9**
$$\begin{array}{r} 4\ 2\ 3 \\ +\ 5\ 2\ 6 \\ \hline \end{array}$$

**10**
$$\begin{array}{r} 6\ 5\ 4 \\ +\ 1\ 3\ 4 \\ \hline \end{array}$$

**11**
$$\begin{array}{r} 2\ 0\ 6 \\ +\ 2\ 8\ 3 \\ \hline \end{array}$$

**12**
$$\begin{array}{r} 5\ 6\ 2 \\ +\ 2\ 2\ 7 \\ \hline \end{array}$$

**13**
$$\begin{array}{r} 8\ 1\ 4 \\ +\ 1\ 8\ 5 \\ \hline \end{array}$$

**14**
$$\begin{array}{r} 6\ 2\ 1 \\ +\ 1\ 6\ 3 \\ \hline \end{array}$$

**15**
$$\begin{array}{r} 7\ 0\ 4 \\ +\ 2\ 4\ 2 \\ \hline \end{array}$$

16 $412+360=772$
$4+3=7$, $1+6=7$, $2+0=2$

17 $236+452$

18 $162+435$

19 $526+343$

20 $248+420$

21 $755+132$

22 $673+204$

23 $327+151$

24 $128+540$

25 $652+145$

26 $277+402$

27 $854+113$

28 $268+521$

29 $716+280$

## 2 받아올림이 한 번 있는 (세 자리 수)+(세 자리 수)

계산을 하시오.

1
$$\begin{array}{r} \overset{1}{} \\ 1\ 4\ 9 \\ +\ 5\ 2\ 3 \\ \hline 6\ 7\ 2 \end{array}$$

1+5=6, 1+4+2=7, 9+3=12

각 자리 수끼리의 합이 10이거나 10보다 크면 바로 윗자리로 받아올림해.

2
$$\begin{array}{r} 3\ 4\ 5 \\ +\ 4\ 2\ 9 \\ \hline \end{array}$$

3
$$\begin{array}{r} 5\ 8\ 4 \\ +\ 2\ 6\ 1 \\ \hline \end{array}$$

4
$$\begin{array}{r} 2\ 7\ 9 \\ +\ 4\ 5\ 0 \\ \hline \end{array}$$

5
$$\begin{array}{r} 6\ 2\ 8 \\ +\ 1\ 2\ 5 \\ \hline \end{array}$$

6
$$\begin{array}{r} 2\ 5\ 3 \\ +\ 3\ 2\ 7 \\ \hline \end{array}$$

7
$$\begin{array}{r} 2\ 6\ 7 \\ +\ 3\ 8\ 2 \\ \hline \end{array}$$

8
$$\begin{array}{r} 3\ 5\ 7 \\ +\ 1\ 3\ 6 \\ \hline \end{array}$$

9
$$\begin{array}{r} 3\ 7\ 2 \\ +\ 3\ 4\ 3 \\ \hline \end{array}$$

10
$$\begin{array}{r} 7\ 3\ 8 \\ +\ 2\ 4\ 2 \\ \hline \end{array}$$

11
$$\begin{array}{r} 2\ 6\ 6 \\ +\ 4\ 9\ 0 \\ \hline \end{array}$$

12
$$\begin{array}{r} 2\ 1\ 5 \\ +\ 1\ 2\ 6 \\ \hline \end{array}$$

13
$$\begin{array}{r} 1\ 8\ 9 \\ +\ 6\ 0\ 3 \\ \hline \end{array}$$

14
$$\begin{array}{r} 4\ 7\ 6 \\ +\ 4\ 3\ 1 \\ \hline \end{array}$$

15
$$\begin{array}{r} 5\ 2\ 9 \\ +\ 3\ 6\ 4 \\ \hline \end{array}$$

**16** 225+439=664

$$\begin{array}{r} {}^{1}\phantom{00} \\ 2\ 2\ 5 \\ +\ 4\ 3\ 9 \\ \hline 6\ 6\ 4 \end{array}$$

**17** 357+126

**18** 358+191

**19** 635+248

**20** 406+375

**21** 514+292

**22** 638+159

**23** 244+128

**24** 291+638

**25** 178+615

**26** 366+381

**27** 473+509

**28** 714+267

**29** 486+482

## 3 받아올림이 두 번 있는 (세 자리 수)+(세 자리 수)

✹ 계산을 하시오.

1
$$\begin{array}{r} \scriptstyle 1\ \ 1\ \ \ \\ 5\ 1\ 3 \\ +\ 3\ 9\ 9 \\ \hline 9\ 1\ 2 \end{array}$$

1+5+3=9　1+1+9=11　3+9=12



2
$$\begin{array}{r} 3\ 4\ 8 \\ +\ 3\ 9\ 2 \\ \hline \end{array}$$

3
$$\begin{array}{r} 2\ 8\ 6 \\ +\ 2\ 5\ 7 \\ \hline \end{array}$$

4
$$\begin{array}{r} 5\ 8\ 4 \\ +\ 1\ 4\ 9 \\ \hline \end{array}$$

5
$$\begin{array}{r} 4\ 6\ 4 \\ +\ 3\ 6\ 8 \\ \hline \end{array}$$

6
$$\begin{array}{r} 2\ 7\ 8 \\ +\ 3\ 5\ 4 \\ \hline \end{array}$$

7
$$\begin{array}{r} 1\ 5\ 5 \\ +\ 4\ 6\ 9 \\ \hline \end{array}$$

8
$$\begin{array}{r} 3\ 9\ 6 \\ +\ 5\ 1\ 6 \\ \hline \end{array}$$

9
$$\begin{array}{r} 2\ 7\ 8 \\ +\ 4\ 3\ 5 \\ \hline \end{array}$$

10
$$\begin{array}{r} 7\ 5\ 1 \\ +\ 1\ 7\ 9 \\ \hline \end{array}$$

11
$$\begin{array}{r} 3\ 2\ 9 \\ +\ 1\ 8\ 4 \\ \hline \end{array}$$

12
$$\begin{array}{r} 2\ 8\ 4 \\ +\ 6\ 2\ 6 \\ \hline \end{array}$$

13
$$\begin{array}{r} 4\ 5\ 3 \\ +\ 4\ 6\ 8 \\ \hline \end{array}$$

14
$$\begin{array}{r} 4\ 6\ 2 \\ +\ 3\ 7\ 9 \\ \hline \end{array}$$

15
$$\begin{array}{r} 6\ 5\ 9 \\ +\ 2\ 9\ 4 \\ \hline \end{array}$$

16 $258+367=625$

$$\begin{array}{r} {}^{1}\,{}^{1}\quad \\ 2\;5\;8 \\ +\;3\;6\;7 \\ \hline 6\;2\;5 \end{array}$$

17 $265+458$

18 $377+324$

19 $528+193$

20 $259+659$

21 $175+447$

22 $384+526$

23 $195+236$

24 $188+579$

25 $268+497$

26 $436+378$

27 $565+236$

28 $684+179$

29 $298+654$

## 4 받아올림이 세 번 있는 (세 자리 수)+(세 자리 수)

✸ 계산을 하시오.

1
$$\begin{array}{r} \overset{1}{3}\ \overset{1}{5}\ 6 \\ +\ 8\ 9\ 7 \\ \hline 1\ 2\ 5\ 3 \end{array}$$

1+3+8=12, 1+5+9=15, 6+7=13



2
$$\begin{array}{r} 6\ 7\ 8 \\ +\ 5\ 3\ 3 \\ \hline \end{array}$$

3
$$\begin{array}{r} 1\ 9\ 9 \\ +\ 8\ 5\ 7 \\ \hline \end{array}$$

4
$$\begin{array}{r} 4\ 6\ 5 \\ +\ 6\ 7\ 8 \\ \hline \end{array}$$

5
$$\begin{array}{r} 1\ 4\ 7 \\ +\ 9\ 9\ 5 \\ \hline \end{array}$$

6
$$\begin{array}{r} 7\ 4\ 8 \\ +\ 2\ 9\ 5 \\ \hline \end{array}$$

7
$$\begin{array}{r} 7\ 3\ 5 \\ +\ 2\ 8\ 6 \\ \hline \end{array}$$

8
$$\begin{array}{r} 5\ 4\ 1 \\ +\ 9\ 6\ 9 \\ \hline \end{array}$$

9
$$\begin{array}{r} 4\ 6\ 9 \\ +\ 8\ 9\ 2 \\ \hline \end{array}$$

10
$$\begin{array}{r} 5\ 6\ 7 \\ +\ 6\ 4\ 7 \\ \hline \end{array}$$

11
$$\begin{array}{r} 9\ 6\ 8 \\ +\ 4\ 7\ 8 \\ \hline \end{array}$$

12
$$\begin{array}{r} 5\ 4\ 8 \\ +\ 5\ 8\ 9 \\ \hline \end{array}$$

13
$$\begin{array}{r} 7\ 2\ 9 \\ +\ 8\ 8\ 6 \\ \hline \end{array}$$

14
$$\begin{array}{r} 6\ 5\ 7 \\ +\ 4\ 7\ 6 \\ \hline \end{array}$$

15
$$\begin{array}{r} 7\ 3\ 2 \\ +\ 5\ 8\ 9 \\ \hline \end{array}$$

16 967＋484＝1451

$$\begin{array}{r} {}^{1\,1}\phantom{0} \\ 967 \\ +\ 484 \\ \hline 1451 \end{array}$$

17 486＋954

18 176＋845

19 362＋939

20 548＋589

21 754＋696

22 863＋479

23 794＋329

24 365＋965

25 547＋785

26 299＋923

27 875＋645

28 939＋768

29 586＋946

# 5 덧셈 연습 (1)

공부한 날 월 일

✹ 그림을 보고 □ 안에 알맞은 수를 써넣으시오.

1

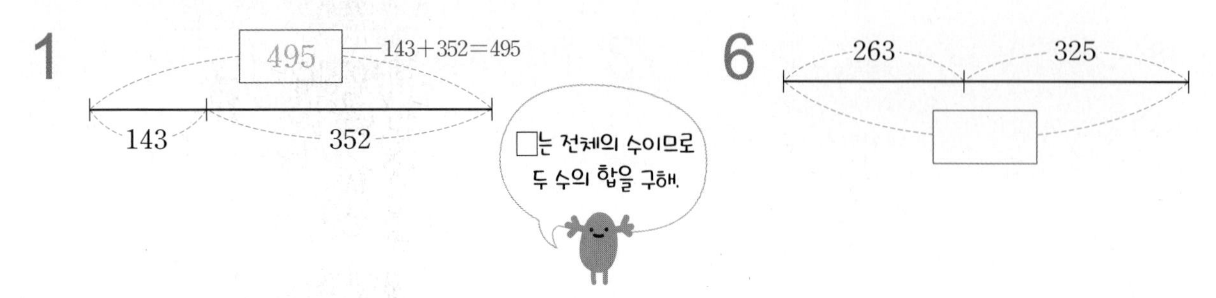


6

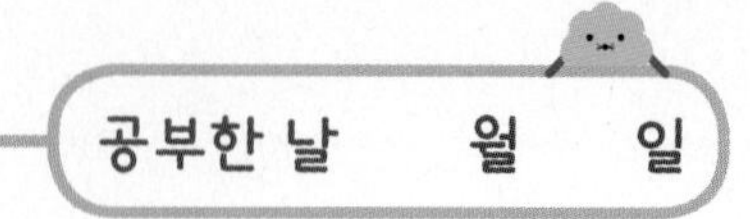


2

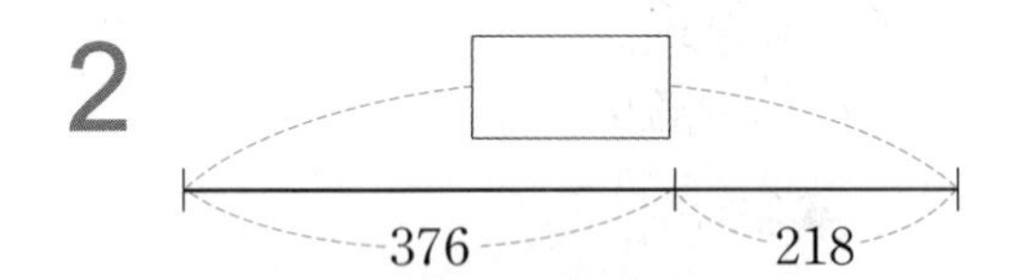


7

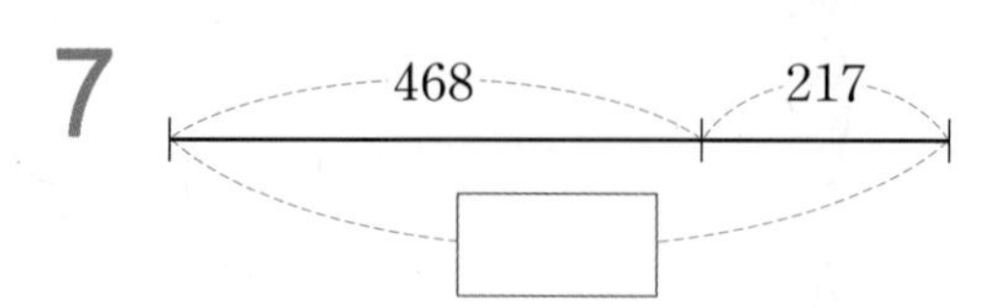


3

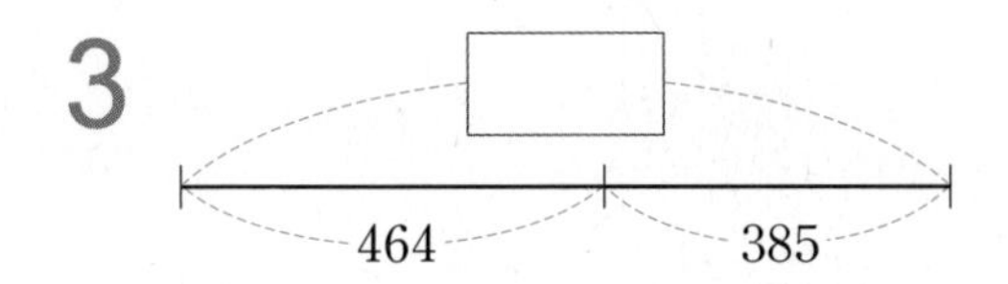


8

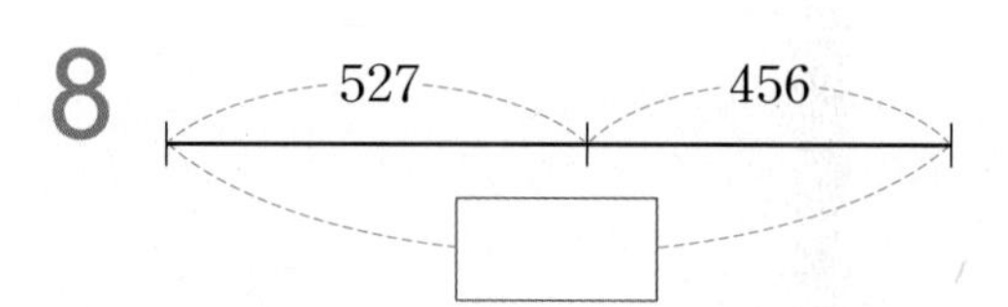


4

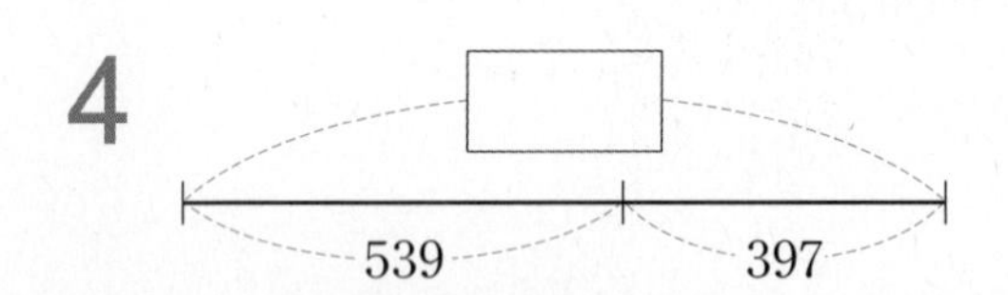


9

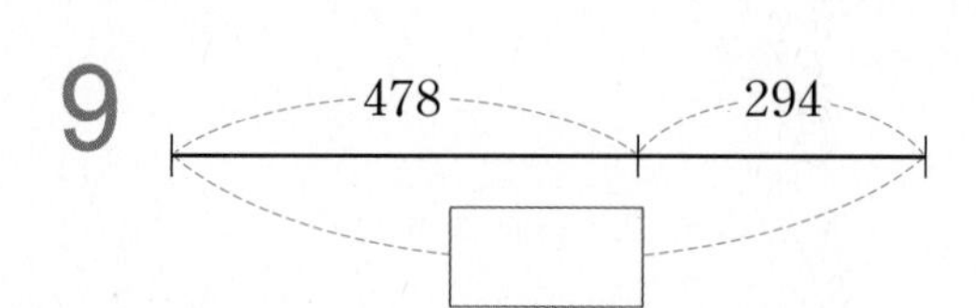


5

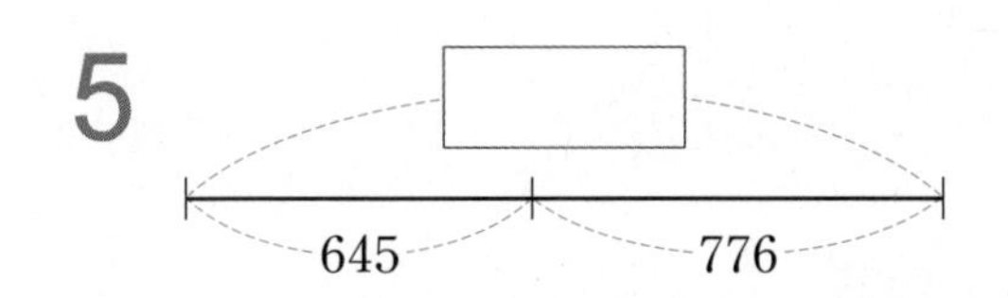


10

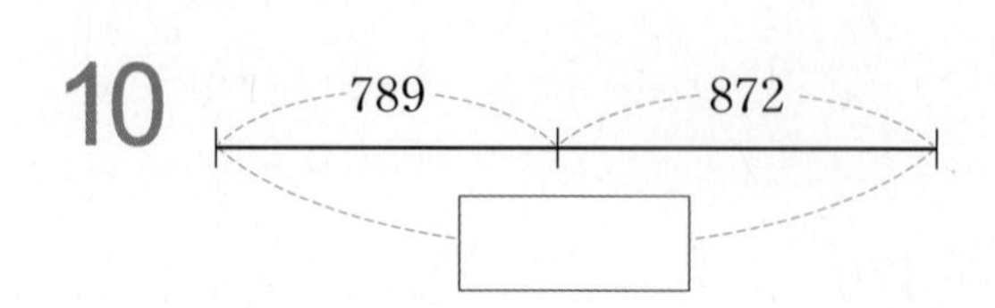

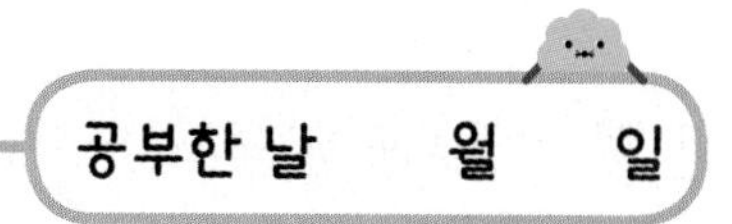


빈칸에 알맞은 수를 써넣으시오.

1

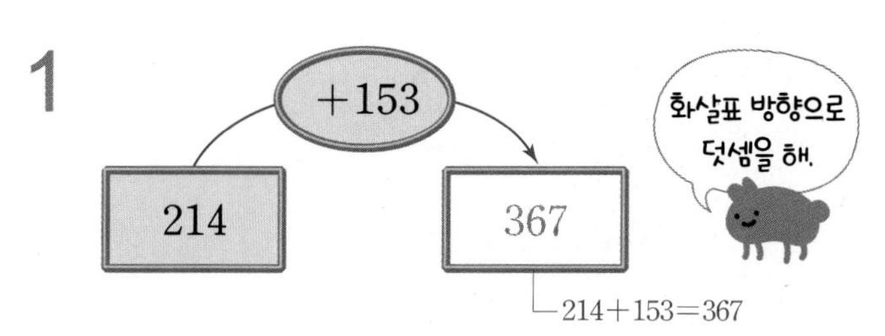


6

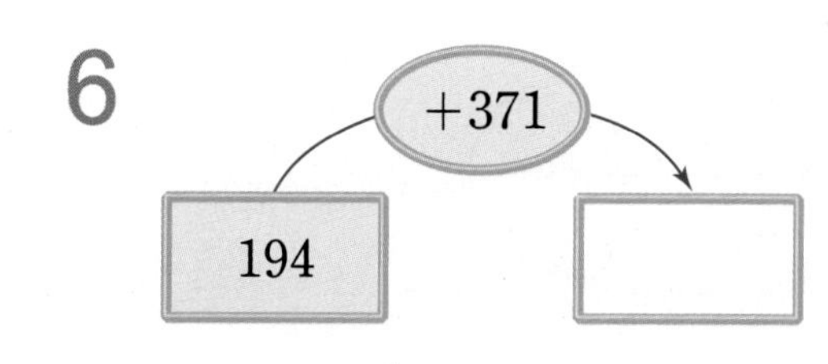


2

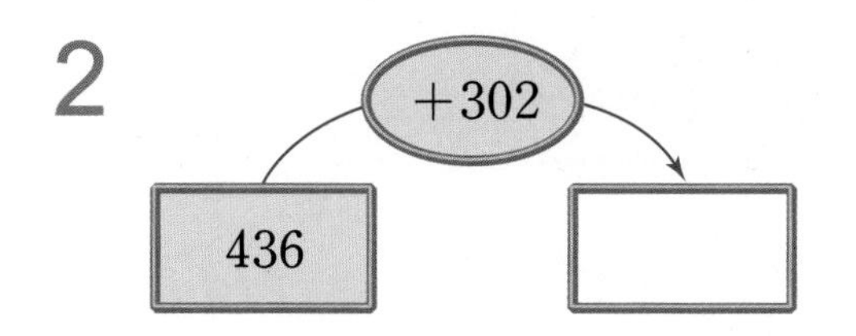


7

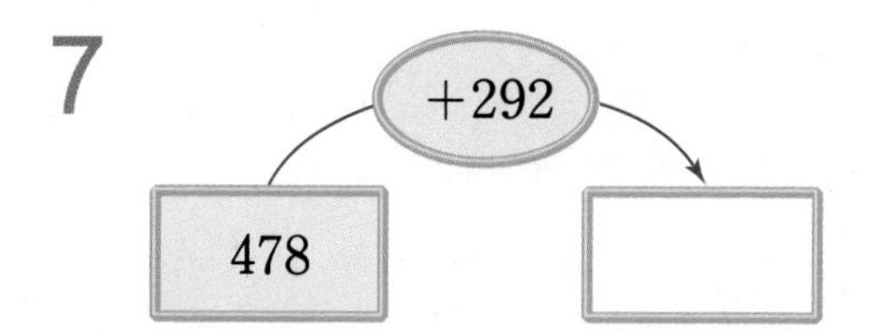


3

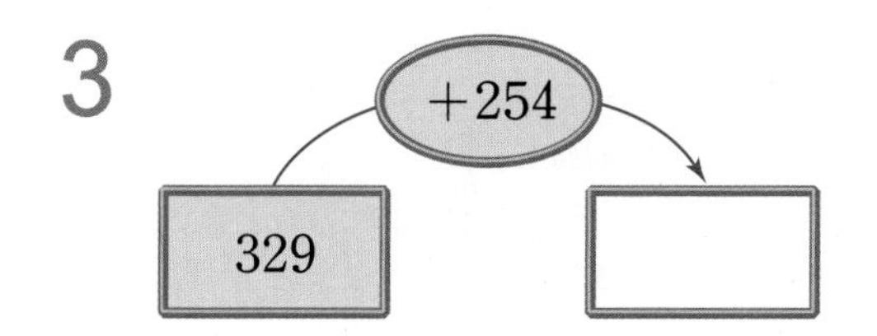


8

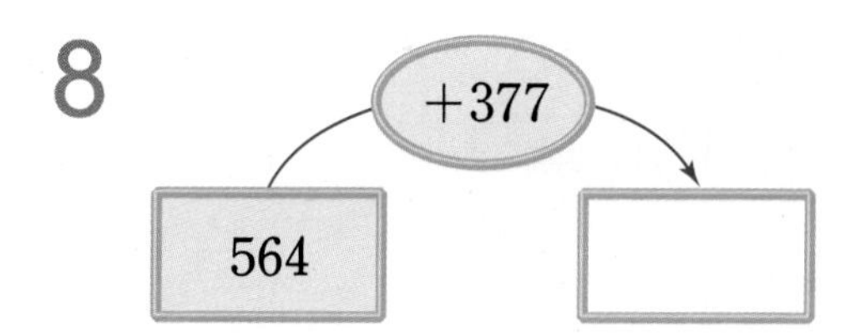


4

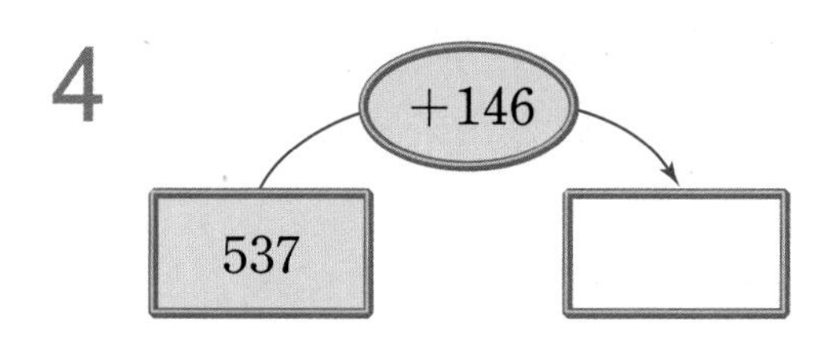


9

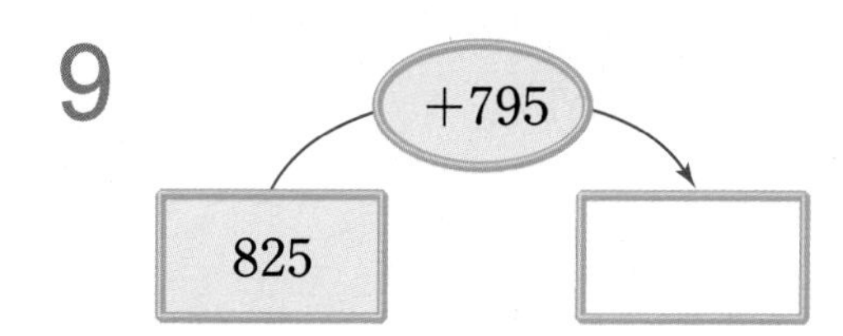


5

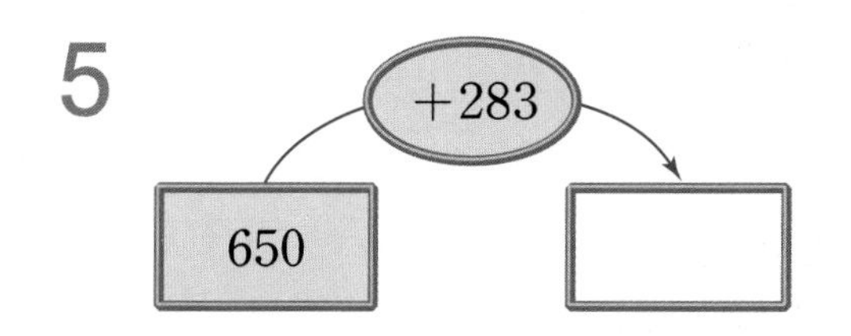


10

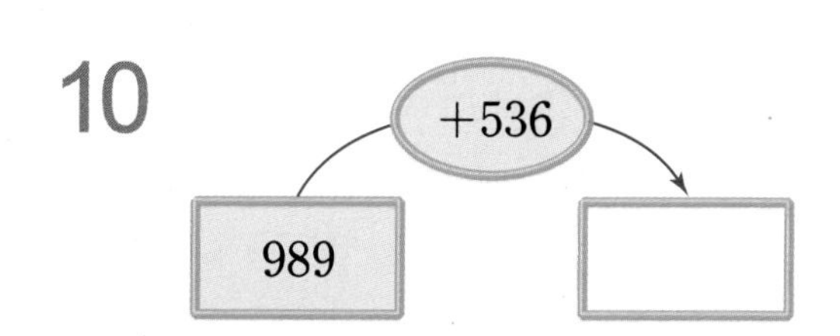

# 7 덧셈 연습 (3)

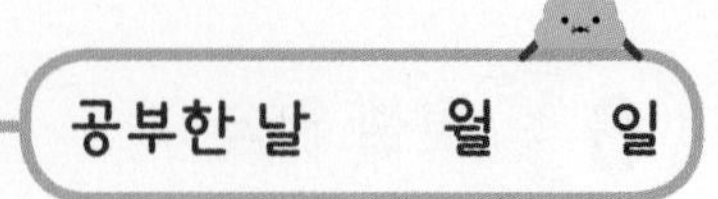


빈 곳에 두 수의 합을 써넣으시오.

1
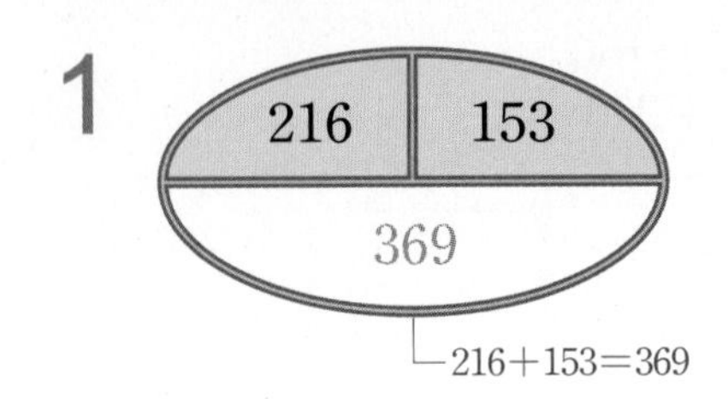

6
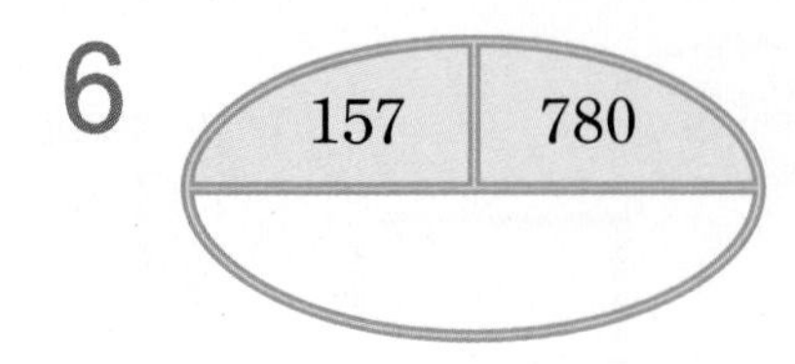


2
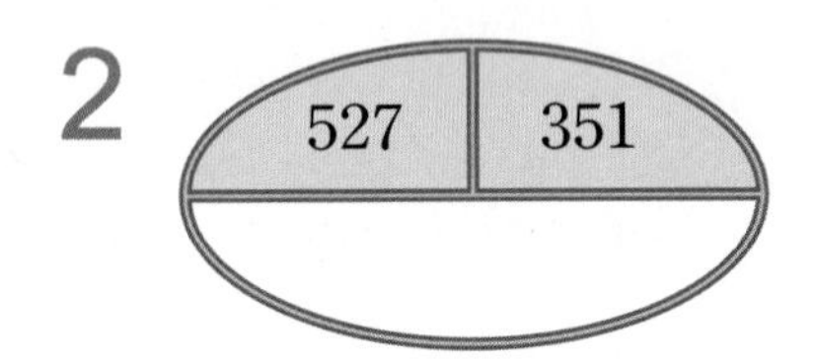


7
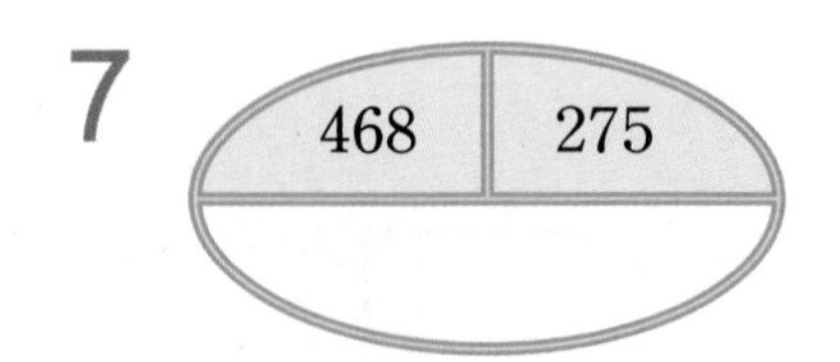


3
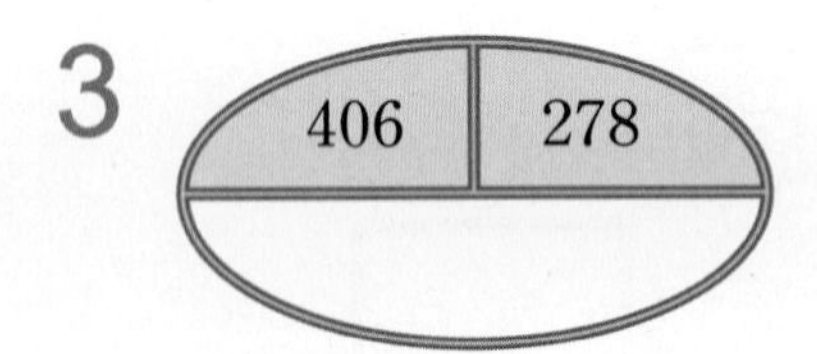


8
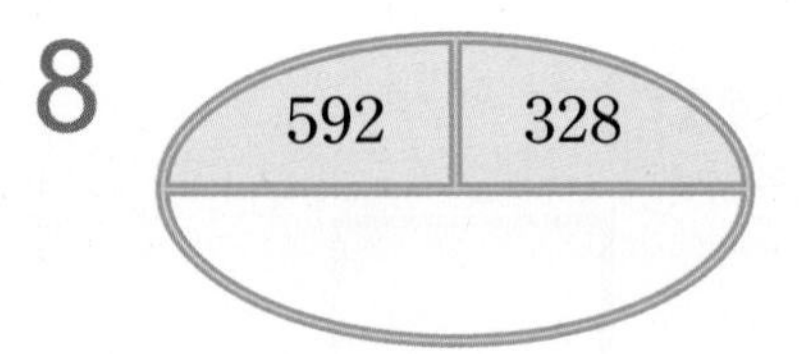


4
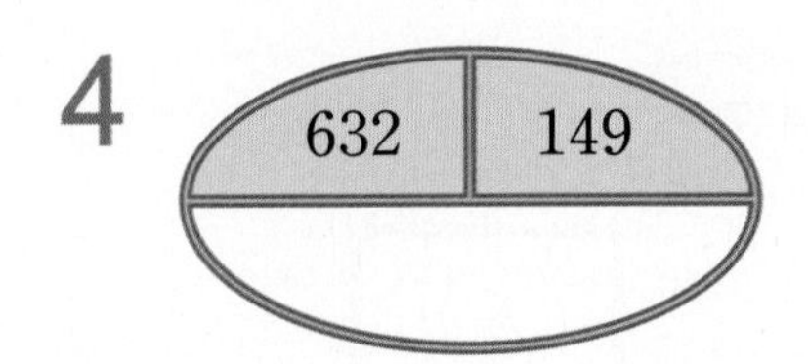


9
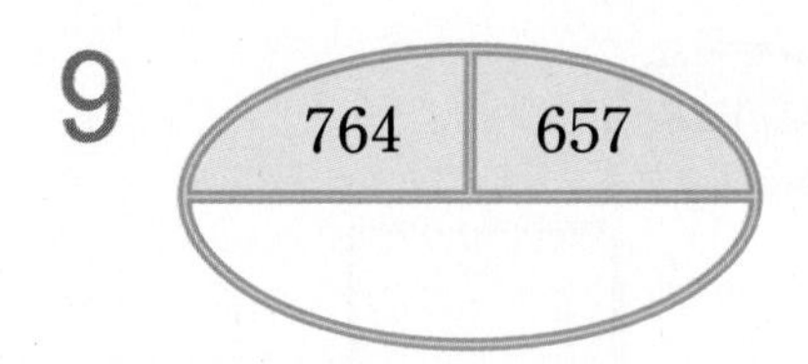


5
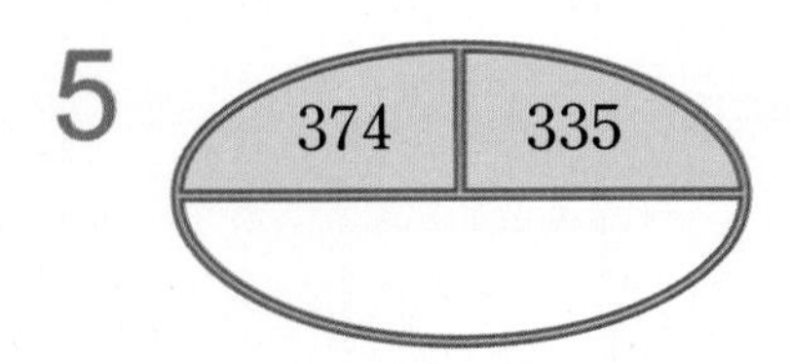


10
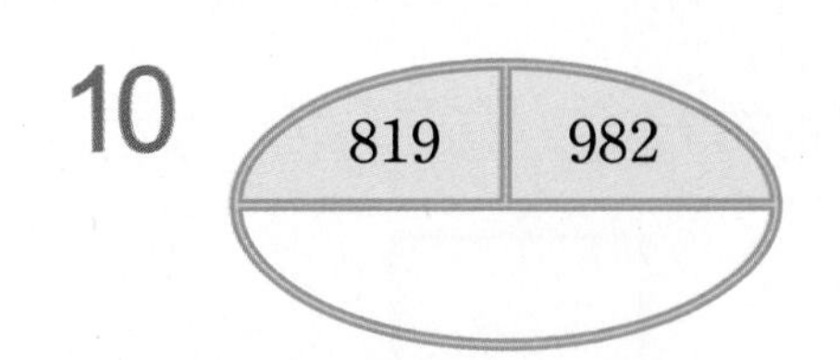

## 8 덧셈 연습 (4)

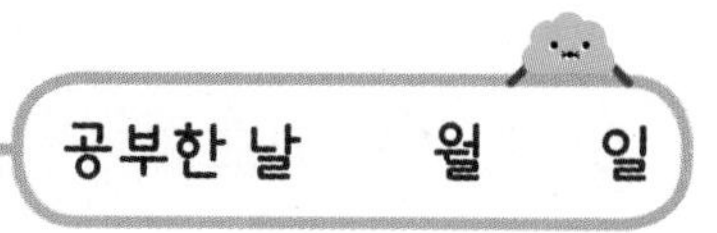


□ 안에 알맞은 수를 써넣으시오.

1

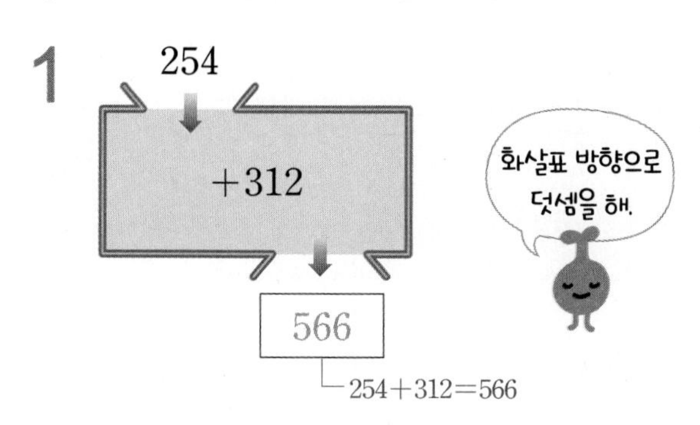


2

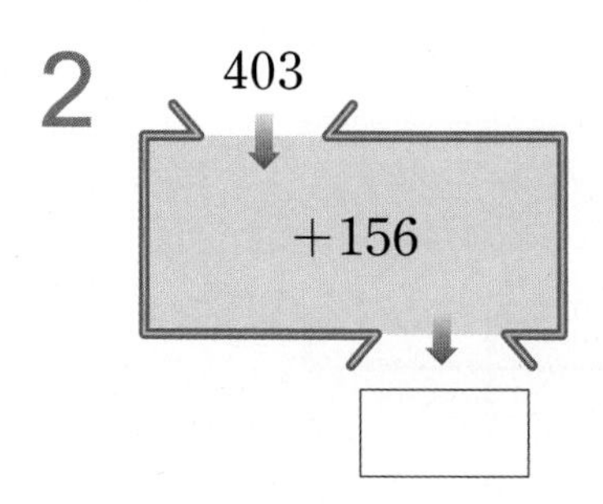


3

327

+538

□

4

674

+143

□

5

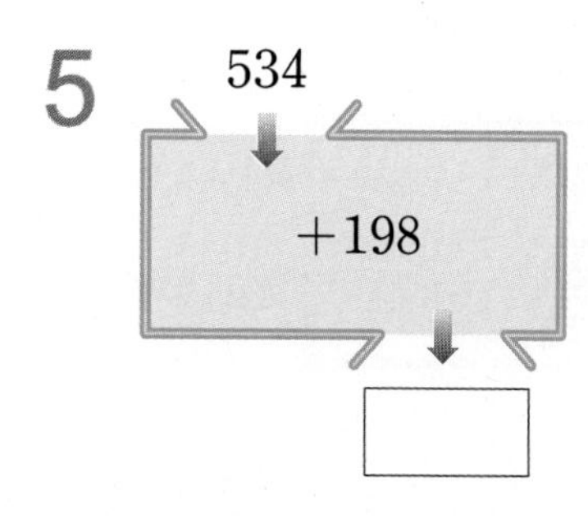


6

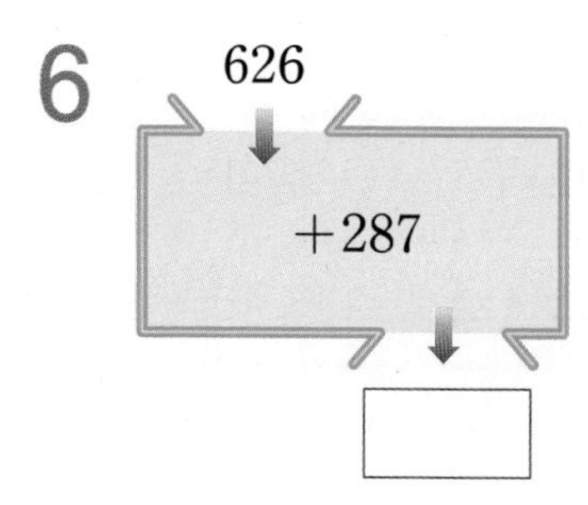


7

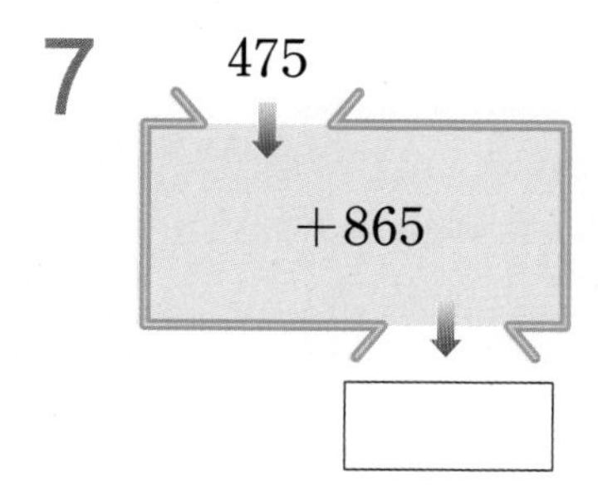


8

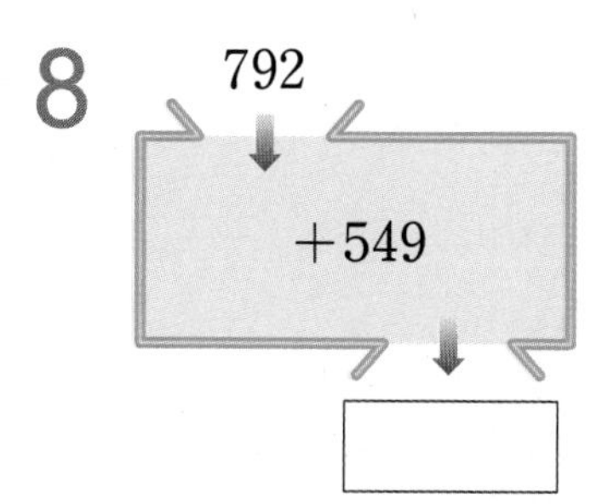

✸ 빈칸에 알맞은 수를 써넣으시오.

1

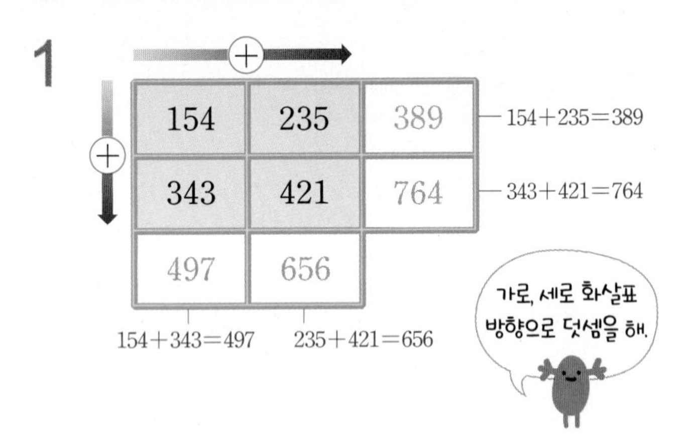


| 154 | 235 | 389 |
|---|---|---|
| 343 | 421 | 764 |
| 497 | 656 | |

5

| 274 | 219 | |
|---|---|---|
| 463 | 387 | |
| | | |

2

| 210 | 532 | |
|---|---|---|
| 351 | 146 | |
| | | |

6

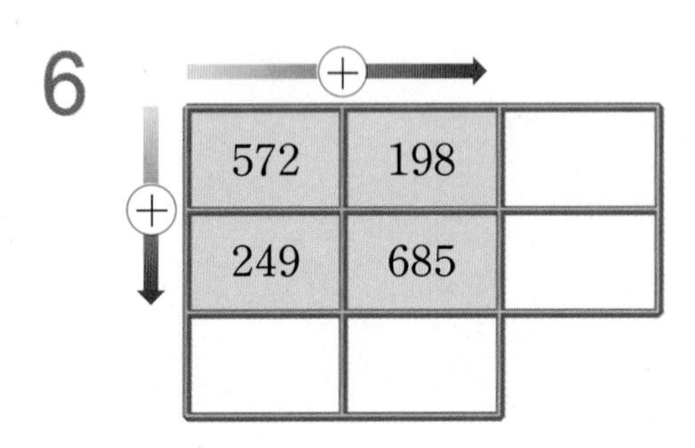

| 572 | 198 | |
|---|---|---|
| 249 | 685 | |
| | | |

3

| 131 | 284 | |
|---|---|---|
| 492 | 357 | |
| | | |

7

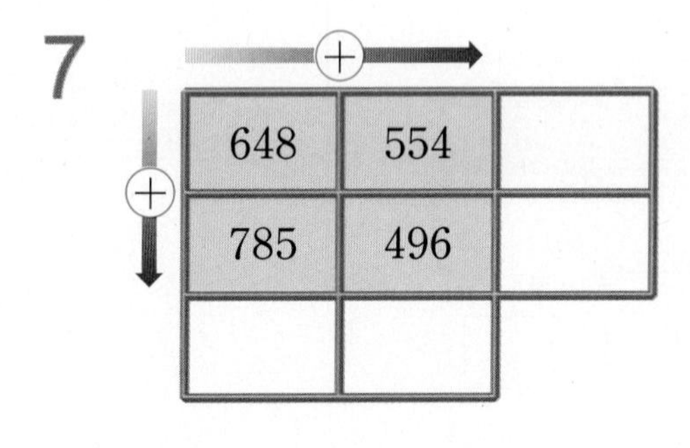

| 648 | 554 | |
|---|---|---|
| 785 | 496 | |
| | | |

4

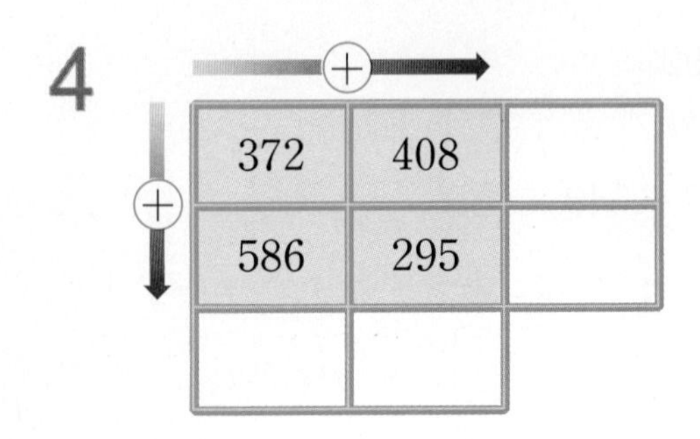

| 372 | 408 | |
|---|---|---|
| 586 | 295 | |
| | | |

8

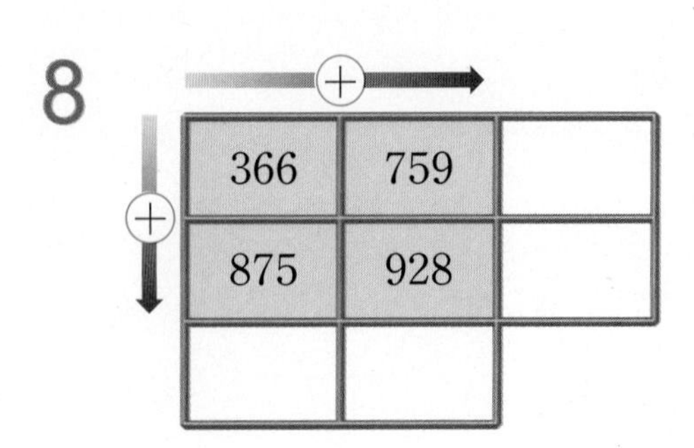

| 366 | 759 | |
|---|---|---|
| 875 | 928 | |
| | | |

## 10 덧셈 연습 (6)

공부한 날　　월　　일



✸ 크기를 비교하여 ○ 안에 >, =, <를 알맞게 써넣으시오.

1 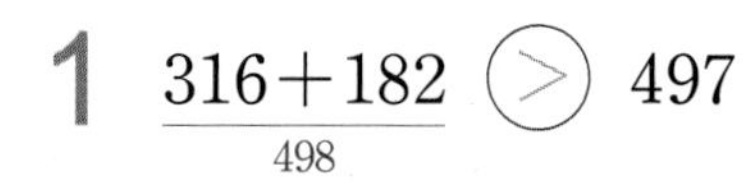

2 225+259 ○ 474

3 675 ○ 481+193

4 536+278 ○ 816

5 938 ○ 645+296

6 826+795 ○ 1623

7 1419 ○ 954+468

8 250+342 ○ 163+425

9 362+419 ○ 524+238

10 283+572 ○ 195+625

11 647+294 ○ 489+455

12 568+372 ○ 189+831

13 729+393 ○ 856+275

14 588+825 ○ 914+496

## 11 받아내림이 없는 (세 자리 수)-(세 자리 수)

계산을 하시오.

1
$$\begin{array}{r} 3\ 2\ 4 \\ -\ 2\ 1\ 0 \\ \hline 1\ 1\ 4 \end{array}$$

3−2=1 2−1=1 4−0=4

일의 자리,
십의 자리, 백의 자리
수끼리 빼.

2
$$\begin{array}{r} 4\ 8\ 7 \\ -\ 2\ 6\ 1 \\ \hline \end{array}$$

3
$$\begin{array}{r} 3\ 7\ 9 \\ -\ 1\ 4\ 4 \\ \hline \end{array}$$

4
$$\begin{array}{r} 5\ 9\ 6 \\ -\ 2\ 3\ 0 \\ \hline \end{array}$$

5
$$\begin{array}{r} 7\ 6\ 5 \\ -\ 3\ 4\ 3 \\ \hline \end{array}$$

6
$$\begin{array}{r} 4\ 7\ 6 \\ -\ 3\ 2\ 5 \\ \hline \end{array}$$

7
$$\begin{array}{r} 5\ 4\ 8 \\ -\ 1\ 2\ 2 \\ \hline \end{array}$$

8
$$\begin{array}{r} 6\ 8\ 2 \\ -\ 4\ 3\ 0 \\ \hline \end{array}$$

9
$$\begin{array}{r} 8\ 2\ 4 \\ -\ 5\ 1\ 4 \\ \hline \end{array}$$

10
$$\begin{array}{r} 9\ 7\ 8 \\ -\ 2\ 0\ 7 \\ \hline \end{array}$$

11
$$\begin{array}{r} 4\ 9\ 5 \\ -\ 1\ 8\ 4 \\ \hline \end{array}$$

12
$$\begin{array}{r} 6\ 3\ 9 \\ -\ 2\ 3\ 6 \\ \hline \end{array}$$

13
$$\begin{array}{r} 9\ 5\ 6 \\ -\ 5\ 0\ 3 \\ \hline \end{array}$$

14
$$\begin{array}{r} 7\ 6\ 9 \\ -\ 4\ 1\ 5 \\ \hline \end{array}$$

15
$$\begin{array}{r} 8\ 9\ 2 \\ -\ 7\ 8\ 1 \\ \hline \end{array}$$

16 $438-215=223$

$4-2=2$, $3-1=2$, $8-5=3$

17 $376-163$

18 $593-202$

19 $759-424$

20 $682-371$

21 $876-456$

22 $954-213$

23 $289-154$

24 $466-250$

25 $678-572$

26 $847-305$

27 $795-234$

28 $576-431$

29 $984-713$

## 12 받아내림이 한 번 있는 (세 자리 수)−(세 자리 수)

**계산을 하시오.**

**1**

$$\begin{array}{r} \scriptstyle 7\ \ 10 \\ 3\ \not{8}\ 4 \\ -\ 1\ 2\ 8 \\ \hline 2\ 5\ 6 \end{array}$$

3−1=2 7−2=5 14−8=6

각 자리 수끼리 뺄 수 없으면 바로 윗자리에서 10을 받아내림해.

**2**
$$\begin{array}{r} 2\ 5\ 1 \\ -\ 1\ 3\ 2 \\ \hline \end{array}$$

**3**
$$\begin{array}{r} 4\ 2\ 8 \\ -\ 2\ 6\ 4 \\ \hline \end{array}$$

**4**
$$\begin{array}{r} 5\ 1\ 3 \\ -\ 2\ 8\ 3 \\ \hline \end{array}$$

**5**
$$\begin{array}{r} 8\ 3\ 6 \\ -\ 4\ 1\ 7 \\ \hline \end{array}$$

**6**
$$\begin{array}{r} 4\ 7\ 3 \\ -\ 1\ 2\ 6 \\ \hline \end{array}$$

**7**
$$\begin{array}{r} 5\ 7\ 2 \\ -\ 3\ 8\ 1 \\ \hline \end{array}$$

**8**
$$\begin{array}{r} 6\ 2\ 7 \\ -\ 3\ 3\ 5 \\ \hline \end{array}$$

**9**
$$\begin{array}{r} 7\ 7\ 3 \\ -\ 5\ 9\ 0 \\ \hline \end{array}$$

**10**
$$\begin{array}{r} 9\ 1\ 6 \\ -\ 3\ 4\ 5 \\ \hline \end{array}$$

**11**
$$\begin{array}{r} 4\ 3\ 7 \\ -\ 2\ 6\ 4 \\ \hline \end{array}$$

**12**
$$\begin{array}{r} 6\ 6\ 0 \\ -\ 1\ 4\ 8 \\ \hline \end{array}$$

**13**
$$\begin{array}{r} 7\ 8\ 2 \\ -\ 4\ 1\ 5 \\ \hline \end{array}$$

**14**
$$\begin{array}{r} 8\ 4\ 5 \\ -\ 5\ 6\ 1 \\ \hline \end{array}$$

**15**
$$\begin{array}{r} 9\ 5\ 8 \\ -\ 7\ 2\ 9 \\ \hline \end{array}$$

16 264 − 156 = 108

$$\begin{array}{r} \overset{5}{2}\ \overset{10}{\not 6}\ 4 \\ -\ 1\ 5\ 6 \\ \hline 1\ 0\ 8 \end{array}$$

가로셈은 세로셈으로 고쳐서 계산하면 편리해.

17 485 − 247

18 513 − 182

19 621 − 370

20 758 − 239

21 810 − 506

22 937 − 482

23 375 − 129

24 536 − 255

25 687 − 538

26 702 − 540

27 848 − 467

28 924 − 816

29 639 − 245

## 13 받아내림이 두 번 있는 (세 자리 수)－(세 자리 수)

✸ 계산을 하시오.

1
$$\begin{array}{r} \overset{3}{\cancel{4}}\ \overset{11}{\cancel{2}}\ \overset{10}{5} \\ -\ 1\ 2\ 6 \\ \hline 2\ 9\ 9 \end{array}$$

3－1＝2, 11－2＝9, 15－6＝9

백의 자리, 십의 자리에서 모두 받아내림이 있어.

6
$$\begin{array}{r} 5\ 3\ 6 \\ -\ 2\ 7\ 8 \\ \hline \end{array}$$

11
$$\begin{array}{r} 3\ 2\ 1 \\ -\ 1\ 4\ 7 \\ \hline \end{array}$$

2
$$\begin{array}{r} 3\ 1\ 4 \\ -\ 2\ 9\ 5 \\ \hline \end{array}$$

7
$$\begin{array}{r} 4\ 5\ 2 \\ -\ 1\ 7\ 9 \\ \hline \end{array}$$

12
$$\begin{array}{r} 5\ 1\ 5 \\ -\ 2\ 5\ 8 \\ \hline \end{array}$$

3
$$\begin{array}{r} 5\ 0\ 0 \\ -\ 1\ 8\ 7 \\ \hline \end{array}$$

8
$$\begin{array}{r} 6\ 4\ 7 \\ -\ 2\ 8\ 9 \\ \hline \end{array}$$

13
$$\begin{array}{r} 6\ 5\ 4 \\ -\ 3\ 5\ 9 \\ \hline \end{array}$$

4
$$\begin{array}{r} 6\ 8\ 1 \\ -\ 4\ 9\ 3 \\ \hline \end{array}$$

9
$$\begin{array}{r} 8\ 7\ 3 \\ -\ 4\ 8\ 5 \\ \hline \end{array}$$

14
$$\begin{array}{r} 7\ 2\ 3 \\ -\ 5\ 4\ 6 \\ \hline \end{array}$$

5
$$\begin{array}{r} 7\ 4\ 2 \\ -\ 5\ 6\ 4 \\ \hline \end{array}$$

10
$$\begin{array}{r} 9\ 6\ 6 \\ -\ 7\ 9\ 9 \\ \hline \end{array}$$

15
$$\begin{array}{r} 8\ 1\ 1 \\ -\ 3\ 2\ 4 \\ \hline \end{array}$$

16 $342-183=159$

$$\begin{array}{r} \overset{2}{\cancel{3}}\,\overset{13}{\cancel{4}}\,\overset{10}{2} \\ -\ 1\ 8\ 3 \\ \hline 1\ 5\ 9 \end{array}$$

17 $514-276$

18 $638-349$

19 $465-287$

20 $723-554$

21 $871-682$

22 $906-497$

23 $265-196$

24 $423-257$

25 $542-484$

26 $700-368$

27 $815-579$

28 $924-356$

29 $731-283$

1 덧셈과 뺄셈

## 14 뺄셈 연습 (1)

그림을 보고 □ 안에 알맞은 수를 써넣으시오.

1 / 6

2

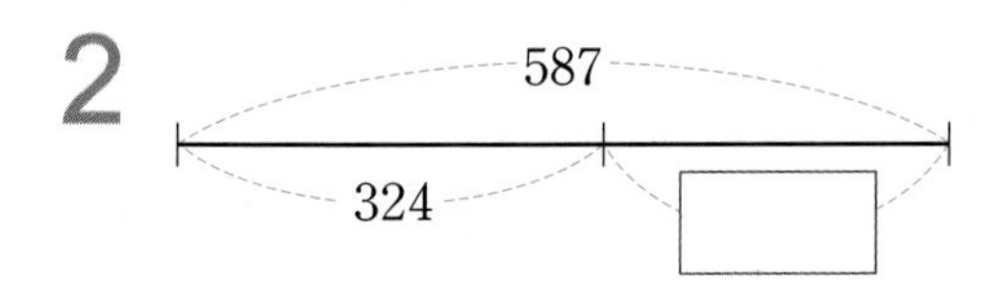


7

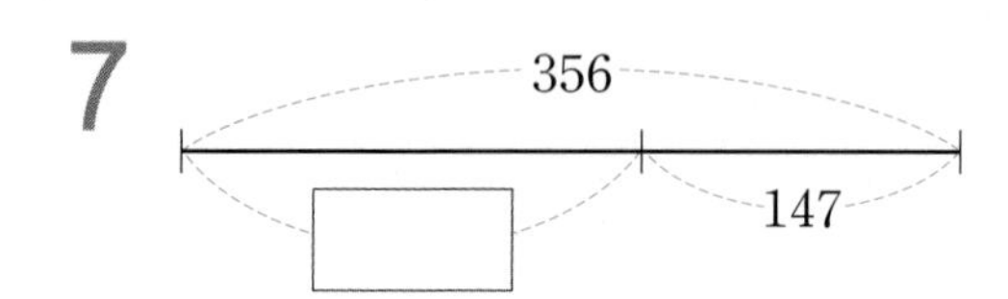


3

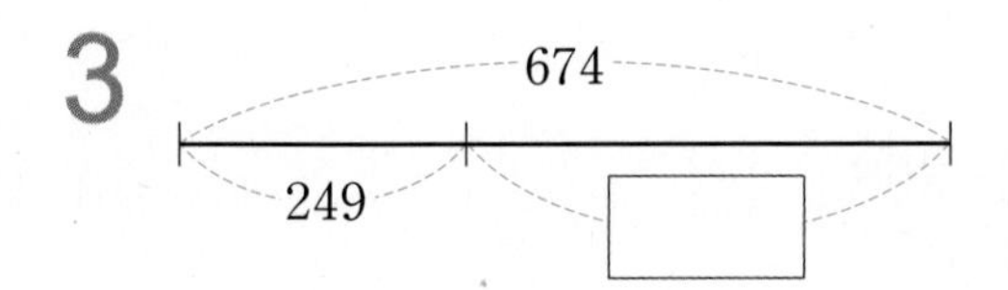


8

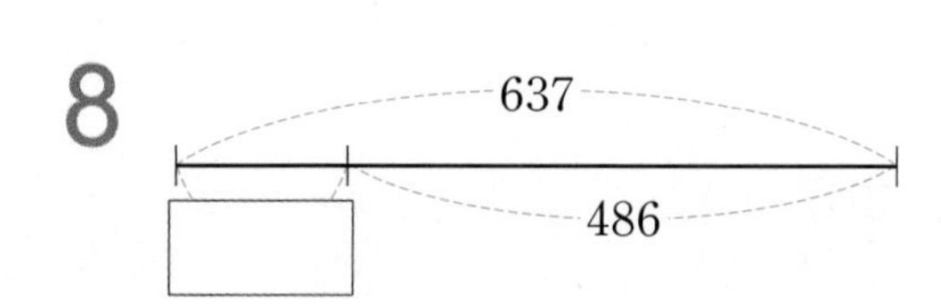


4

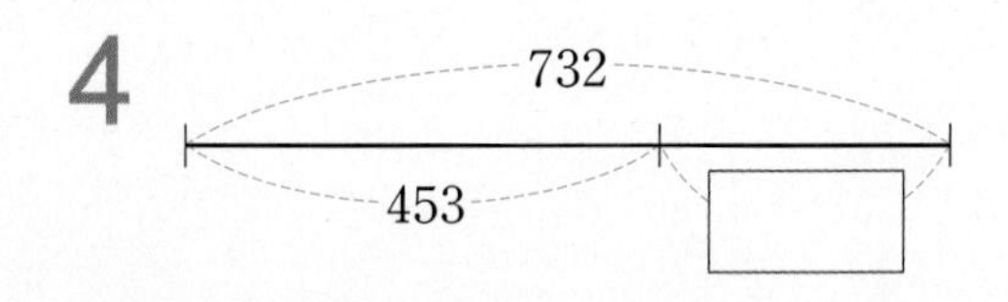


9

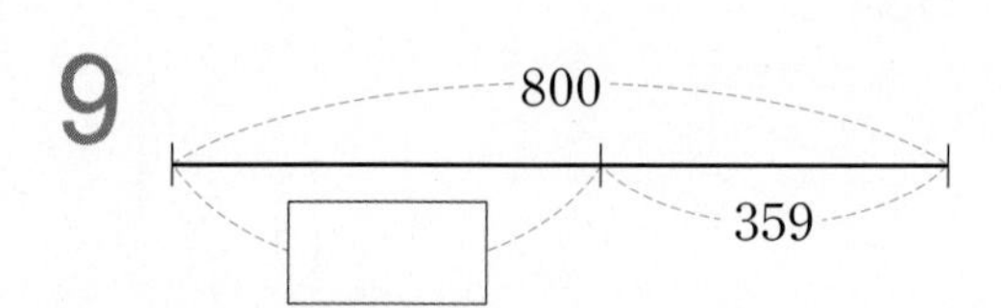


5

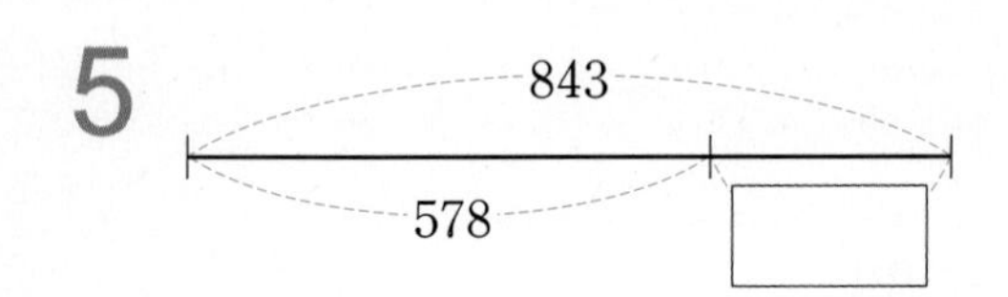


10

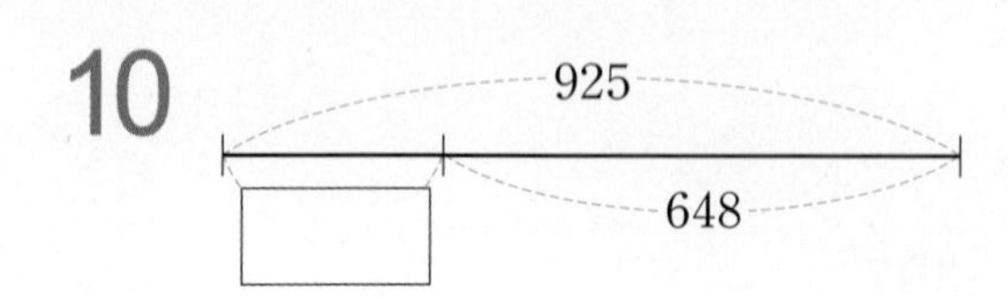

공부한 날 월 일

**빈칸에 알맞은 수를 써넣으시오.**

1

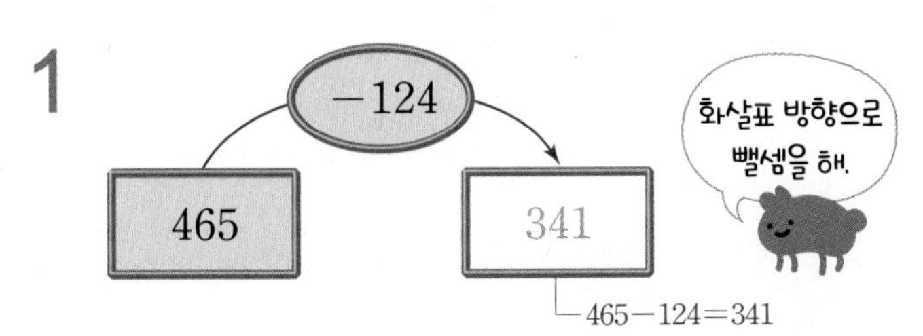


2

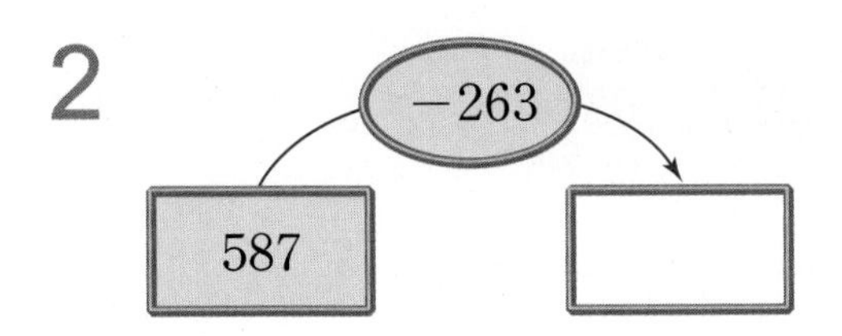


3

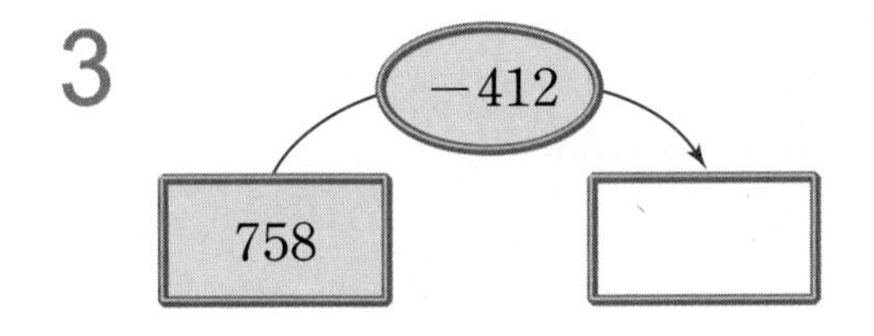


4

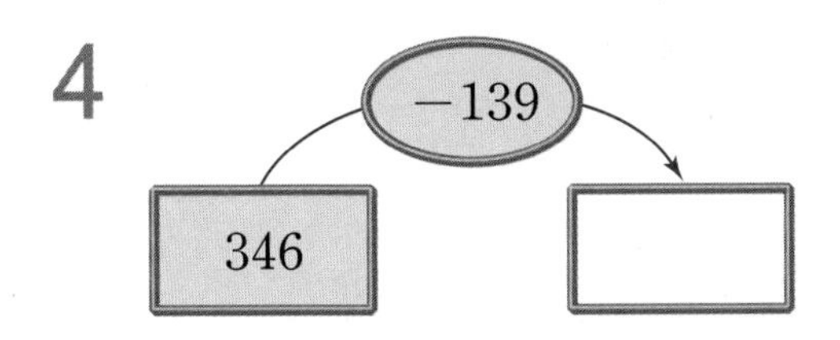


5

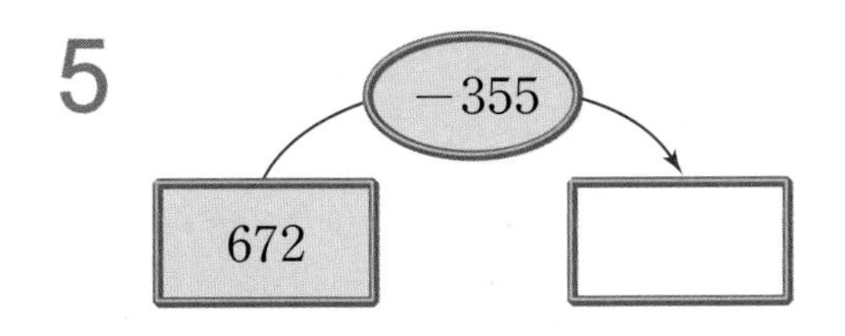


6

−426

519 → □

7

−670

824 → □

8

−135

400 → □

9

−368

732 → □

10

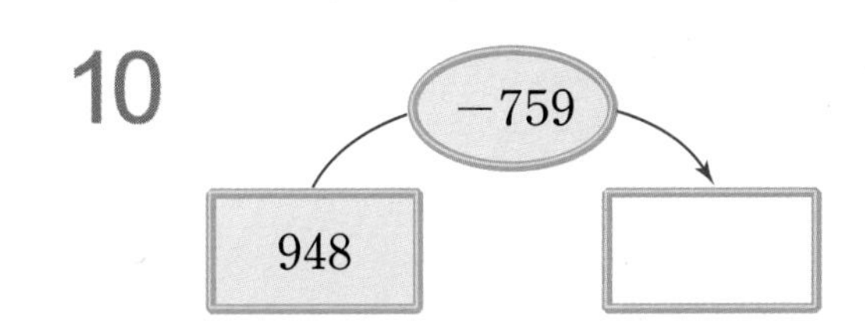

## 16 뺄셈 연습 (3)

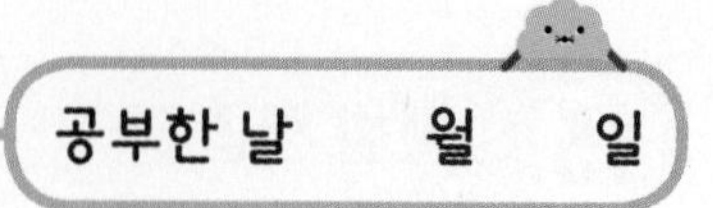


빈 곳에 두 수의 차를 써넣으시오.

1
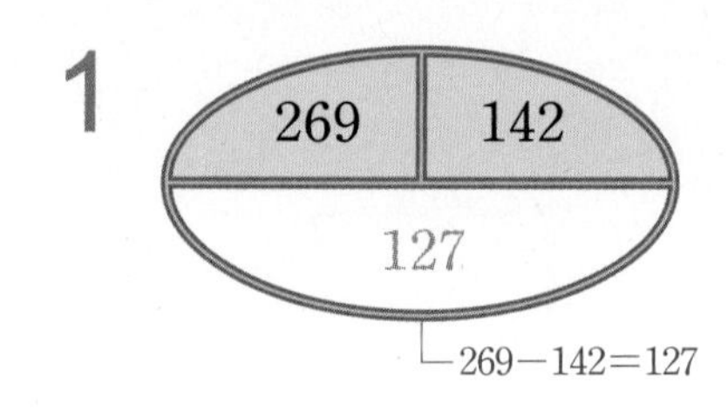

2
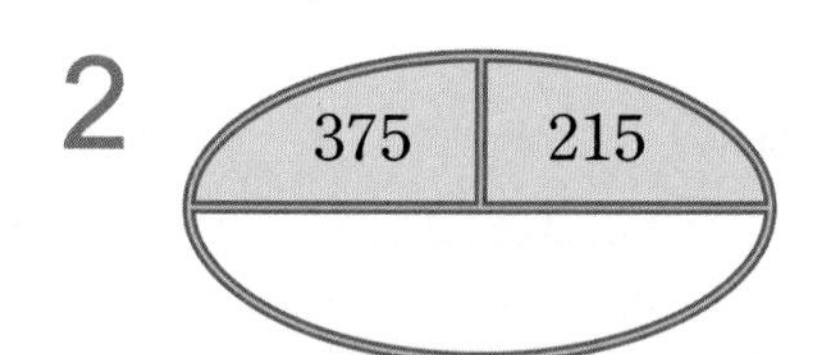


3
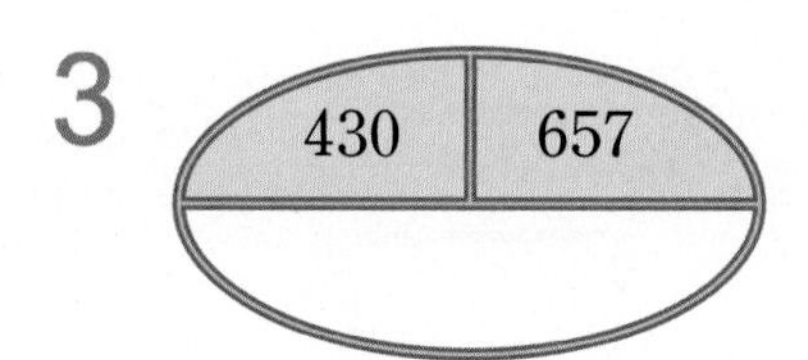


4
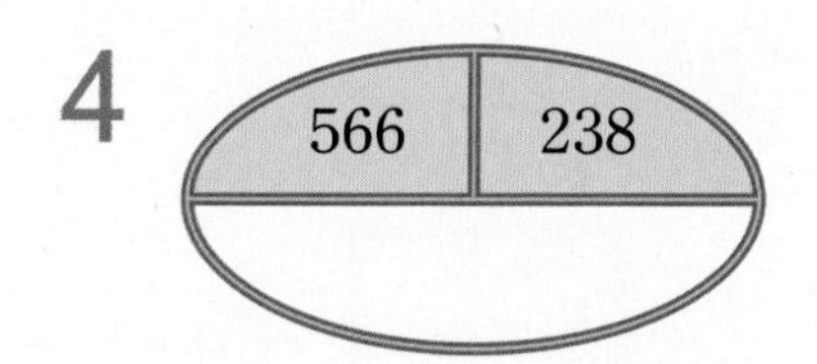


5
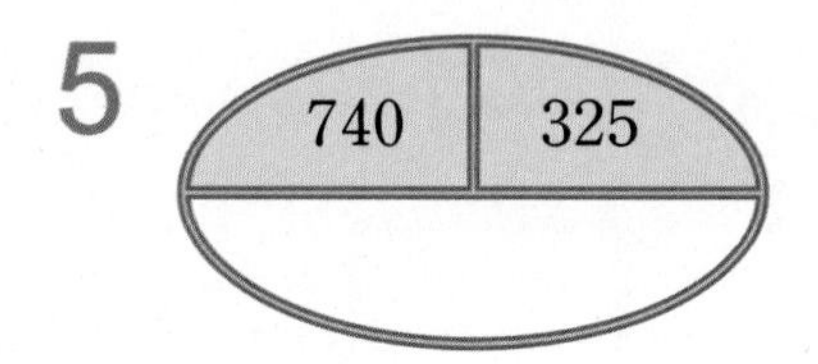


6
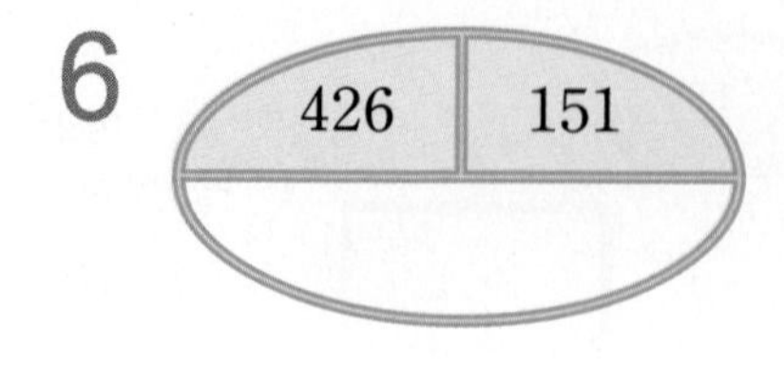


7
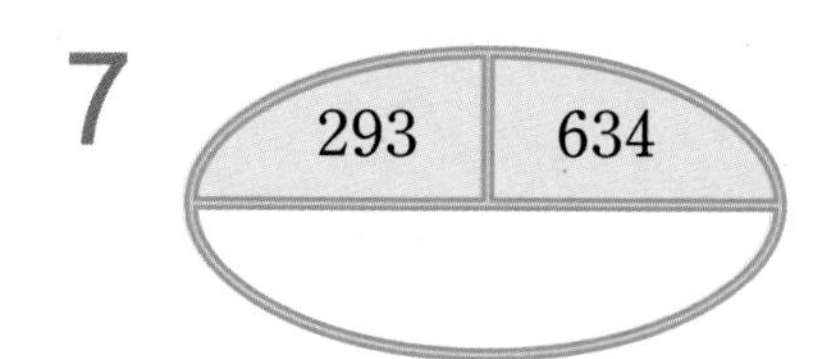


8
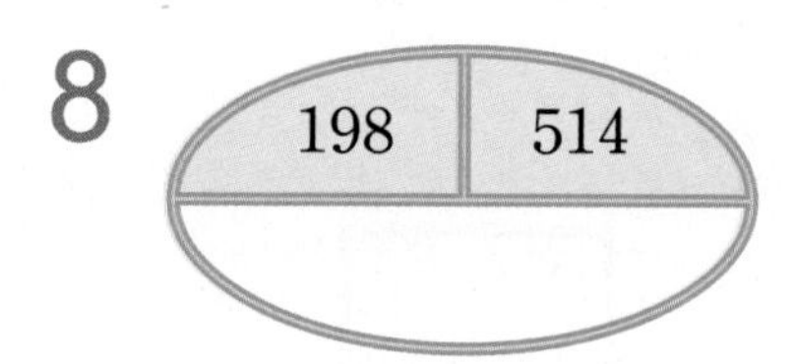


9
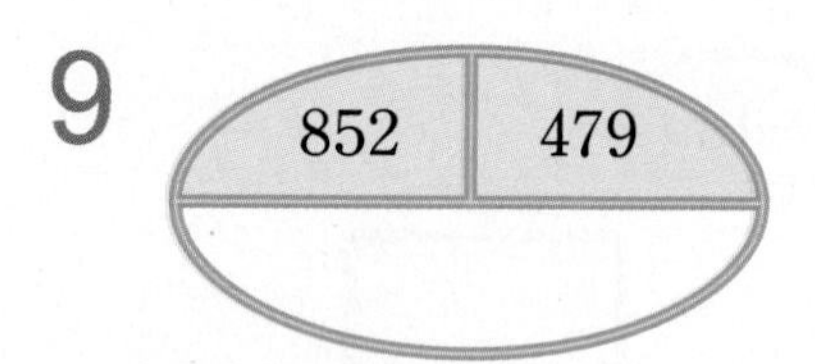


10
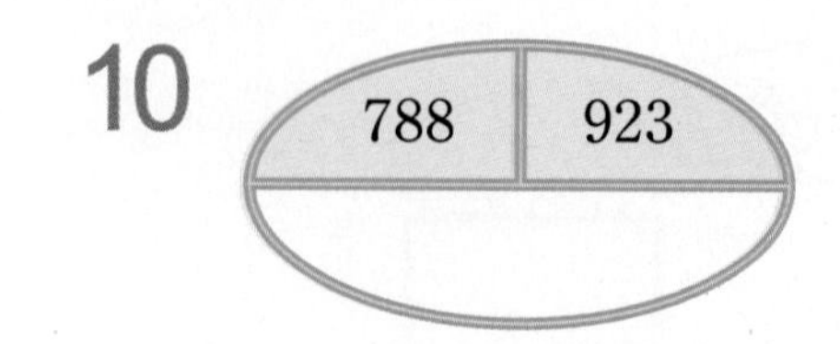

공부한 날 월 일

☀ □ 안에 알맞은 수를 써넣으시오.

1
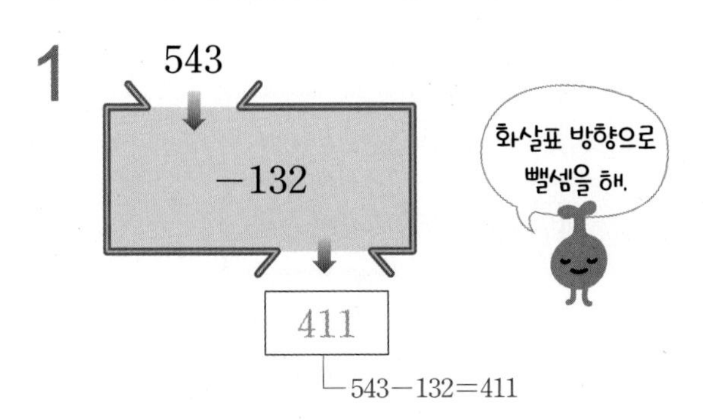


2
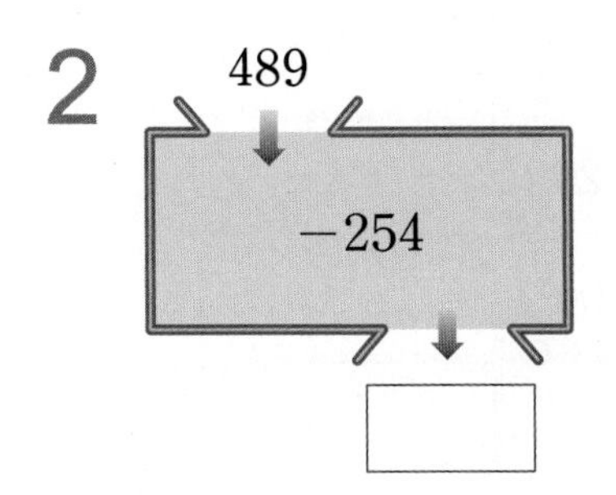


3
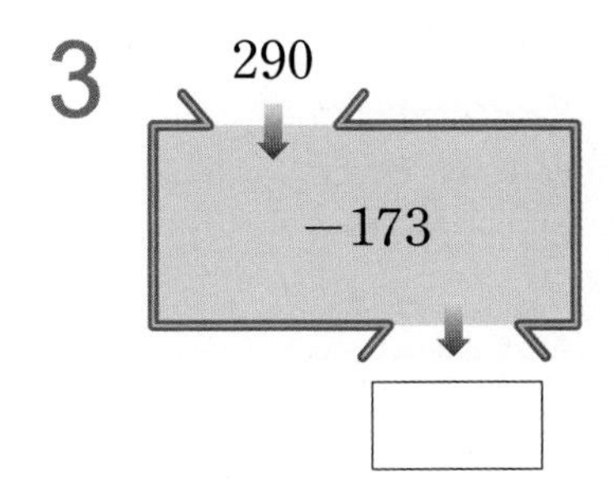


4
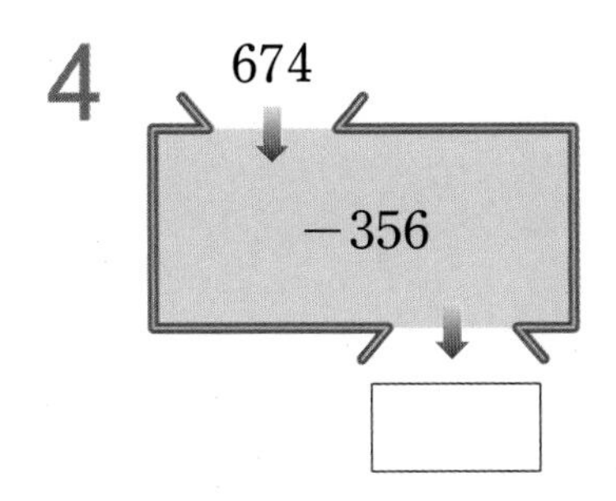


5
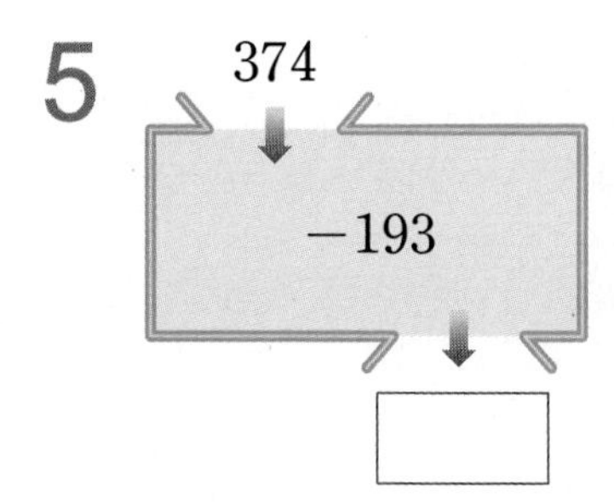


6
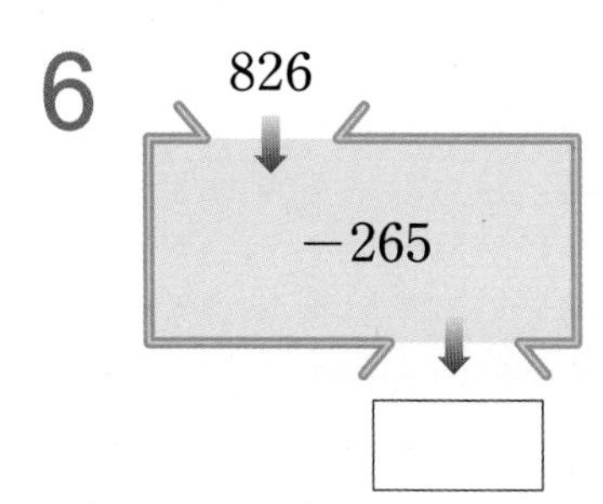


7
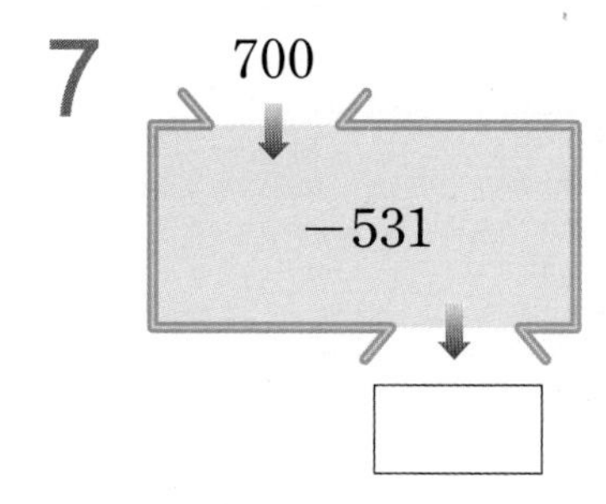


8
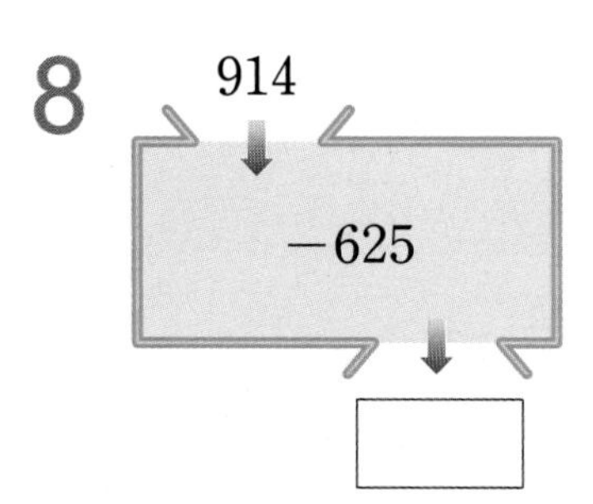

공부한 날 월 일

✸ 빈칸에 알맞은 수를 써넣으시오.

1

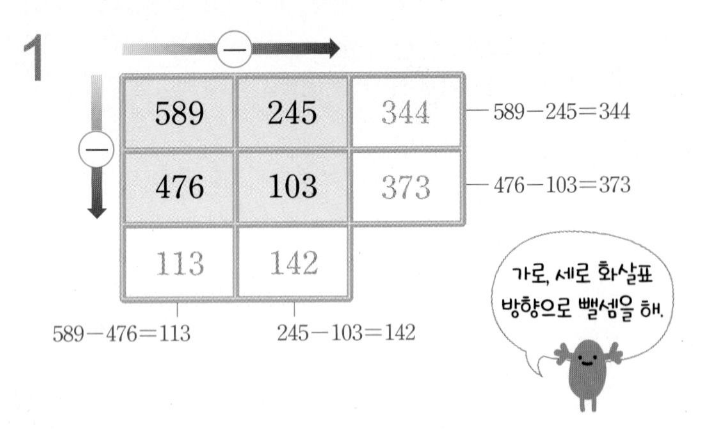


2

| 758 | 446 | |
|---|---|---|
| 337 | 230 | |
| | | |

3

| 960 | 528 | |
|---|---|---|
| 652 | 147 | |
| | | |

4

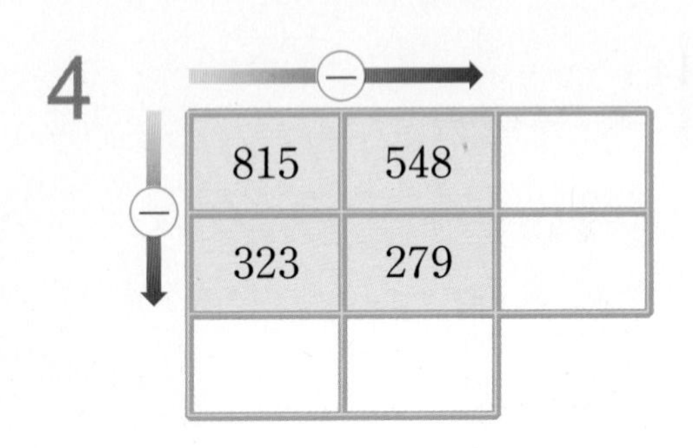


5

| 635 | 458 | |
|---|---|---|
| 347 | 179 | |
| | | |

6

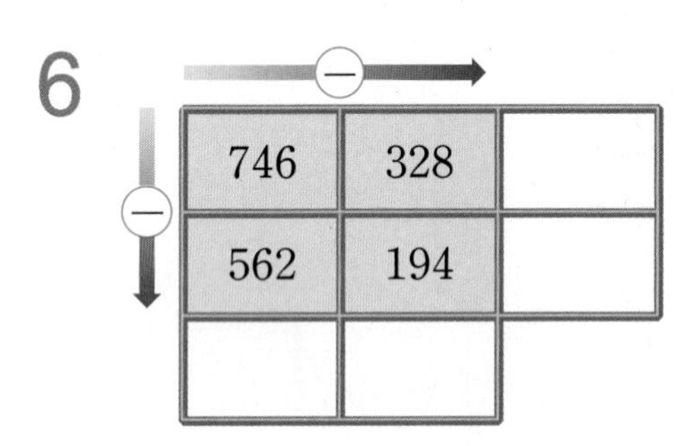


7

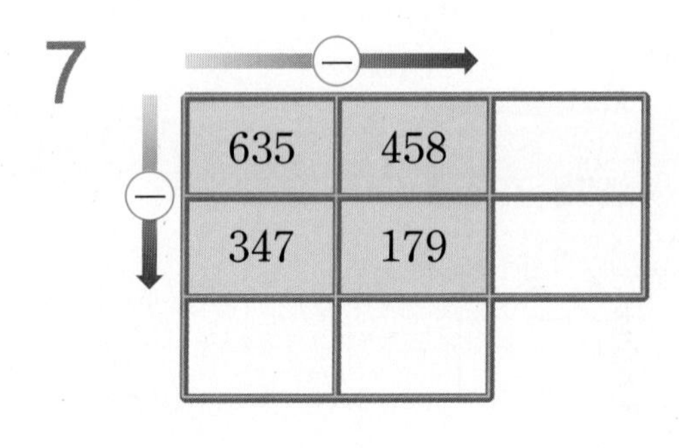


8

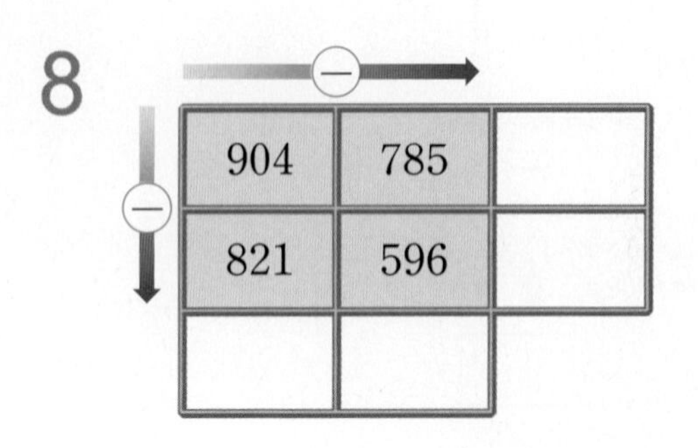

# 19 뺄셈 연습 (6)

공부한 날 월 일



✸ 크기를 비교하여 ○ 안에 >, =, <를 알맞게 써넣으시오.

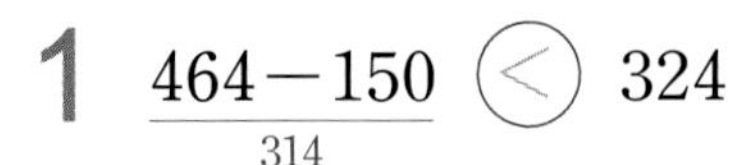

1 464−150 (<) 324
314

2 685−272 ○ 408

3 215 ○ 530−318

4 761−439 ○ 330

5 182 ○ 806−623

6 926−581 ○ 445

7 520 ○ 713−198

8 385−160 ○ 457−235

9 670−562 ○ 285−126

10 516−255 ○ 630−311

11 469−172 ○ 827−543

12 710−364 ○ 527−188

13 864−489 ○ 953−576

14 625−149 ○ 833−374

## 20 덧셈식에서 □ 안에 알맞은 수 써넣기

공부한 날 월 일

☀ □ 안에 알맞은 수를 써넣으시오.

**1**

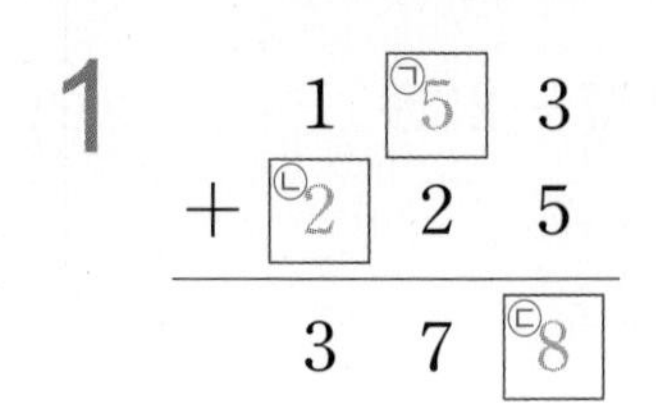


- 3+5=㉢, ㉢=8
- ㉠+2=7, ㉠=5
- 1+㉡=3, ㉡=2

**2**

$$\begin{array}{r} \square\;3\;4 \\ +\;3\;\square\;\square \\ \hline 5\;8\;6 \end{array}$$

**3**

$$\begin{array}{r} 4\;6\;\square \\ +\;\square\;0\;8 \\ \hline 7\;\square\;2 \end{array}$$

**4**

$$\begin{array}{r} 2\;\square\;1 \\ +\;5\;9\;\square \\ \hline \square\;4\;8 \end{array}$$

**5**

$$\begin{array}{r} \square\;4\;7 \\ +\;3\;\square\;8 \\ \hline 9\;8\;\square \end{array}$$

**6**

$$\begin{array}{r} 4\;2\;\square \\ +\;\square\;7\;3 \\ \hline 8\;\square\;1 \end{array}$$

**7**

$$\begin{array}{r} 5\;4\;\square \\ +\;2\;\square\;7 \\ \hline \square\;1\;6 \end{array}$$

**8**

$$\begin{array}{r} 3\;\square\;5 \\ +\;\square\;3\;\square \\ \hline 1\;2\;1\;4 \end{array}$$

**9**

$$\begin{array}{r} \square\;6\;8 \\ +\;7\;\square\;2 \\ \hline 1\;2\;5\;\square \end{array}$$

**10**

$$\begin{array}{r} 5\;8\;\square \\ +\;\square\;9\;4 \\ \hline 1\;4\;\square\;1 \end{array}$$

공부한 날 월 일

## 21 뺄셈식에서 □ 안에 알맞은 수 써넣기

□ 안에 알맞은 수를 써넣으시오.

**1**

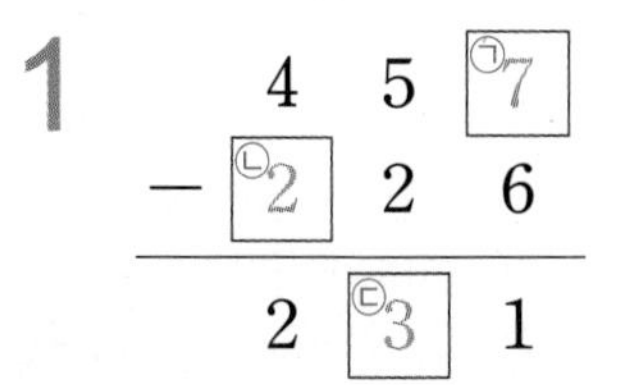


- ㉠−6=1, ㉠=7
- 5−2=㉢, ㉢=3
- 4−㉡=2, ㉡=2

**2**

```
   7 □ 8
 − 3 4 □
 -------
   □ 0 4
```

**3**

```
   □ 6 5
 − 6 □ 1
 -------
   2 4 □
```

**4**

```
   □ 3 1
 − 1 0 □
 -------
   2 □ 4
```

**5**

```
   5 2 □
 − □ 1 8
 -------
   3 □ 5
```

**6**

```
   6 □ 5
 − □ 3 4
 -------
   2 8 □
```

**7**

```
   7 7 9
 − 5 □ □
 -------
   □ 9 4
```

**8**

```
   8 6 □
 − 4 □ 2
 -------
   □ 8 8
```

**9**

```
   □ 4 5
 − 7 □ 6
 -------
   1 4 □
```

**10**

```
   7 □ 4
 − □ 6 8
 -------
   2 7 □
```

1 덧셈과 뺄셈

[1~4] 계산을 하시오.

**1**

$$\begin{array}{r} 2\ 5\ 7 \\ +\ 1\ 3\ 6 \\ \hline \end{array}$$

**2**

$$\begin{array}{r} 4\ 2\ 5 \\ -\ 2\ 4\ 1 \\ \hline \end{array}$$

- 각 자리 수끼리의 합이 10이거나 10보다 크면 바로 윗자리로 받아올림합니다.
- 각 자리 수끼리 뺄 수 없으면 바로 윗자리에서 받아내림합니다.

**3** 574+288

**4** 748−369

**5** □ 안에 알맞은 수를 써넣으시오.

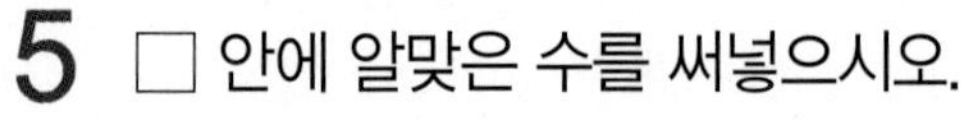

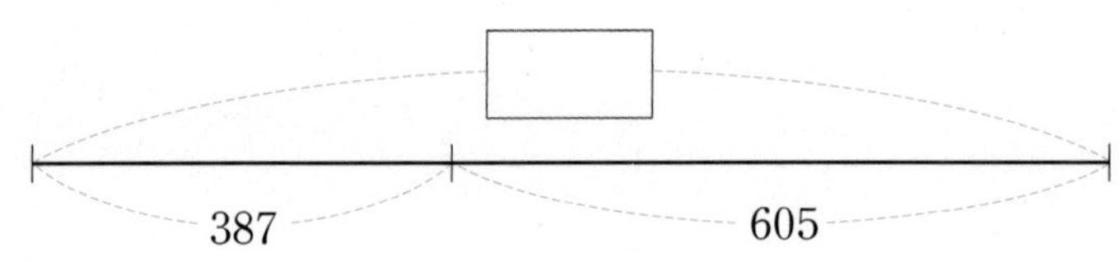

**6** 빈칸에 알맞은 수를 써넣으시오.

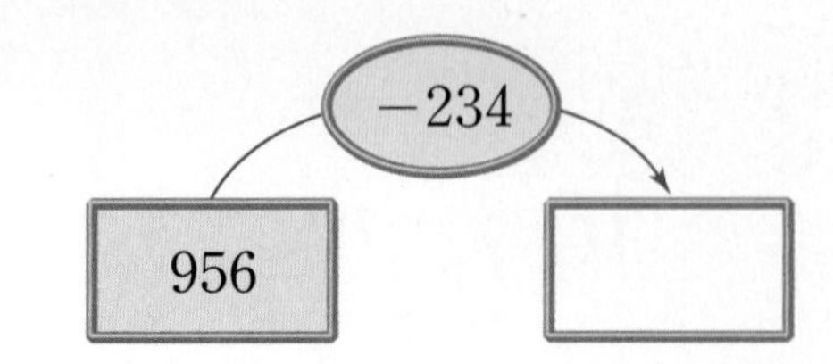


- 화살표 방향으로 뺄셈을 합니다.

## 7 빈칸에 알맞은 수를 써넣으시오.

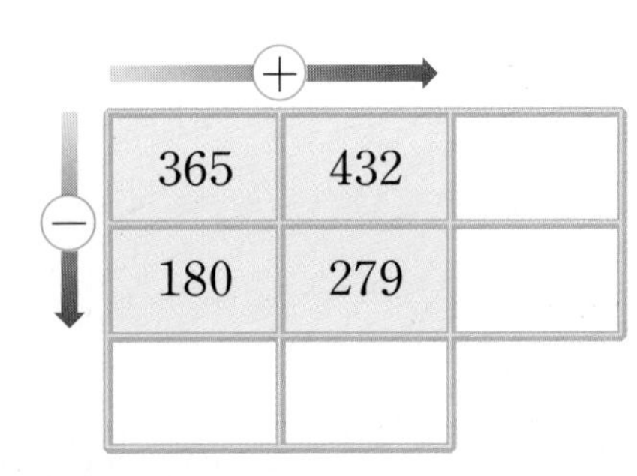

## 8 계산 결과를 비교하여 ○ 안에 >, =, <를 알맞게 써넣으시오.

$209+281$ ◯ $823-355$

• 덧셈과 뺄셈을 각각 한 후 크기를 비교합니다.

## 9 슬기네 학교 도서관에는 동화책이 754권, 위인전이 296권 있습니다. 동화책과 위인전은 모두 몇 권 있습니까?

식 ______________ 답 ______________

• 동화책 수와 위인전 수를 더합니다.

## 10 대둔산은 월출산보다 몇 m 더 높습니까?

대둔산: 878 m

월출산: 809 m

(　　　　　　　)

• 대둔산의 높이에서 월출산의 높이를 뺍니다.

QR 코드를 찍어 보세요.

문제 생성기 새로운 문제를 계속 풀 수 있어요.

학습 게임 재미있는 학습 게임을 할 수 있어요.

# 2 평면도형

QR 코드를 찍어 보세요.
재미있는 학습 게임을
할 수 있어요.

## 제2화 악! 그 별이 아니야~

| 이미 배운 내용 | 이번에 배울 내용 | 앞으로 배울 내용 |
| --- | --- | --- |
| [2-1 여러 가지 도형]<br>• 원 알아보기<br>• 삼각형, 사각형 알아보기<br>• 오각형, 육각형 알아보기 | • 선분, 반직선, 직선 알아보기<br>• 각, 직각 알아보기<br>• 직각삼각형 알아보기<br>• 직사각형, 정사각형 알아보기 | [4-1 각도]<br>• 각도 알아보기<br>• 각도의 합과 차 알아보기<br>[4-2 삼각형]<br>• 예각삼각형, 둔각삼각형 알아보기 |

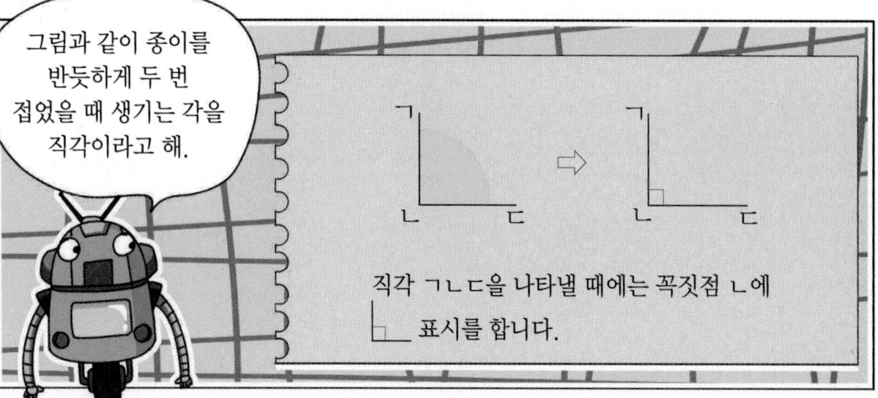

# 배운 것 확인하기

## 1 원

✹ 원에 ○표 하시오.

1 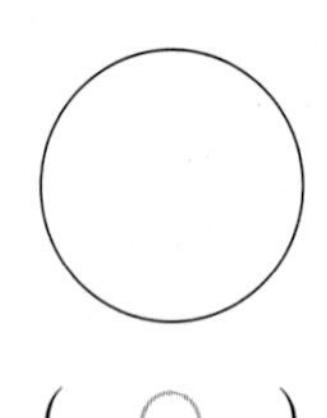

( ○ )

원은 어느 쪽에서 보아도 똑같이 동그란 모양이야.

2 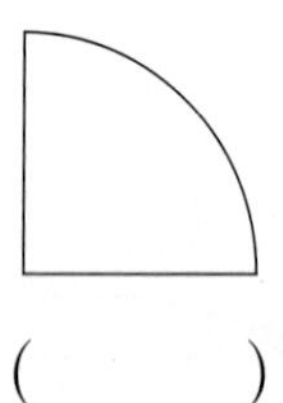

(      )

3 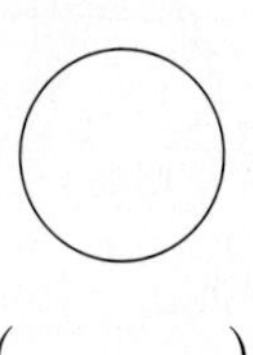

(      )

4 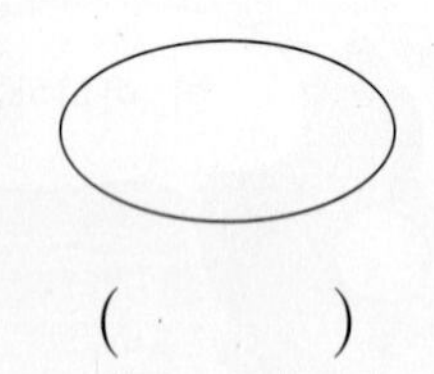

(      )

5 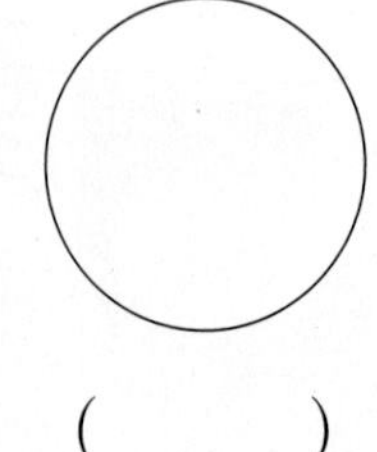

(      )

## 2 삼각형

✹ 삼각형에 ○표 하시오.

1 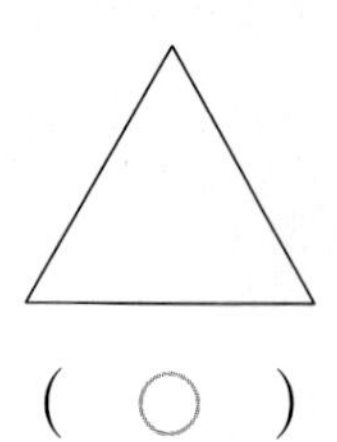

( ○ )

2 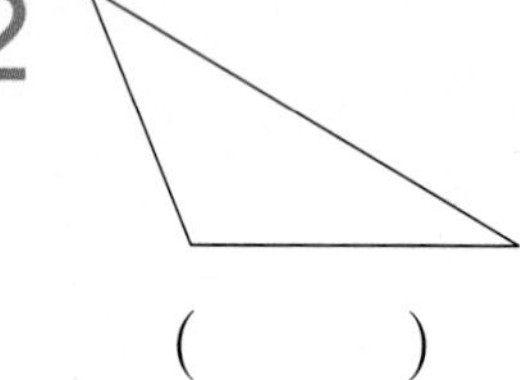

(      )

3 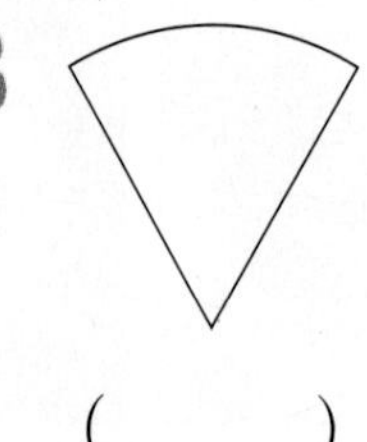

(      )

4 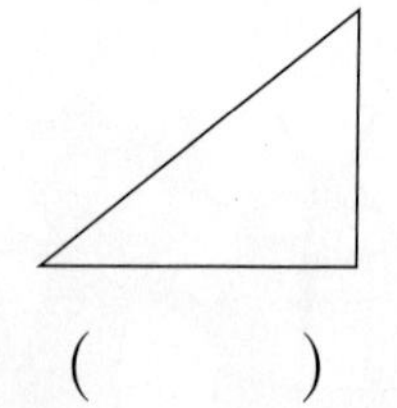

(      )

5

(      )

## 3 사각형

**✱ 사각형에 ○표 하시오.**

1

( ○ )

2

(　　)

3

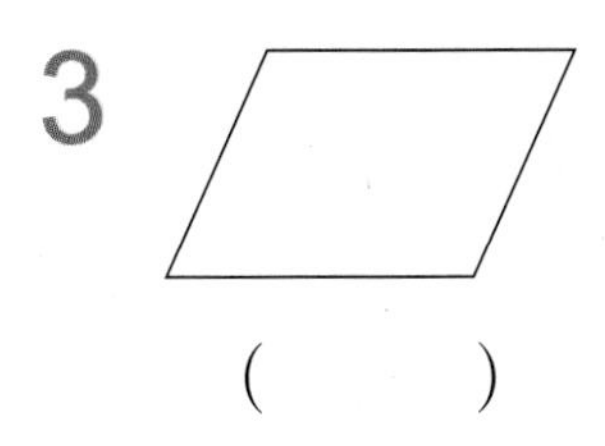

(　　)

4

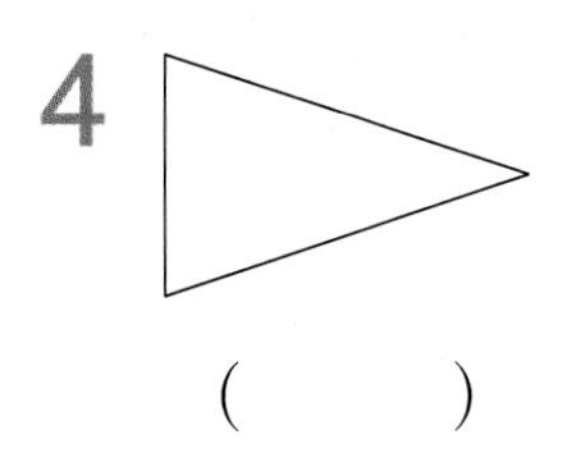

(　　)

5

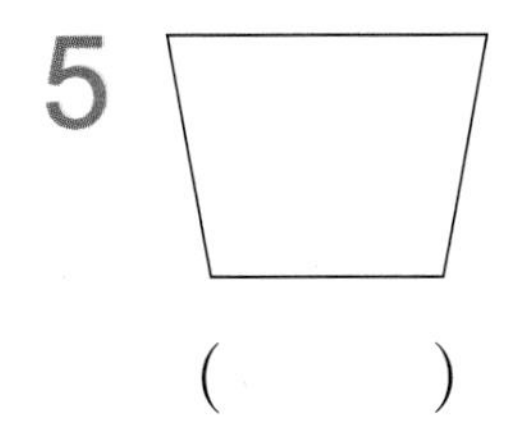

(　　)

## 4 오각형, 육각형

**✱ 오각형에 ○표, 육각형에 △표 하시오.**

1

( ○ )

2

(　　)

3

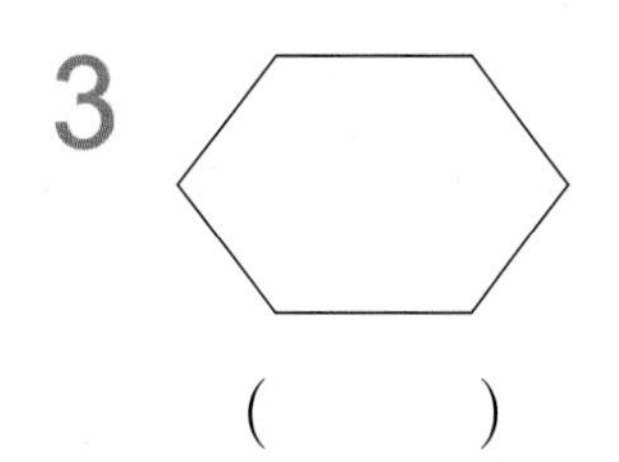

(　　)

4

(　　)

5

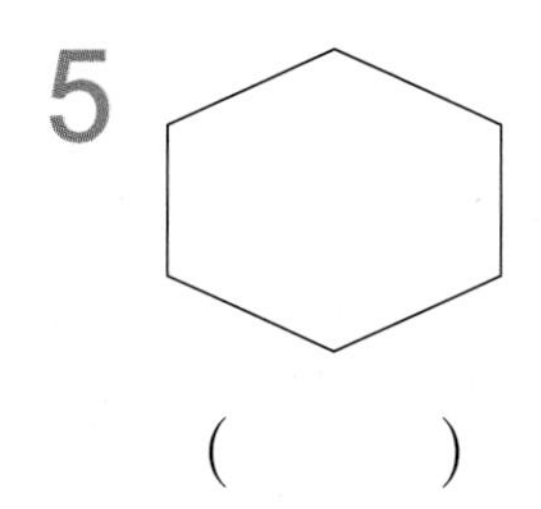

(　　)

## 1 선분 알아보기

**도형의 이름을 써 보시오.**

1 ( 선분 ㄱㄴ 또는 선분 ㄴㄱ )

끝점을 기준으로 2가지로 읽을 수 있습니다.

5 (　　　　　　)

2 (　　　　　　)

6 (　　　　　　)

3 (　　　　　　)

7 (　　　　　　)

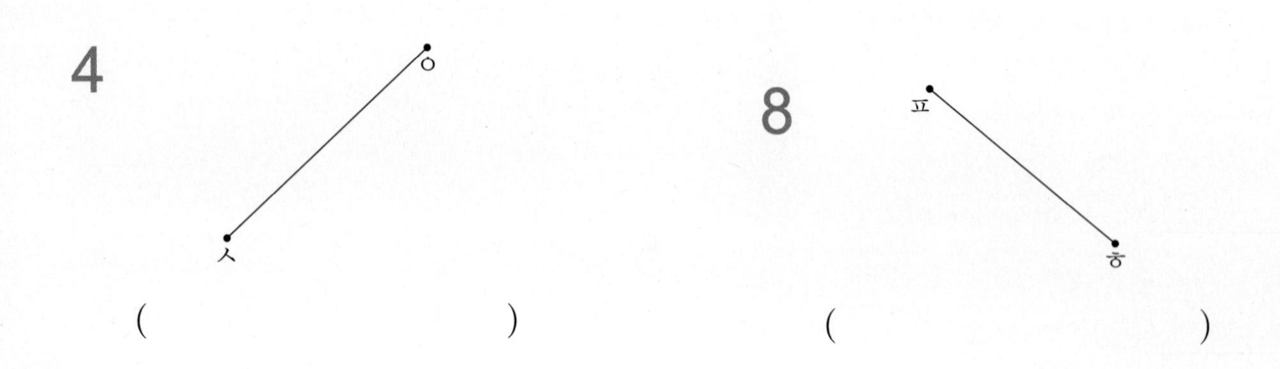


4 (　　　　　　)

8 (　　　　　　)

## 2 반직선 알아보기

공부한 날 월 일

**도형의 이름을 써 보시오.**

1 ( 반직선 ㄱㄴ )

└ 시작점을 먼저 읽습니다.
⇨ 반직선 ㄴㄱ(×)



5 ( )

2 ( )

6 ( )

3 ( )

7 ( )

4 ( )

8 ( )

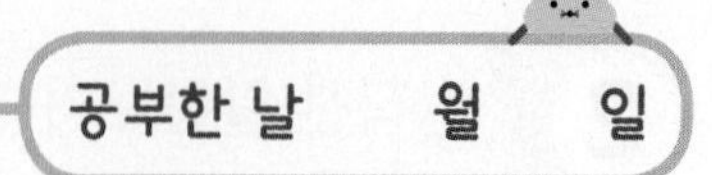


## ✹ 도형의 이름을 써 보시오.

1 ( 직선 ㄱㄴ 또는 직선 ㄴㄱ )

지나는 점을 기준으로 2가지로 읽을 수 있습니다.

5 (                    )

2 (                    )

6 (                    )

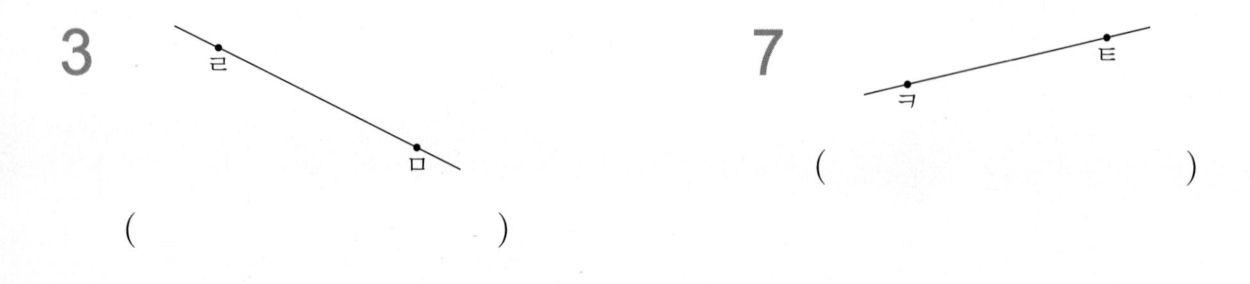


3 (                    )

7 (                    )

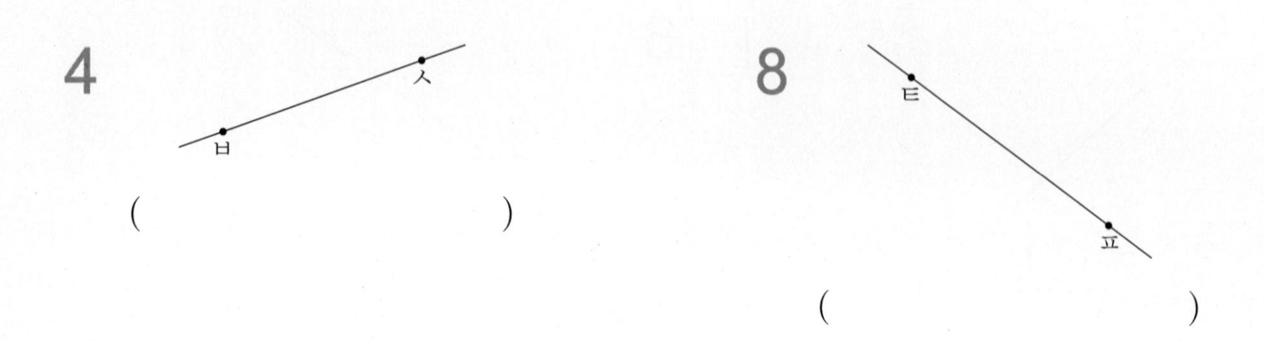


4 (                    )

8 (                    )

## 4 각 찾기

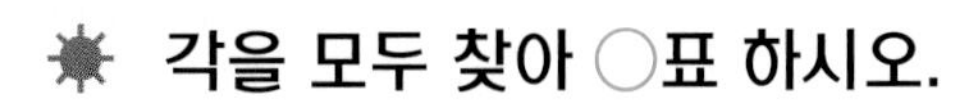

각을 모두 찾아 ○표 하시오.

1

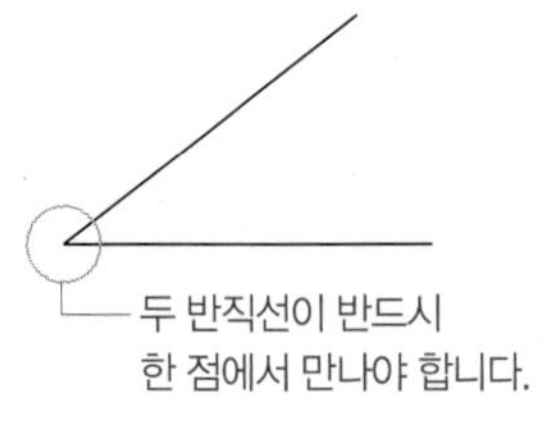


한 점에서 그은
두 반직선으로 이루어진
도형을 각이라고 해.

2

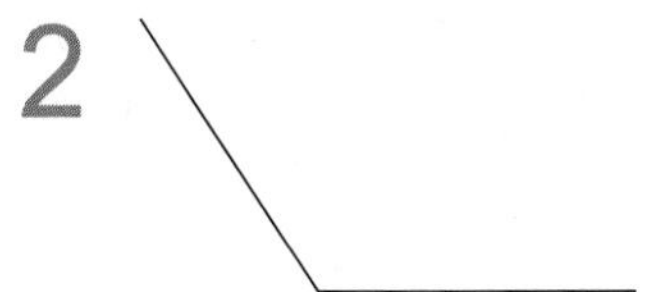

3

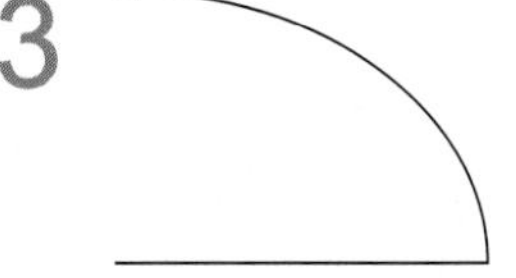

4

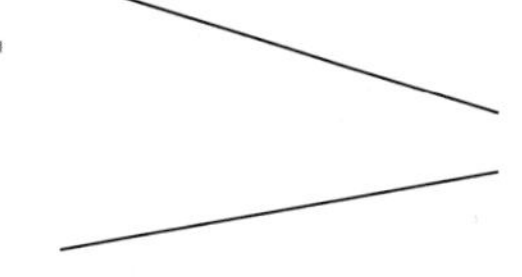

5

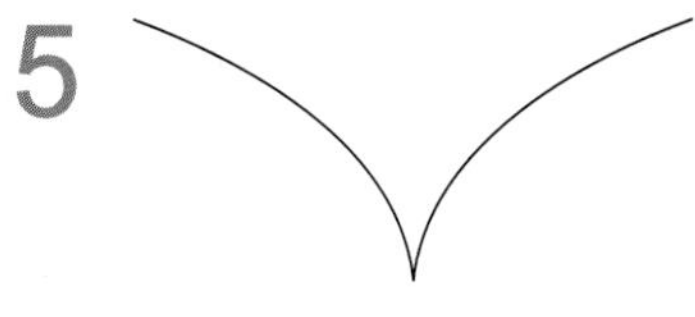

6

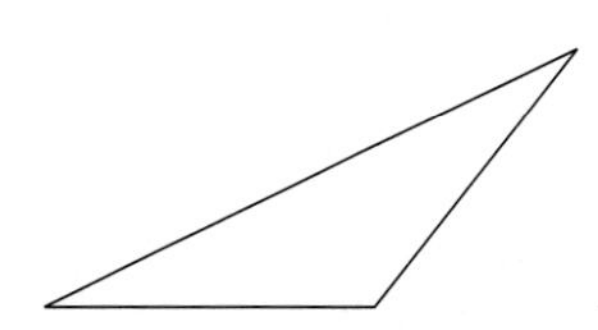

7

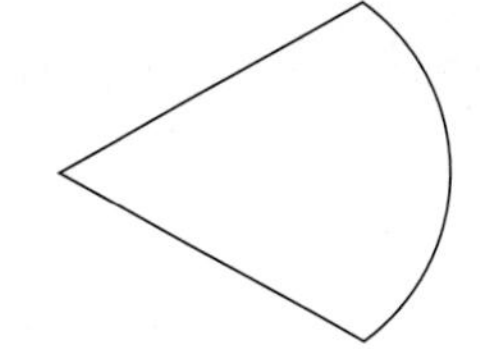

8

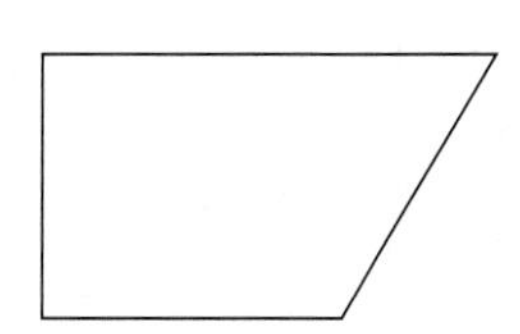

9

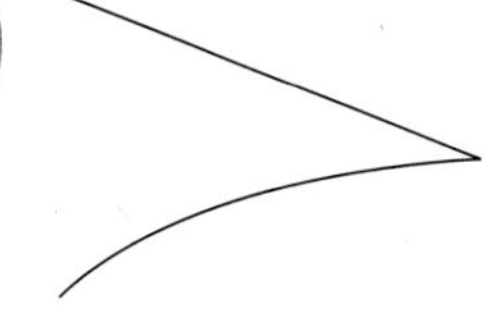

10

## ✹ 각의 꼭짓점과 변을 말해 보시오.

**1**

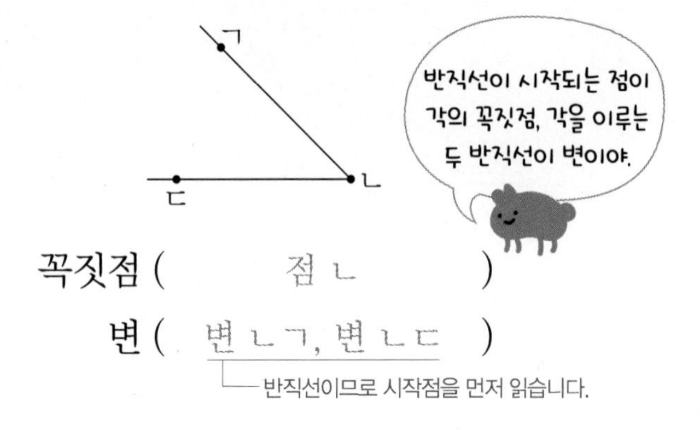


꼭짓점 ( 점 ㄴ )

변 ( 변 ㄴㄱ, 변 ㄴㄷ )

└ 반직선이므로 시작점을 먼저 읽습니다.

**2**

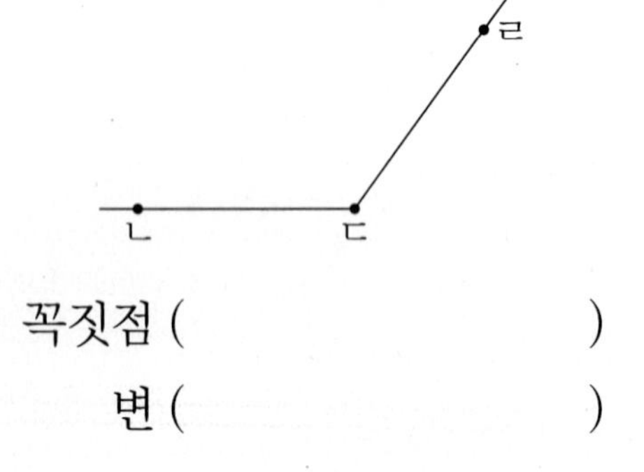


꼭짓점 ( )

변 ( )

**3**

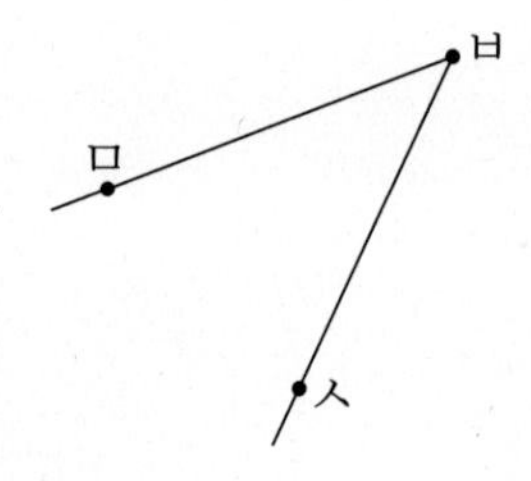


꼭짓점 ( )

변 ( )

**4**

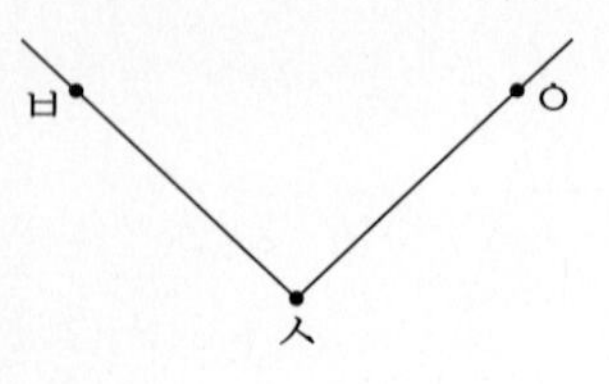


꼭짓점 ( )

변 ( )

**5**

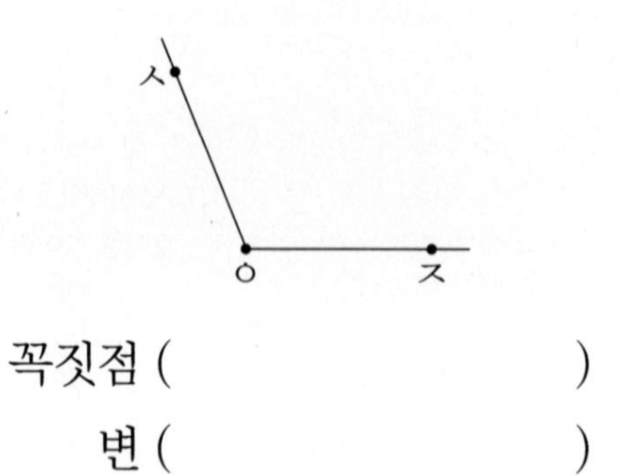


꼭짓점 ( )

변 ( )

**6**

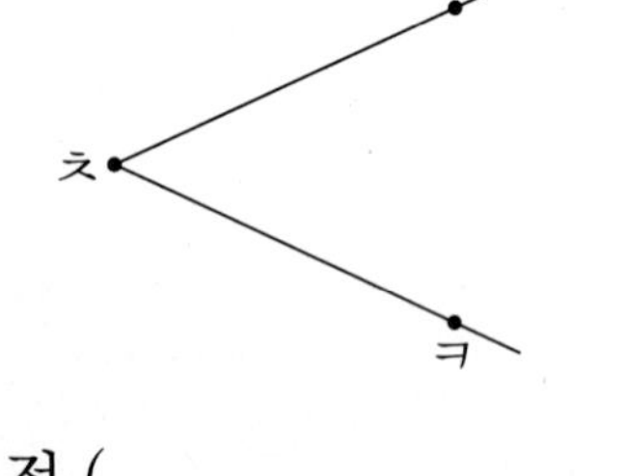


꼭짓점 ( )

변 ( )

**7**

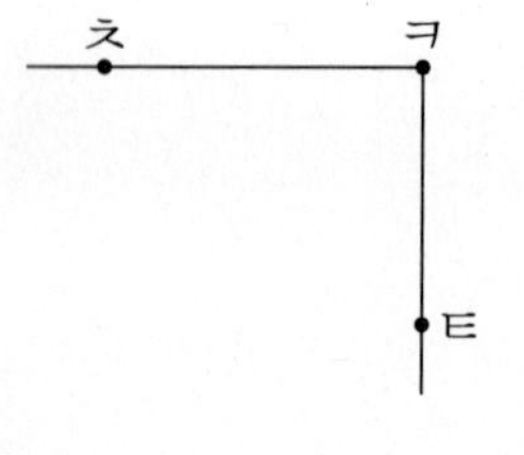


꼭짓점 ( )

변 ( )

**8**

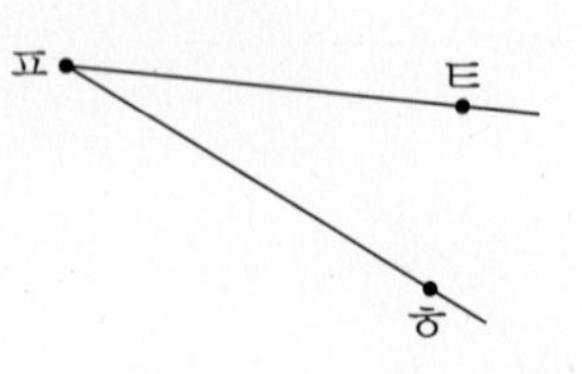


꼭짓점 ( )

변 ( )

공부한 날 월 일

**✹ 각을 읽어 보시오.**

1

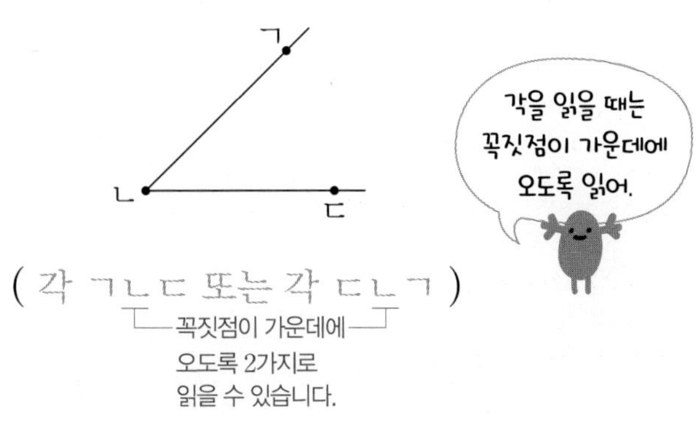


( 각 ㄱㄴㄷ 또는 각 ㄷㄴㄱ )

꼭짓점이 가운데에 오도록 2가지로 읽을 수 있습니다.

5

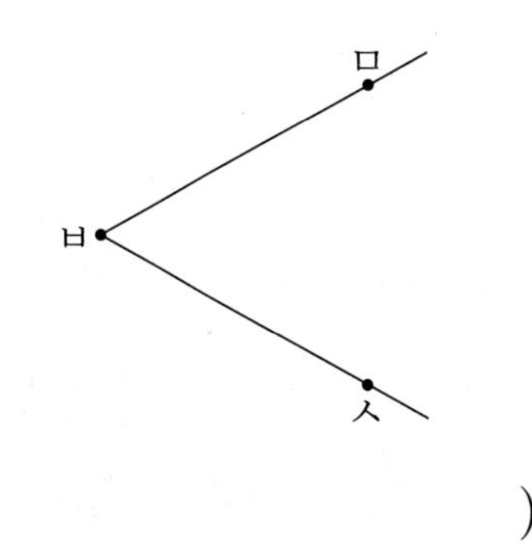


(                    )

2

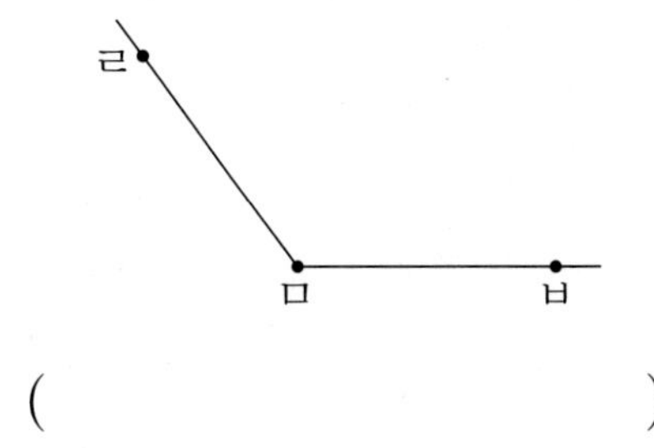


(                    )

6

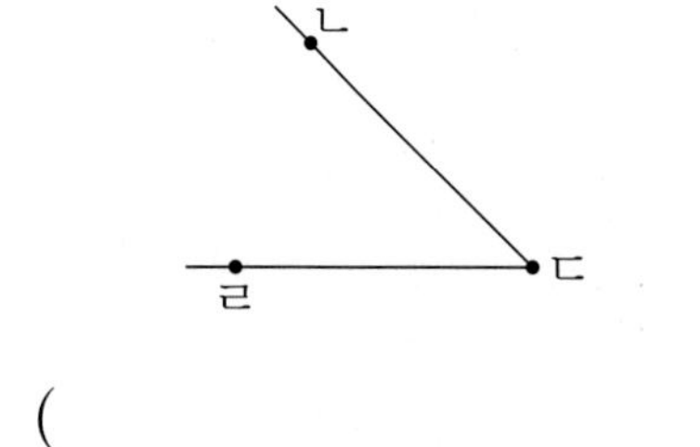


(                    )

3

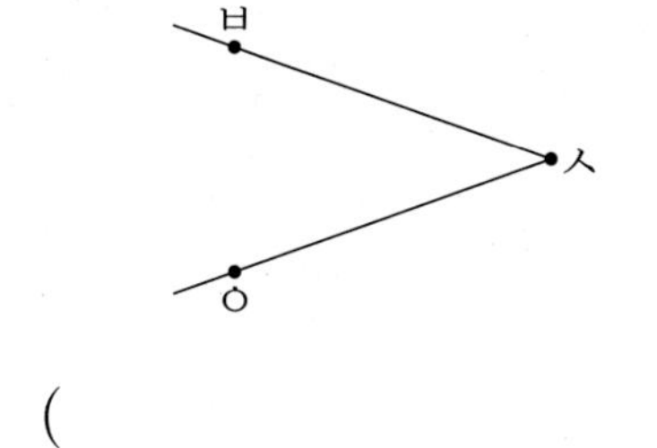


(                    )

7

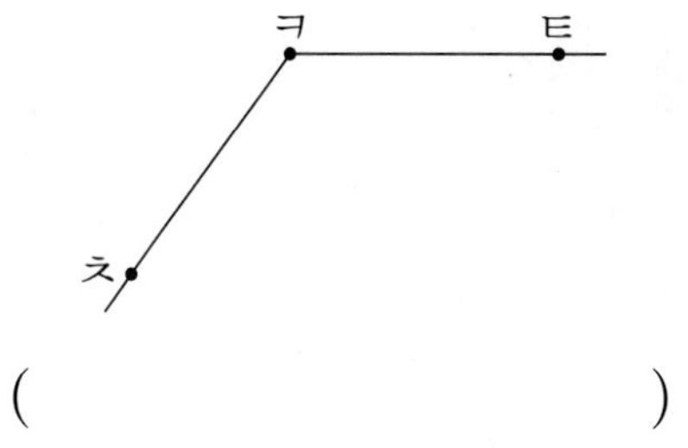


(                    )

4

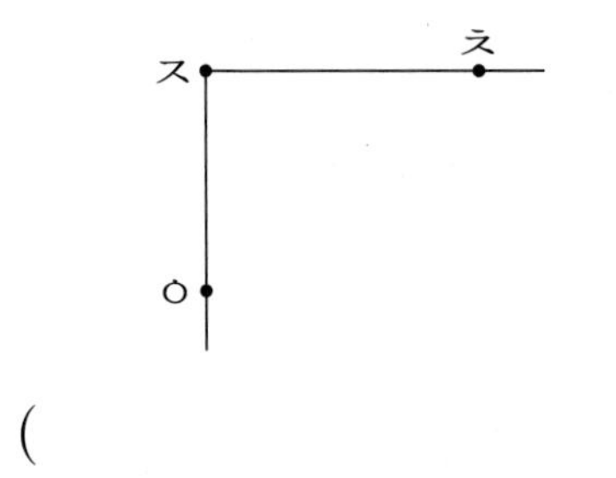


(                    )

8

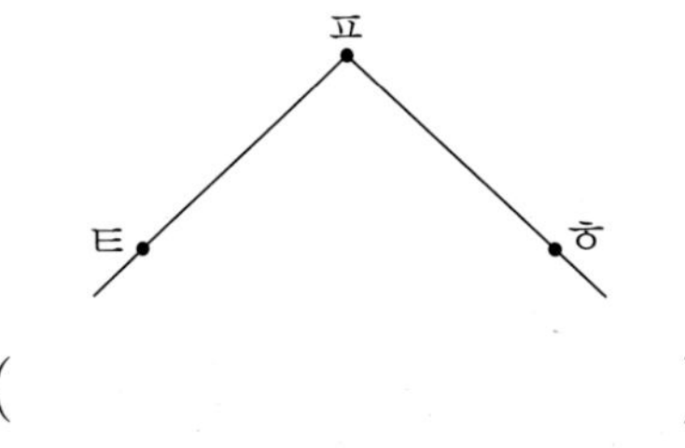


(                    )

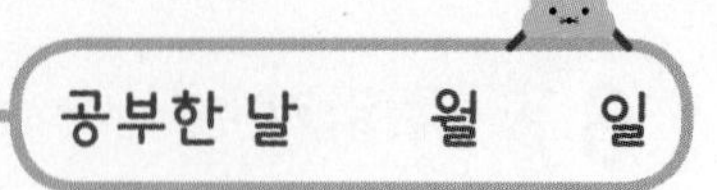


각을 완성해 보시오.

1 각 ㄱㄴㄷ

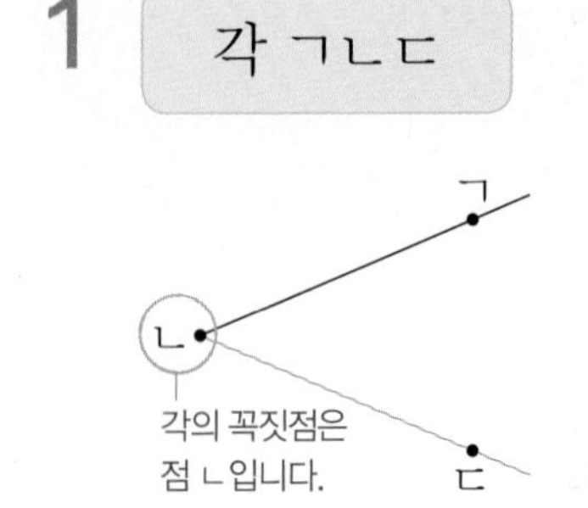

2 각 ㄹㅁㅂ

3 각 ㅁㅂㅅ

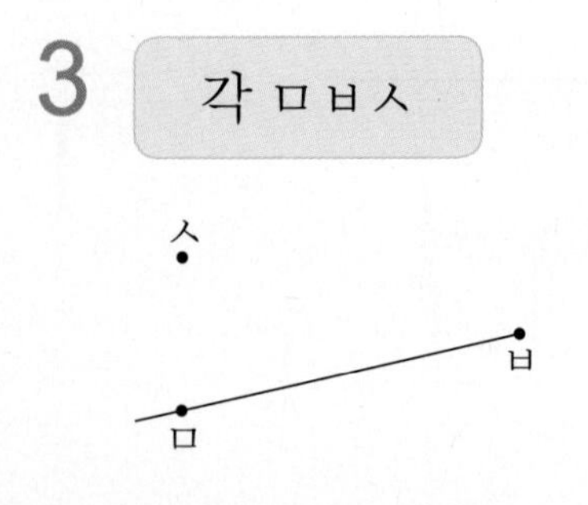


4 각 ㅂㅅㅇ

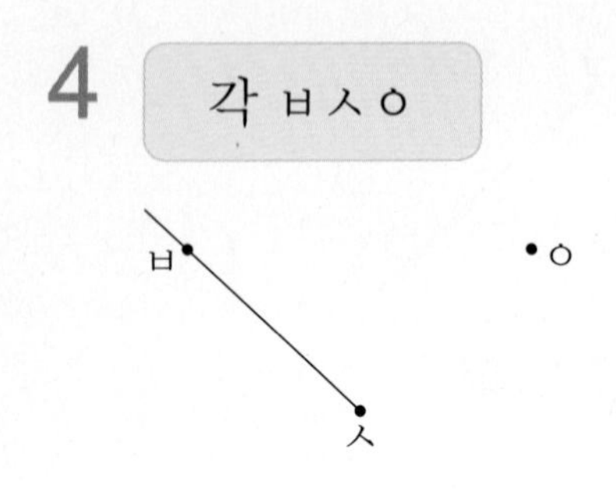


5 각 ㅅㅇㅈ

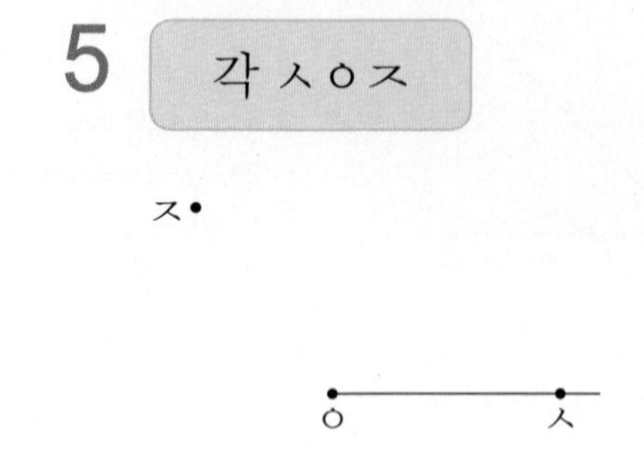


6 각 ㅇㅈㅊ

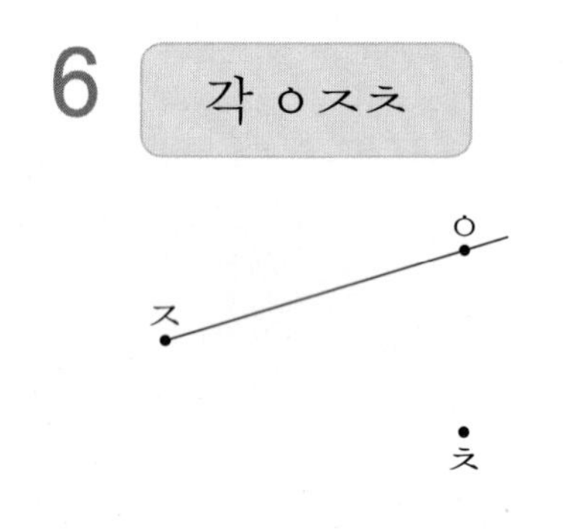


7 각 ㅎㅍㅌ

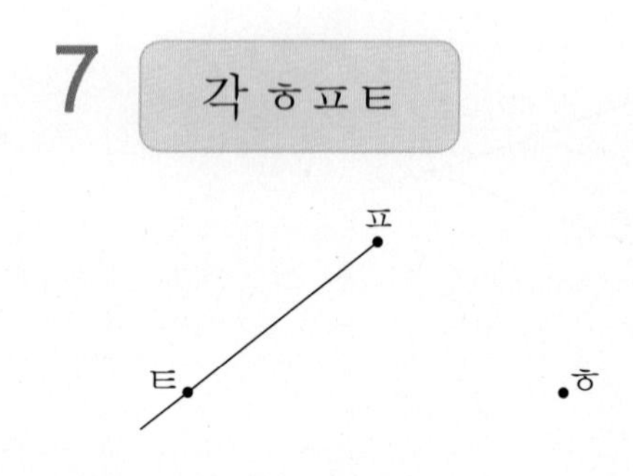


8 각 ㅊㅋㅌ

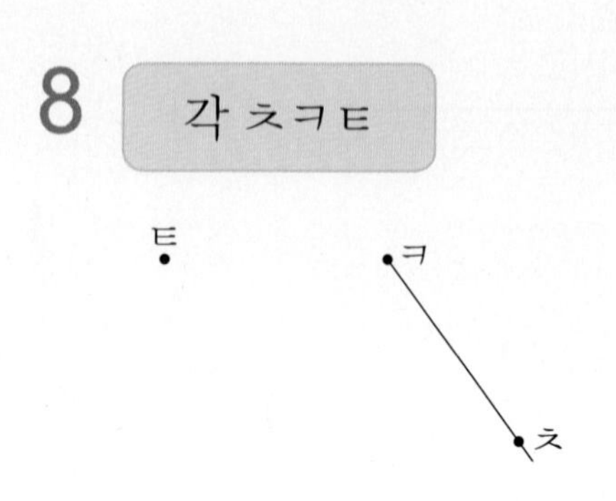

## ✹ 직각을 찾아 ㄴ로 나타내어 보시오.

1

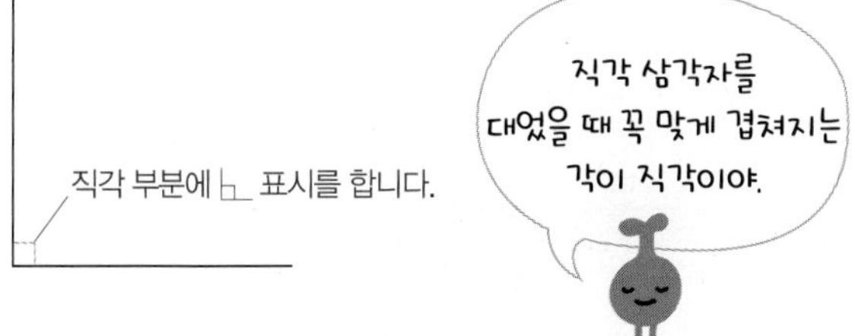


2

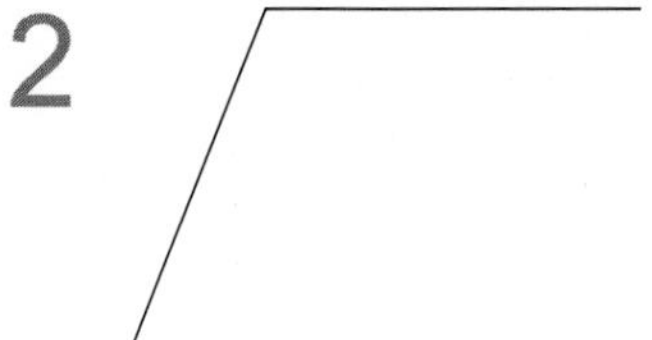

3

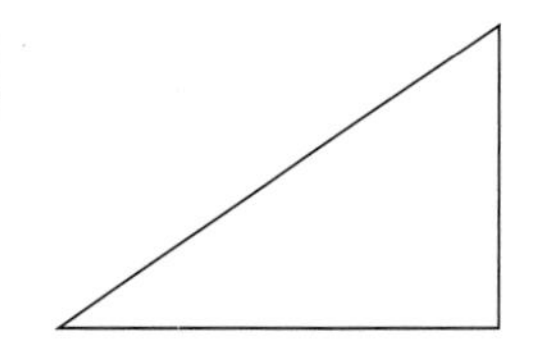

4

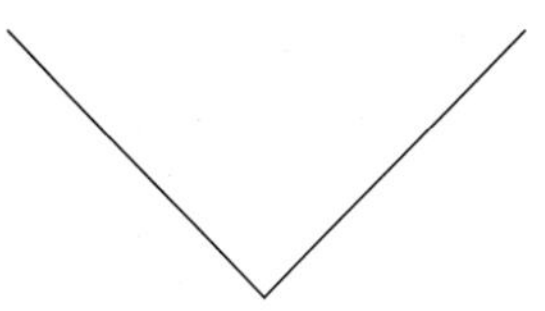

5

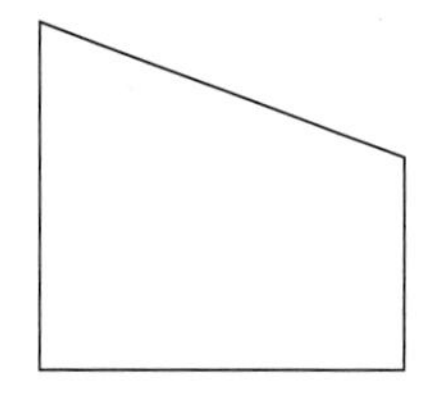

6

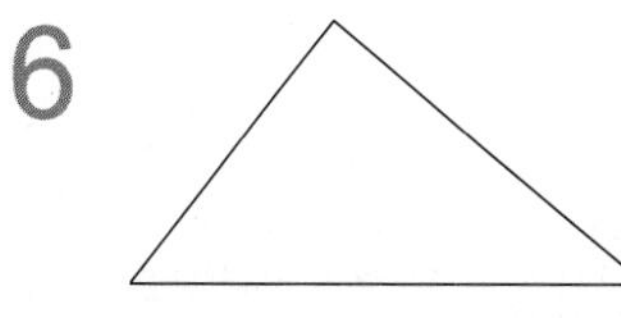

7

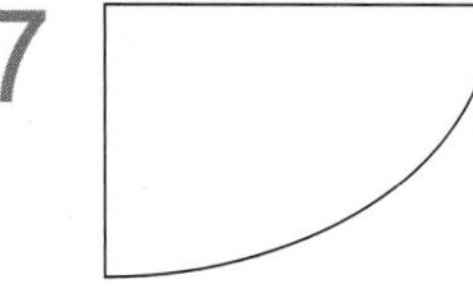

8

9

10

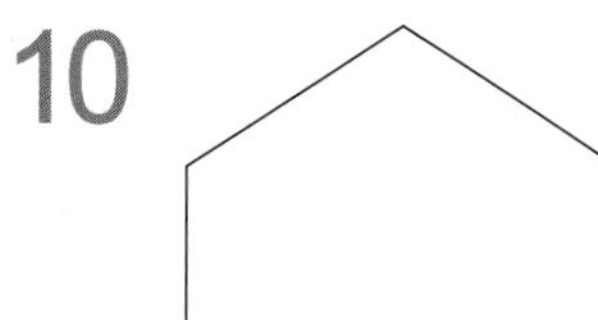

공부한 날 월 일

## 직각을 모두 찾아 읽어 보시오.

1

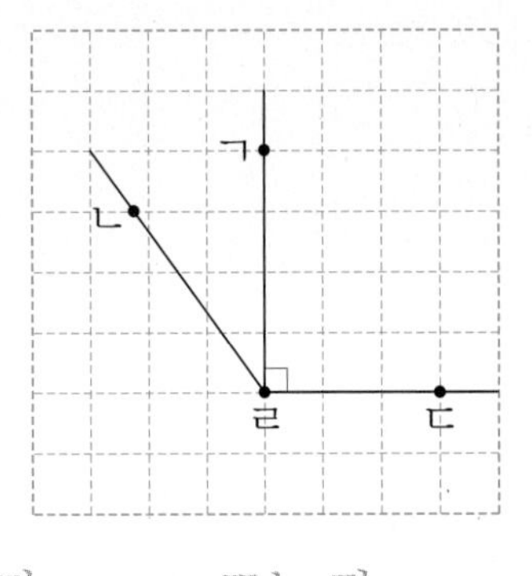

모눈의 선들은 직각으로 만나고 있음을 이용하여 직각을 찾아 봐.

( 각 ㄱㄹㄷ 또는 각 ㄷㄹㄱ )

꼭짓점이 가운데에 오도록 2가지로 읽을 수 있습니다.

4

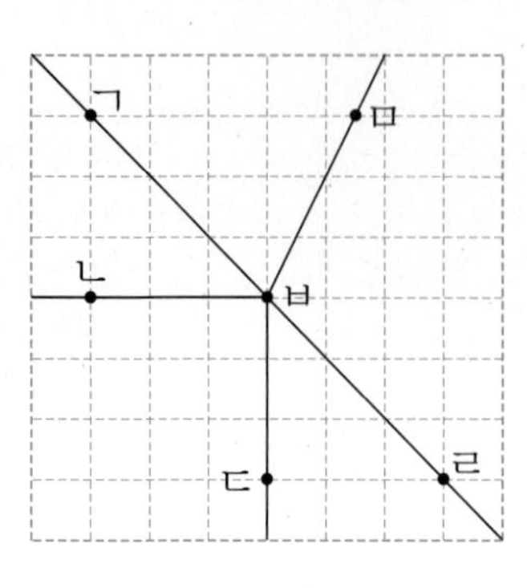


(　　　　　　　　　　)

2

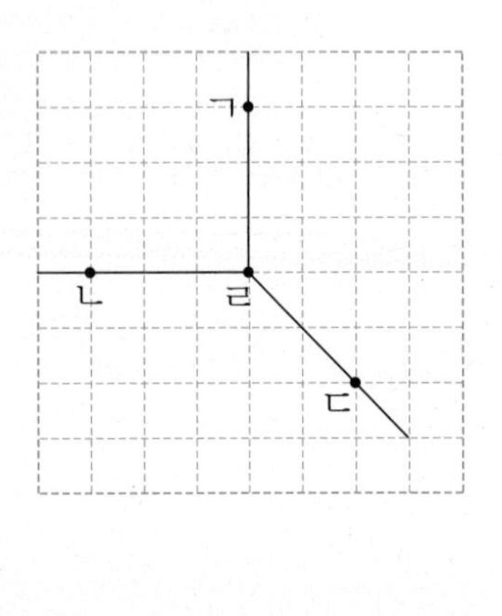


(　　　　　　　　　　)

5

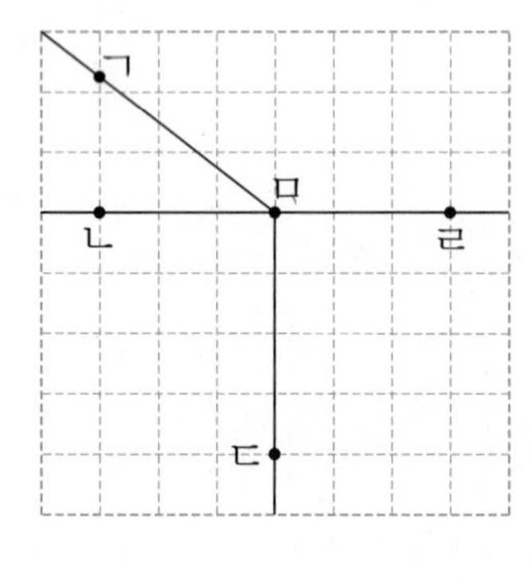


(　　　　　　　　　　),
(　　　　　　　　　　)

3

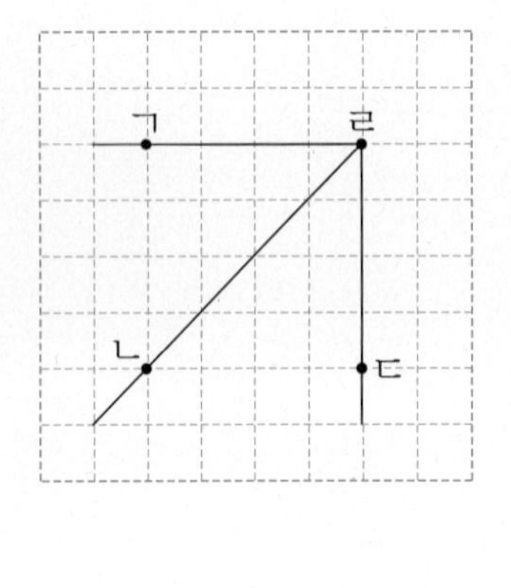


(　　　　　　　　　　)

6

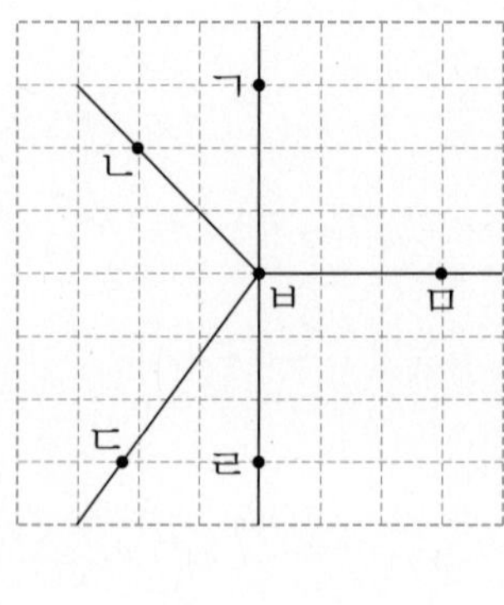


(　　　　　　　　　　),
(　　　　　　　　　　)

# 10 직각삼각형 알아보기

공부한 날 월 일

✸ 직각삼각형을 찾아 ○표 하시오.

1

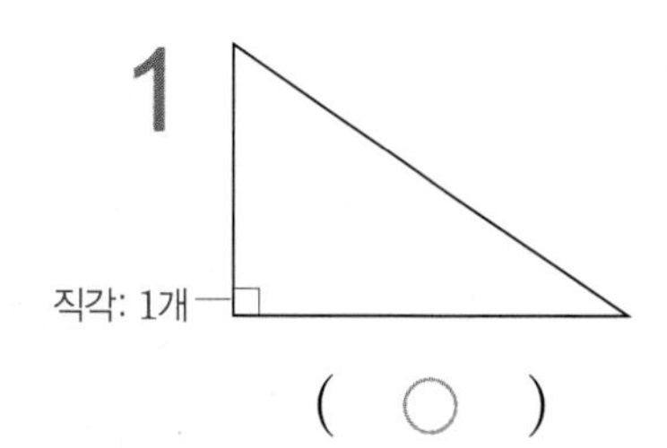


( ○ )

2

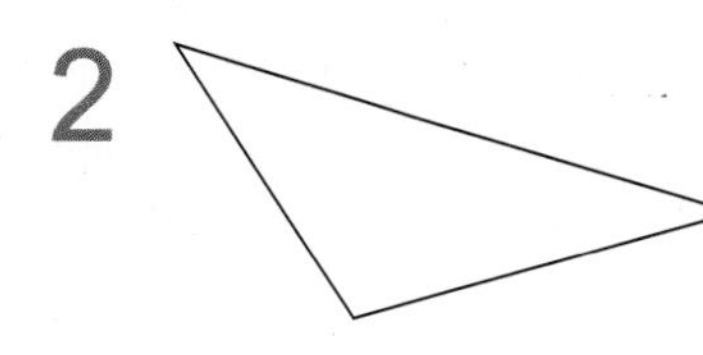

(    )

3

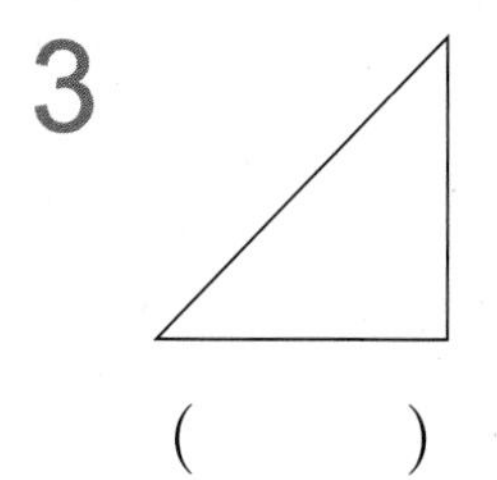

(    )

4

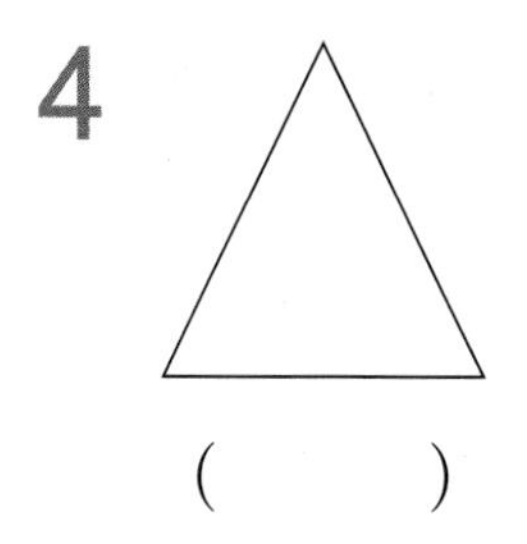

(    )

5

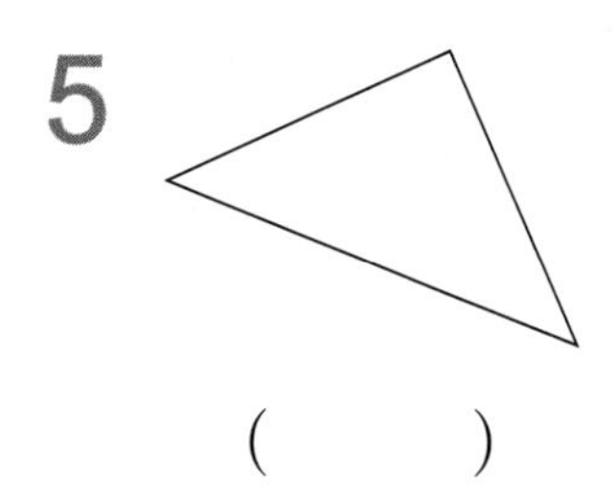

(    )

6

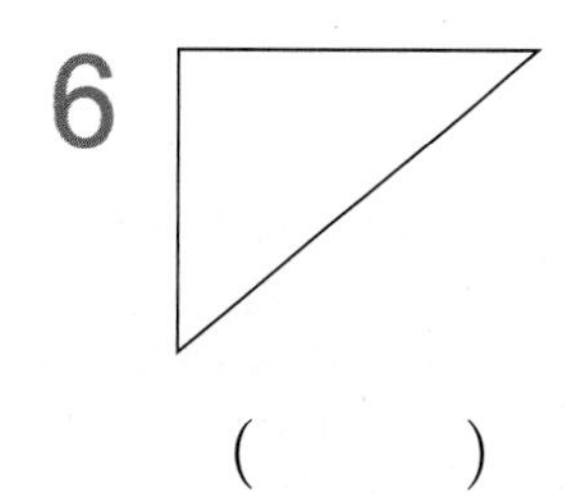

(    )

7

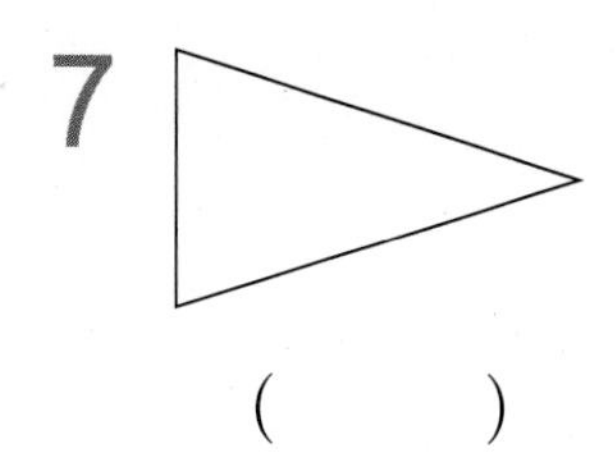

(    )

8

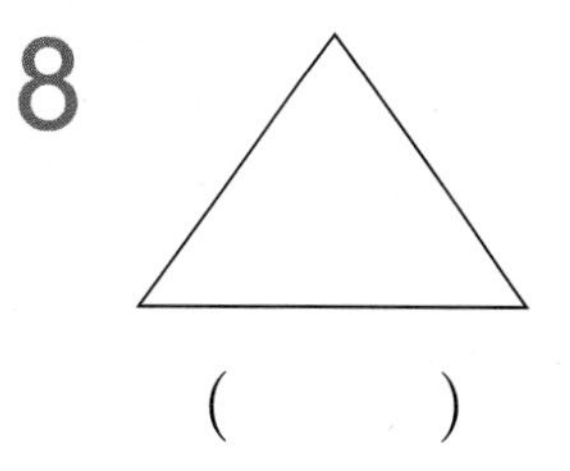

(    )

9

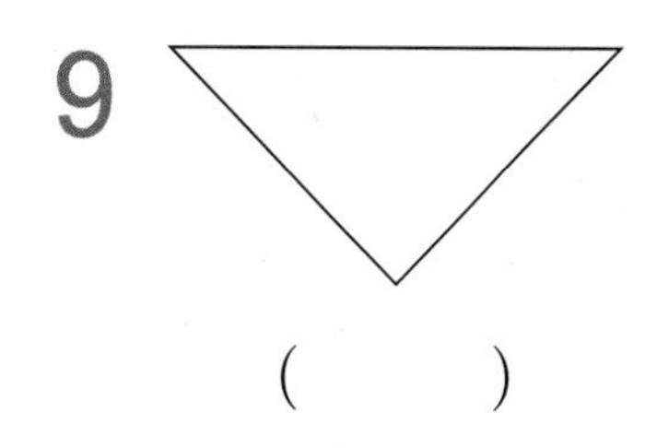

(    )

10

(    )

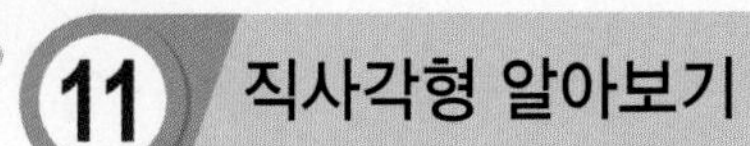

## 11 직사각형 알아보기

**✹ 직사각형을 찾아 ○표 하시오.**

1

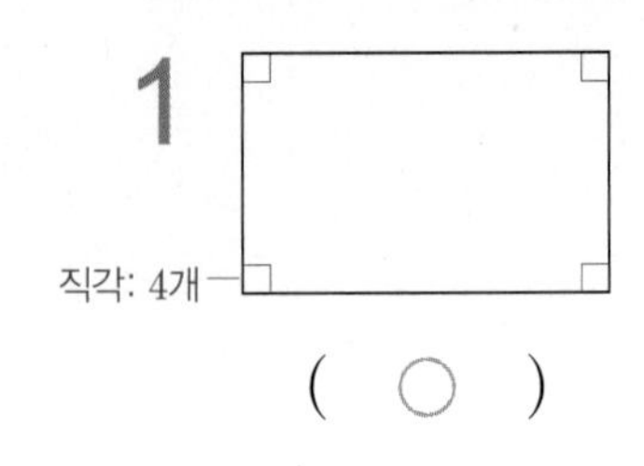


( ○ )

2

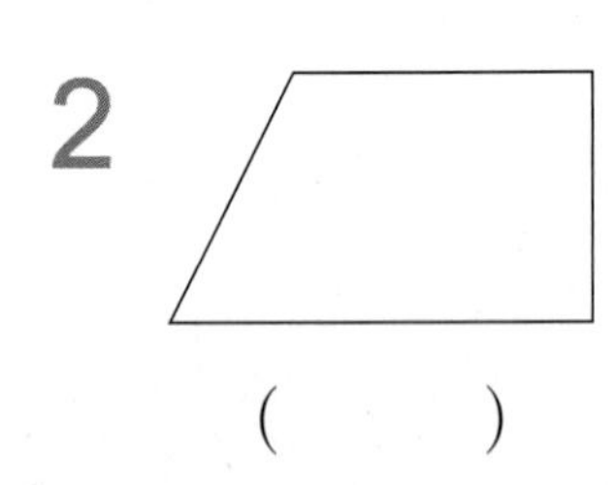

(     )

3

(     )

4

(     )

5

(     )

6

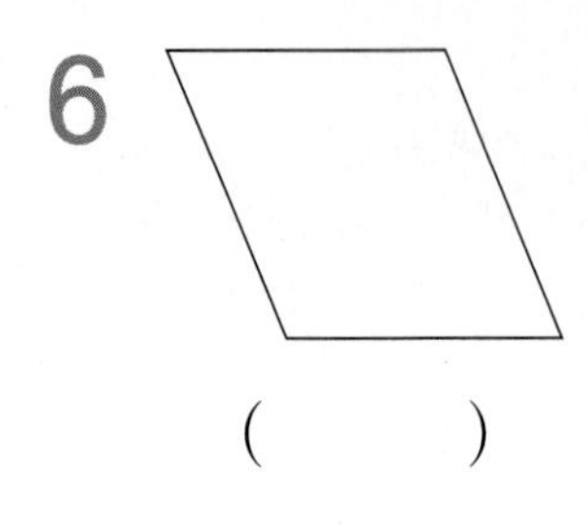

(     )

7

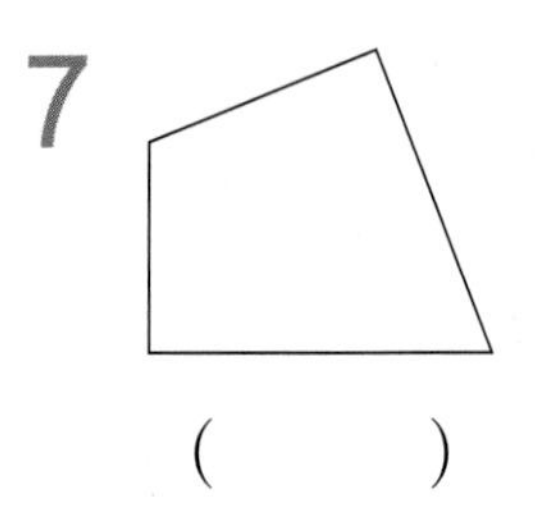

(     )

8

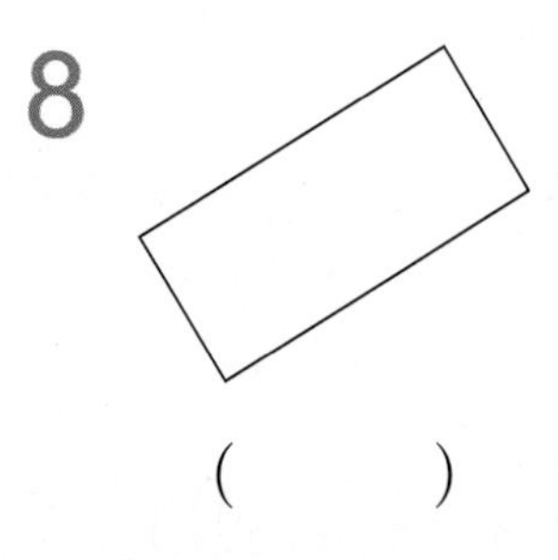

(     )

9

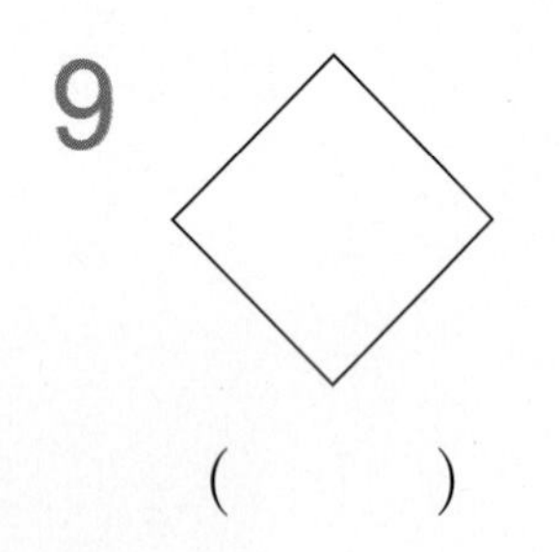

(     )

10

(     )

## 12 정사각형 알아보기

✱ 정사각형을 찾아 ○표 하시오.

1
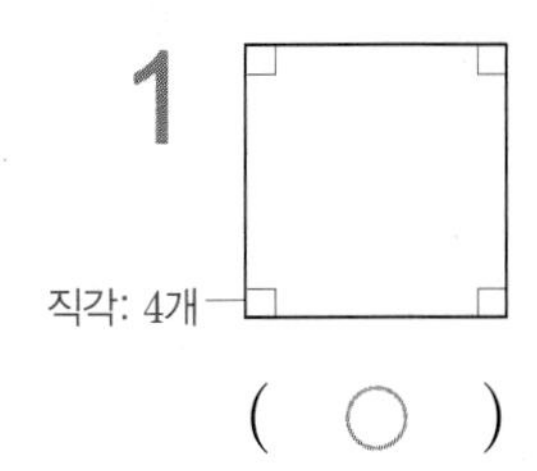


( ○ )

2
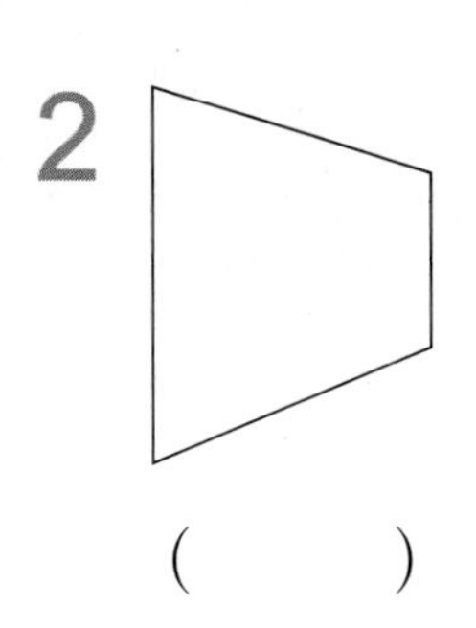

(    )

3
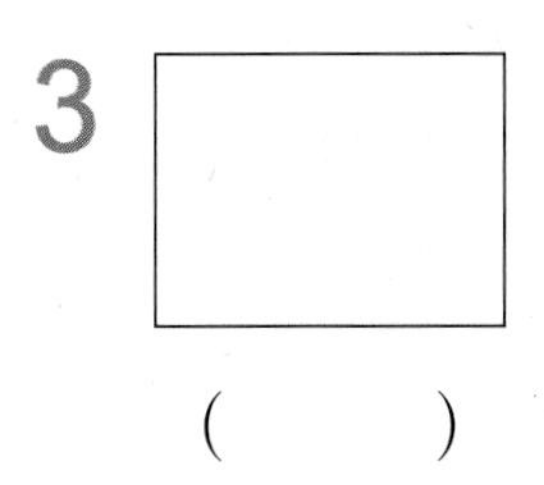

(    )

4
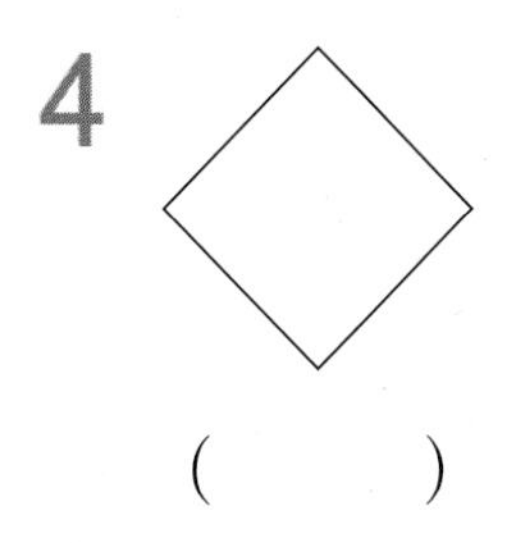

(    )

5

(    )

6
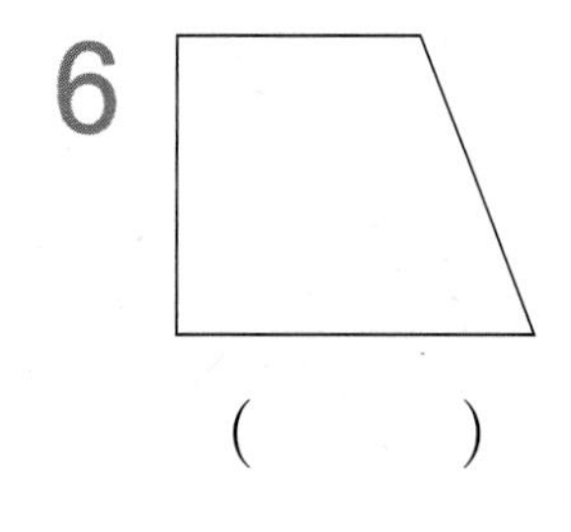

(    )

7
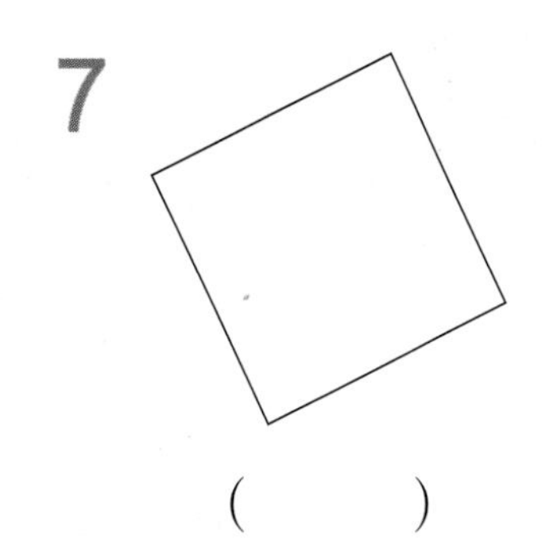

(    )

8
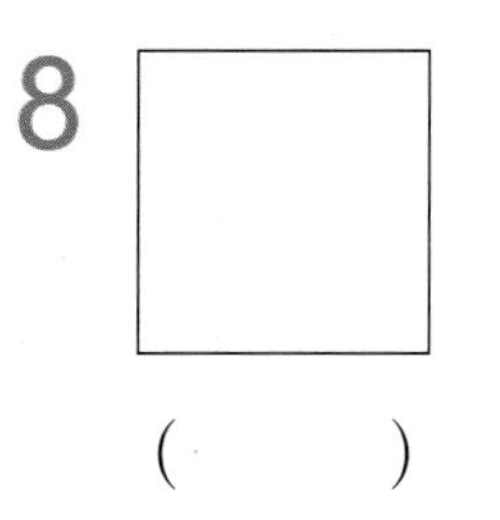

(    )

9
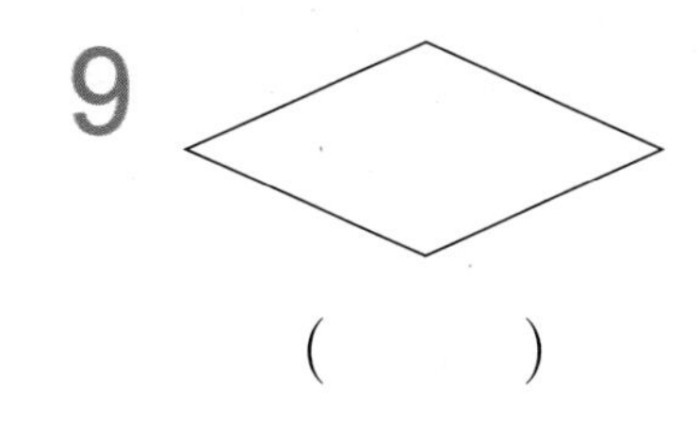

(    )

10
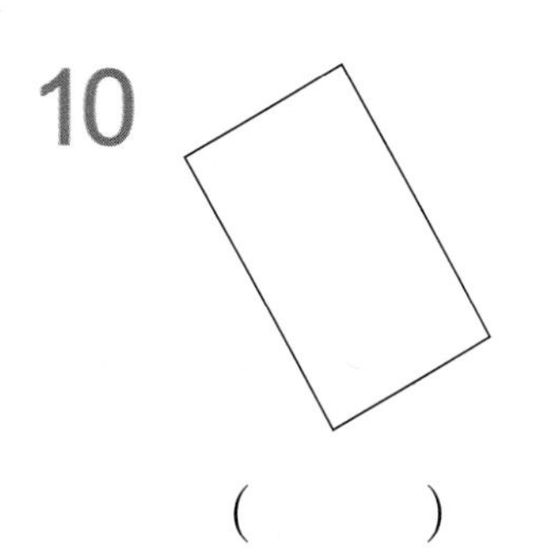

(    )

2 평면도형

**1** 선분을 찾아 ○표 하시오.

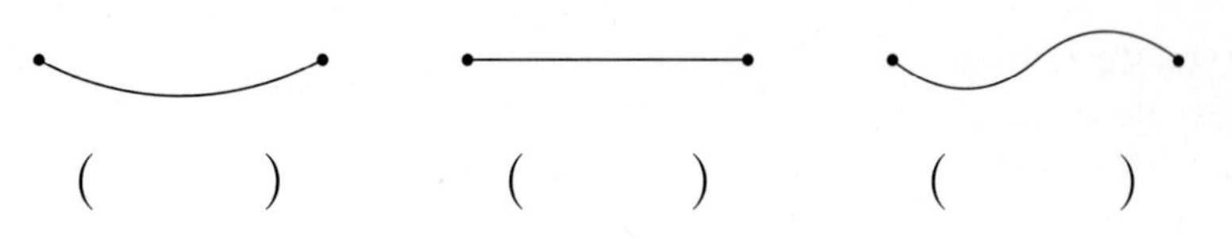

( ) ( ) ( )

• 두 점을 곧게 이은 선을 선분이라고 합니다.

**2** 도형의 이름을 써 보시오.

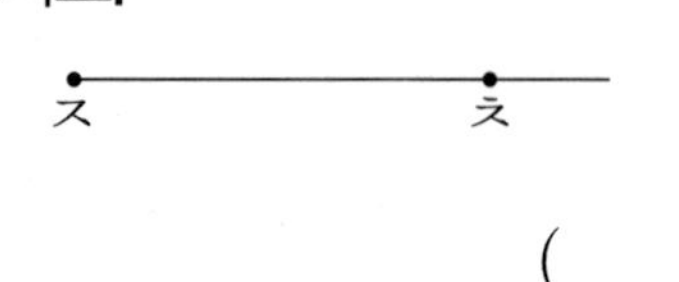


( )

• 한 점에서 시작하여 한쪽으로 끝없이 늘인 곧은 선을 반직선이라고 합니다.

**3** 각 ㄱㄴㄷ을 그려 보시오.

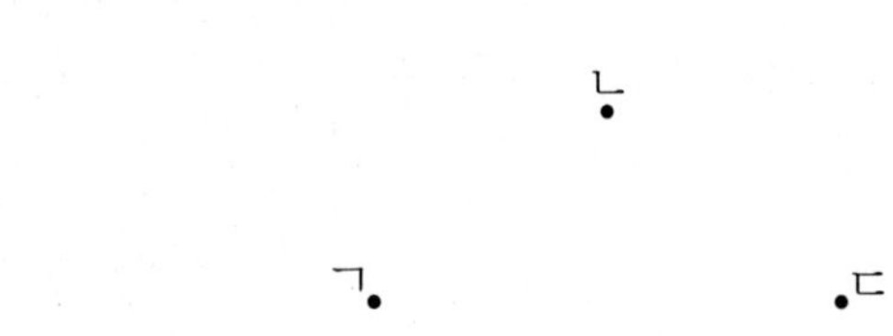

**4** 오른쪽 도형에는 직각이 모두 몇 개 있습니까?

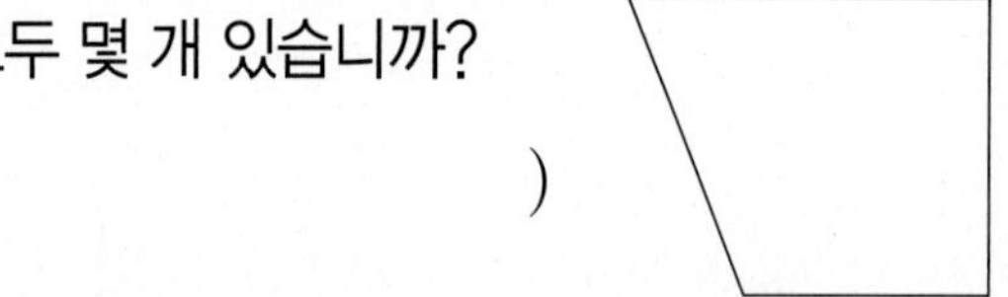

( )

• 직각 삼각자를 대었을 때 꼭 맞게 겹쳐지는 각이 직각입니다.

**5** 다음 도형이 직각삼각형이 아닌 이유를 설명하시오.

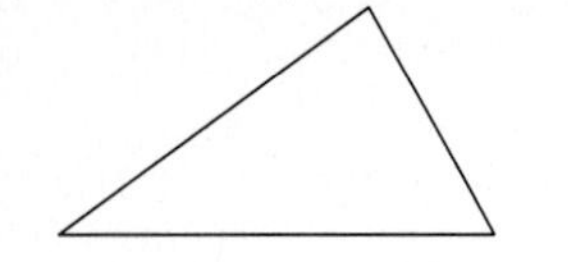

______________________________

• 한 각이 직각인 삼각형을 직각삼각형이라고 합니다.

**[6~7] 도형을 보고 물음에 답하시오.**

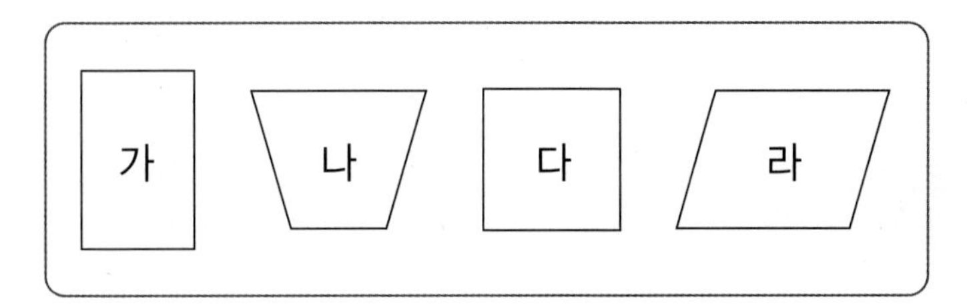


**6** 직사각형을 모두 찾아 기호를 쓰시오.

( )

• 네 각이 모두 직각인 사각형을 직사각형이라고 합니다.

**7** 정사각형을 찾아 기호를 쓰시오.

( )

• 네 각이 모두 직각이고 네 변의 길이가 모두 같은 사각형을 정사각형이라고 합니다.

**8** 벨기에 국기입니다. 국기에서 찾을 수 있는 크고 작은 직사각형은 모두 몇 개입니까?

( )

직사각형 1개짜리, 2개짜리, 3개짜리의 개수를 세어 봐.

**9** 점 종이에 크기가 다른 정사각형을 2개 그려 보시오.

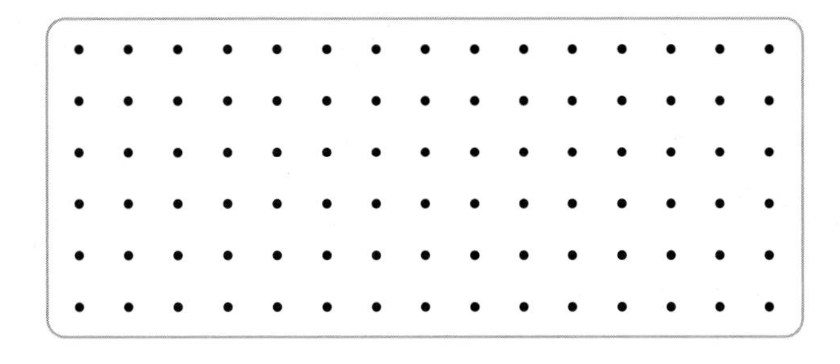

• 한 변에 놓이는 점의 수를 같게 하여 네 각이 모두 직각인 사각형을 2개 그립니다.

QR 코드를 찍어 보세요.
문제 생성기 새로운 문제를 계속 풀 수 있어요.
학습 게임 재미있는 학습 게임을 할 수 있어요.

# 3 나눗셈

QR 코드를 찍어 보세요.
재미있는 학습 게임을 할 수 있어요.

## 제3화 맛있는 것일수록 나눠 먹어야 하는 법!

| 이미 배운 내용 | 이번에 배울 내용 | 앞으로 배울 내용 |
|---|---|---|
| **[2-1 곱셈]**<br>• 묶어 세기, 곱셈의 의미, 몇의 몇 배, 곱셈식<br>**[2-2 곱셈구구]**<br>• 곱셈구구, 두 수 바꾸어 곱하기, 곱셈표 | • 똑같이 나누기 (1)<br>• 똑같이 나누기 (2)<br>• 곱셈과 나눗셈의 관계 알아보기<br>• 나눗셈의 몫을 곱셈식으로 구하기<br>• 나눗셈의 몫을 곱셈구구로 구하기 | **[3-2 나눗셈]**<br>• (몇십) ÷ (몇), (몇십몇) ÷ (몇)<br>• 나눗셈의 검산<br>• 몇십으로 나누기, 두 자리 수로 나누기<br>• 곱셈과 나눗셈의 활용 |

# 배운 것 확인하기

## 1 2, 5의 단 곱셈구구

□ 안에 알맞은 수를 써넣으시오.

2의 단 곱셈구구는 곱이 2씩 커지고, 5의 단 곱셈구구는 곱이 5씩 커져.

1 $2\times1=$ [2]

2 $2\times4=$ □

3 $2\times5=$ □

4 $2\times7=$ □

5 $5\times1=$ □

6 $5\times3=$ □

7 $5\times6=$ □

8 $5\times9=$ □

## 2 3, 6의 단 곱셈구구

□ 안에 알맞은 수를 써넣으시오.

3의 단 곱셈구구는 곱이 3씩 커지고, 6의 단 곱셈구구는 곱이 6씩 커져.

1 $3\times2=$ [6]

2 $3\times4=$ □

3 $3\times6=$ □

4 $3\times9=$ □

5 $6\times3=$ □

6 $6\times5=$ □

7 $6\times6=$ □

8 $6\times8=$ □

## 3 4, 8의 단 곱셈구구

✱ □ 안에 알맞은 수를 써넣으시오.

1 $4\times2=$ [8]

4의 단 곱셈구구는
곱이 4씩 커지고,
8의 단 곱셈구구는
곱이 8씩 커져.

2 $4\times5=$ □

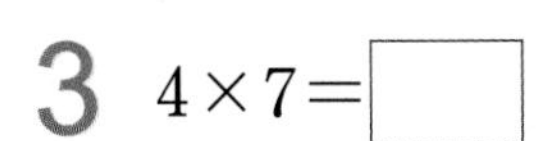

3 $4\times7=$ □

4 $4\times8=$ □

5 $8\times1=$ □

6 $8\times3=$ □

7 $8\times6=$ □

8 $8\times7=$ □

## 4 7, 9의 단 곱셈구구

✱ □ 안에 알맞은 수를 써넣으시오.

1 $7\times3=$ [21]

7의 단 곱셈구구는
곱이 7씩 커지고,
9의 단 곱셈구구는
곱이 9씩 커져.

2 $7\times4=$ □

3 $7\times8=$ □

4 $7\times9=$ □

5 $9\times2=$ □

6 $9\times3=$ □

7 $9\times7=$ □

8 $9\times8=$ □

3 나눗셈

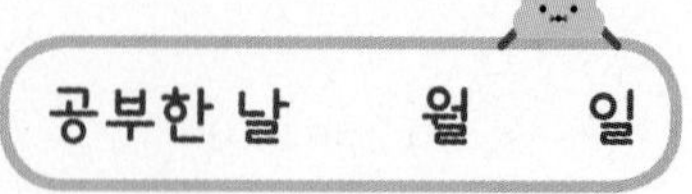


✱ 사탕을 2명이 똑같이 나누어 가지려고 합니다. 한 명이 사탕을 몇 개씩 가질 수 있는지 □ 안에 알맞은 수를 써넣으시오.

1 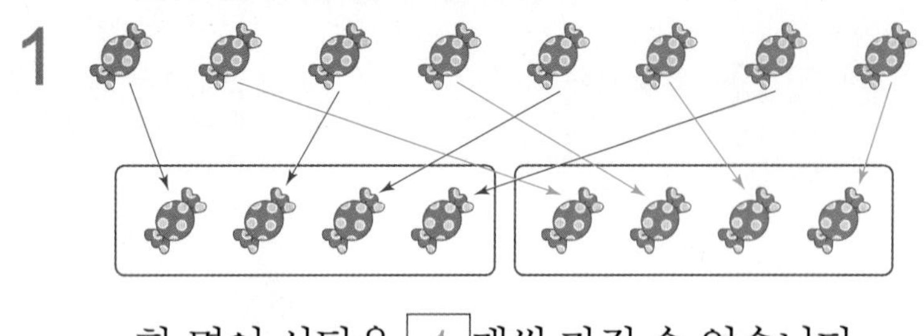

한 명이 사탕을 [4]개씩 가질 수 있습니다.

└ 한 묶음의 사탕 수

2 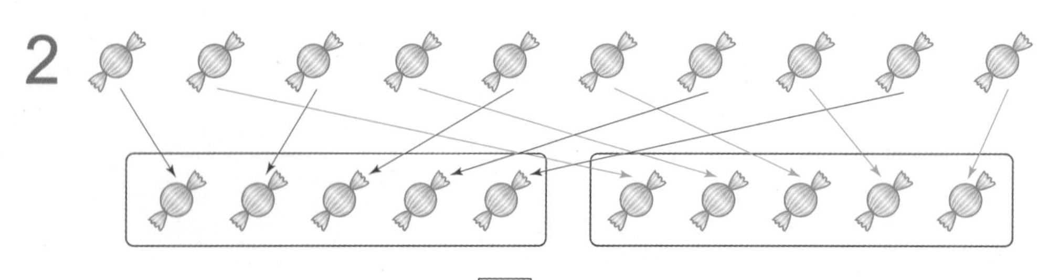

한 명이 사탕을 □개씩 가질 수 있습니다.

3 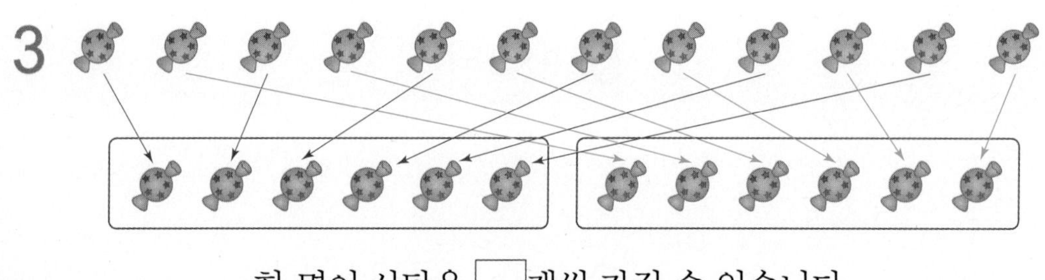

한 명이 사탕을 □개씩 가질 수 있습니다.

4 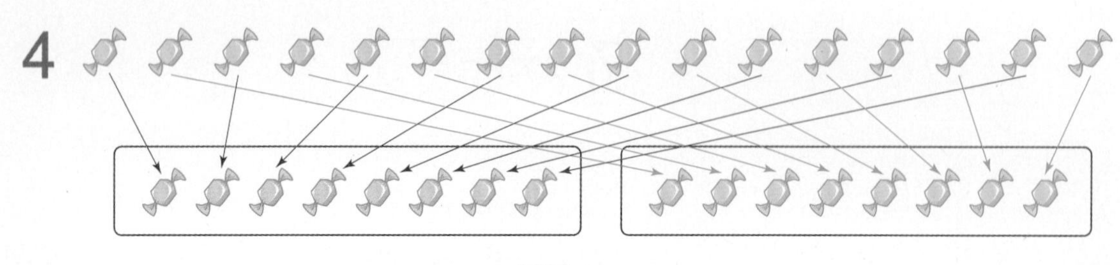

한 명이 사탕을 □개씩 가질 수 있습니다.

## 2 똑같이 나누기 (1) — 똑같이 나눌 때 나눗셈식 쓰기

공부한 날 월 일

✹ 채소를 바구니 6개에 똑같이 나누어 담으려고 합니다. 바구니 1개에 몇 개씩 담아야 하는지 □ 안에 알맞은 수를 써넣으시오.

1 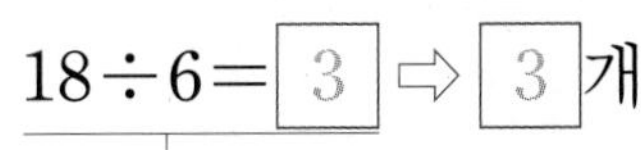

$18 \div 6 =$ [3] ⇨ [3]개

└(전체 피망 수)÷(묶음 수)=(한 묶음의 피망 수)

2 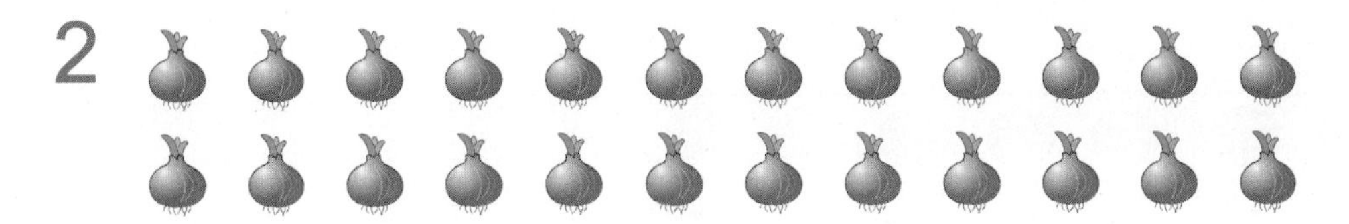

$24 \div 6 =$ □ ⇨ □개

3 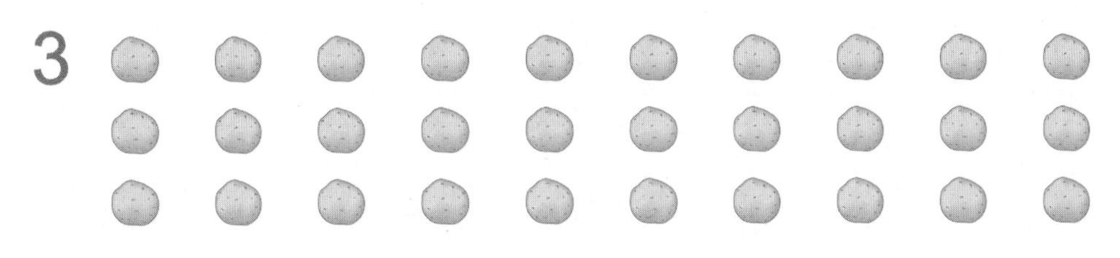

$30 \div 6 =$ □ ⇨ □개

4 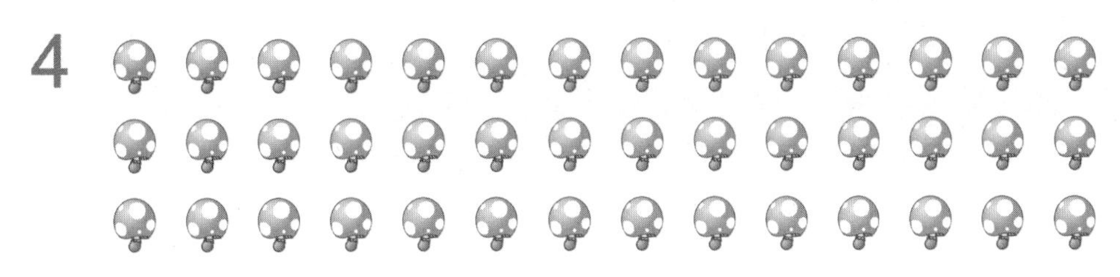

$42 \div 6 =$ □ ⇨ □개

5 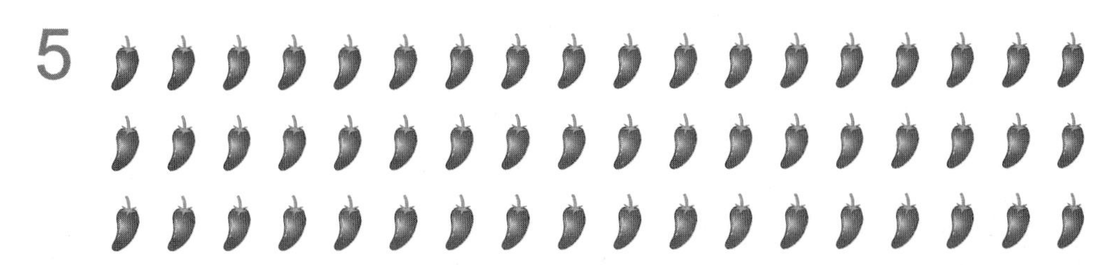

$54 \div 6 =$ □ ⇨ □개

3 나눗셈

## 3 똑같이 나누기 (2) — 똑같이 묶을 때 묶음의 수 구하기

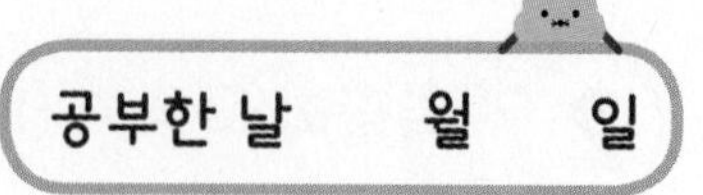


**빵을 한 접시에 5개씩 놓으려고 합니다. 접시는 몇 개 필요한지 □ 안에 알맞은 수를 써넣으시오.**

1

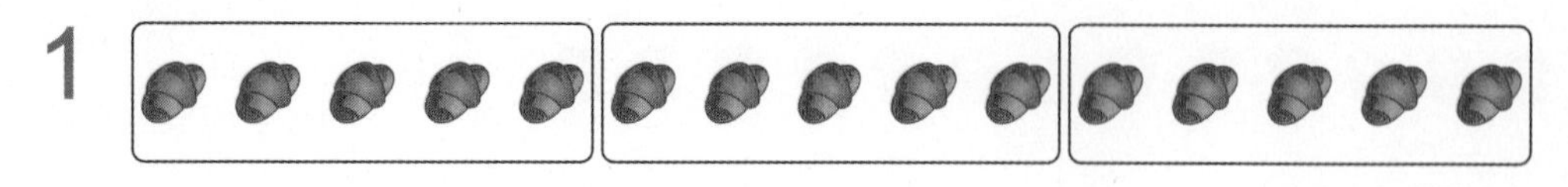

접시는 [3] 개 필요합니다.

└ 묶음의 수

2

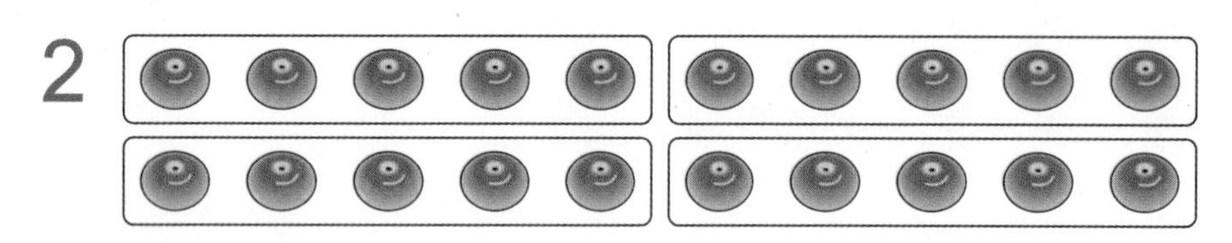

접시는 □ 개 필요합니다.

3

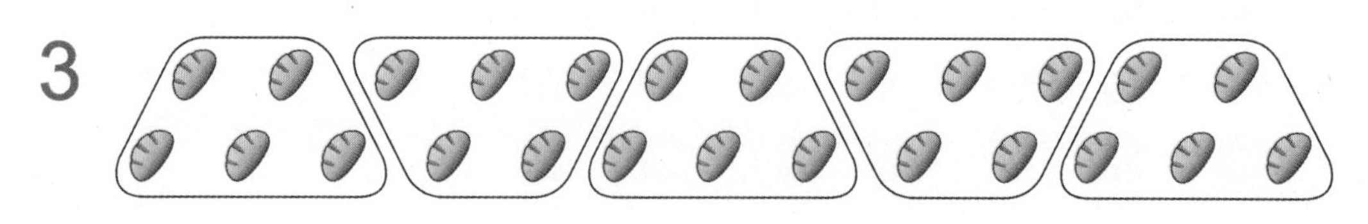

접시는 □ 개 필요합니다.

4

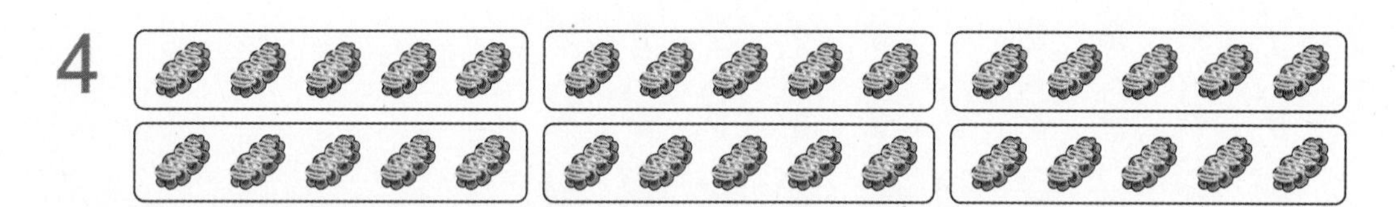

접시는 □ 개 필요합니다.

5

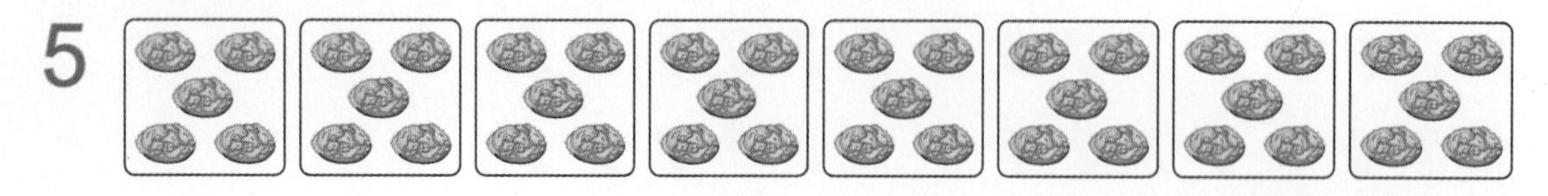

접시는 □ 개 필요합니다.

## 4 똑같이 나누기 (2) — 똑같이 묶을 때 나눗셈식 쓰기

공부한 날 월 일

✵ 과일을 한 명에게 4개씩 나누어 주려고 합니다. 몇 명에게 나누어 줄 수 있는지 □ 안에 알맞은 수를 써넣으시오.

1

$16 \div 4 =$ [4] ⇨ [4]명

(전체 과일 수)÷(한 묶음의 과일 수)=(묶음의 수)

과일을 4개씩 묶었을 때 묶음의 수를 구해야 해.

2

$20 \div 4 =$ □ ⇨ □명

3

$28 \div 4 =$ □ ⇨ □명

4

$32 \div 4 =$ □ ⇨ □명

5

$36 \div 4 =$ □ ⇨ □명

3 나눗셈

# 5 나눗셈식을 읽고 쓰기

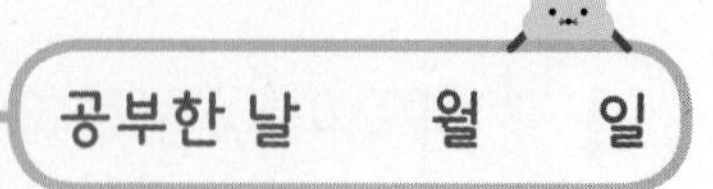


✹ **나눗셈식을 읽어 보시오.**

1 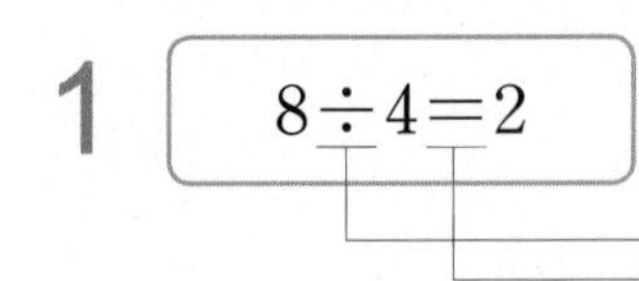

2 $10 \div 2 = 5$ ⇨ ______________________

3 $63 \div 9 = 7$ ⇨ ______________________

4 $40 \div 5 = 8$ ⇨ ______________________

✹ **나눗셈식으로 써 보시오.**

5 15 나누기 3은 5와 같습니다. ⇨ $15 \div 3 = 5$

(나누어지는 수)÷(나누는 수)=(몫)

■ 나누기 ▲는
●와 같습니다에서
●는 ■÷▲의 몫이야.

6 32 나누기 4는 8과 같습니다. ⇨ ______________________

7 42 나누기 7은 6과 같습니다. ⇨ ______________________

8 72 나누기 8은 9와 같습니다. ⇨ ______________________

## 6 그림을 보고 곱셈식과 나눗셈식으로 나타내기

공부한 날 월 일

**✷ 그림을 보고 □ 안에 알맞은 수를 써넣으시오.**

1

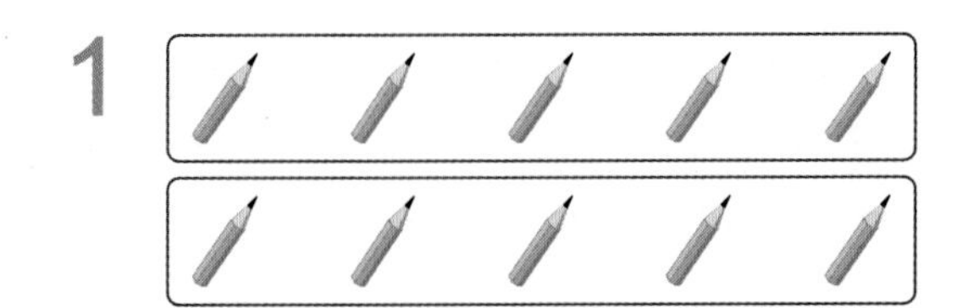

$5\times\boxed{2}=\boxed{10}$ ⇨ $10\div5=\boxed{2}$

전체의 수 / 묶음의 수



2

$9\times\square=\square$ ⇨ $18\div9=\square$

3

$7\times\square=\square$ ⇨ $21\div7=\square$

4

$\square\times4=\square$ ⇨ $24\div\square=4$

한 묶음의 수

5

$\square\times5=\square$ ⇨ $40\div\square=5$

3 나눗셈

# 7 곱셈식을 나눗셈식으로 바꾸기



✱ 곱셈식을 나눗셈식으로 바꿔 보시오.

1 $2\times6=12$ → $12\div2=\boxed{6}$, $12\div6=\boxed{2}$

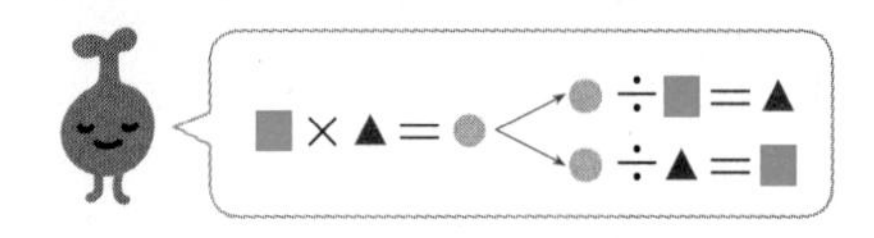


2 $7\times2=14$ → $14\div7=\square$, $14\div2=\square$

3 $5\times4=20$ → $20\div\square=4$, $20\div\square=5$

4 $3\times8=24$ → $24\div\square=8$, $24\div\square=3$

5 $9\times5=45$ → $45\div9=\square$, $45\div\square=\square$

6 $4\times7=28$ → $28\div\square=7$, $28\div\square=\square$

7 $5\times3=15$ → $15\div\square=\square$, $15\div\square=\square$

8 $9\times4=36$ → $36\div\square=\square$, $36\div\square=\square$

9 $8\times7=56$ → $\square\div8=\square$, $\square\div7=\square$

10 $7\times5=35$ → $\square\div7=\square$, $\square\div5=\square$

11 $6\times9=54$ → $\square\div6=\square$, $\square\div\square=\square$

12 $8\times4=32$ → $\square\div8=\square$, $\square\div\square=\square$

공부한 날 월 일

**나눗셈식을 곱셈식으로 바꿔 보시오.**

1
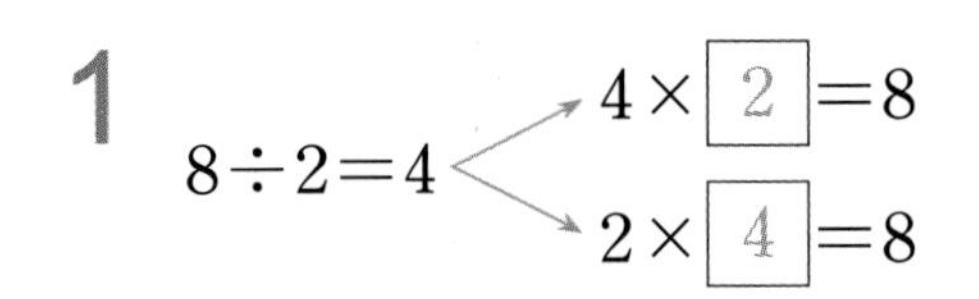
$8 \div 2 = 4$ → $4 \times \boxed{2} = 8$, $2 \times \boxed{4} = 8$

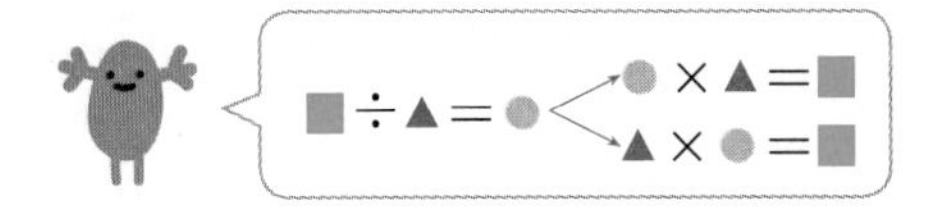


7 $24 \div 4 = 6$ → $6 \times \square = \square$, $4 \times \square = \square$

2 $18 \div 6 = 3$ → $3 \times \square = 18$, $6 \times \square = 18$

8 $36 \div 9 = 4$ → $4 \times \square = \square$, $9 \times \square = \square$

3 $30 \div 5 = 6$ → $\square \times 5 = 30$, $\square \times 6 = 30$

9 $42 \div 6 = 7$ → $\square \times 6 = \square$, $\square \times 7 = \square$

4 $15 \div 3 = 5$ → $\square \times 3 = 15$, $\square \times 5 = 15$

10 $48 \div 8 = 6$ → $\square \times 8 = \square$, $\square \times 6 = \square$

5 $16 \div 2 = 8$ → $8 \times \square = 16$, $2 \times \square = \square$

11 $63 \div 7 = 9$ → $\square \times 7 = \square$, $\square \times \square = \square$

6 $21 \div 7 = 3$ → $3 \times \square = 21$, $7 \times \square = \square$

12 $72 \div 9 = 8$ → $\square \times 9 = \square$, $\square \times \square = \square$

3 나눗셈

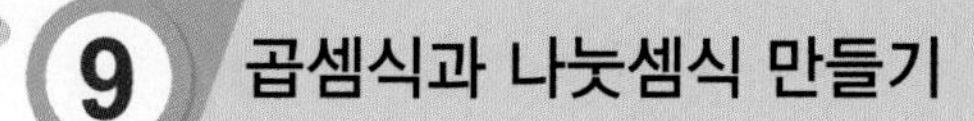

# 9 곱셈식과 나눗셈식 만들기

공부한 날 월 일

✸ 그림을 이용하여 곱셈식과 나눗셈식을 만들어 보시오.

**1**

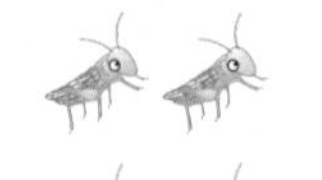

곱셈식 2 × 4 = 8, 4 × 2 = 8

나눗셈식 8 ÷ 2 = 4, 8 ÷ 4 = 2

**2**

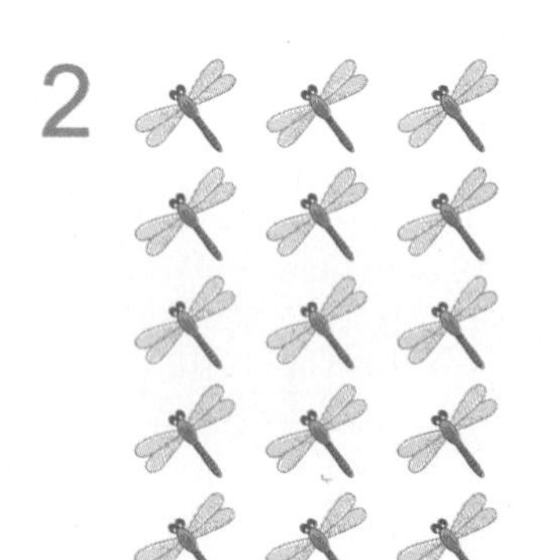

곱셈식 □ × □ = □, □ × □ = □

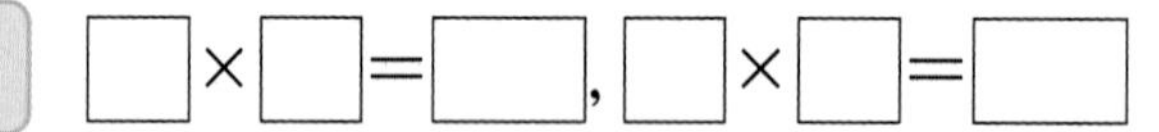

나눗셈식 □ ÷ □ = □, □ ÷ □ = □

**3**

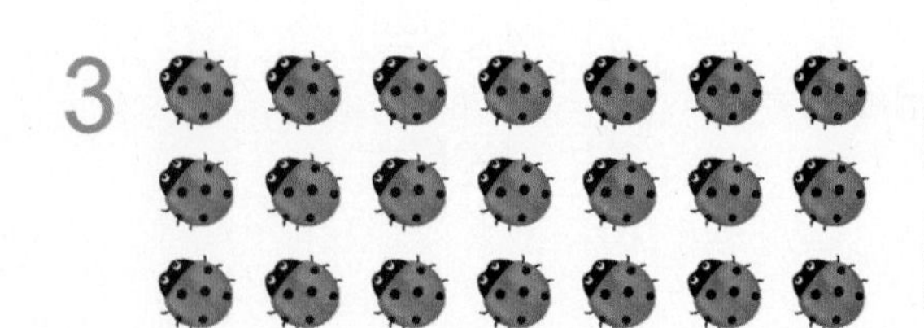

곱셈식 □ × □ = □, □ × □ = □

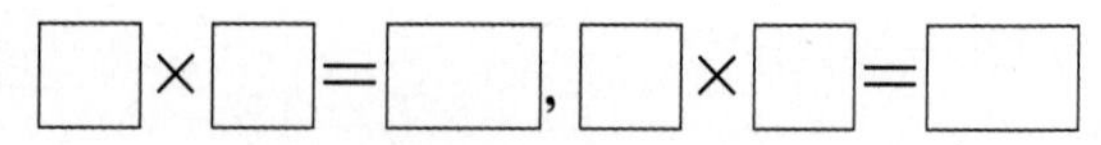

나눗셈식 □ ÷ □ = □, □ ÷ □ = □

**4**

곱셈식 □ × □ = □, □ × □ = □

나눗셈식 □ ÷ □ = □, □ ÷ □ = □

## 10 나눗셈의 몫을 곱셈식으로 구하기

공부한 날 월 일

✹ 곱셈식을 이용하여 나눗셈의 몫을 구하려고 합니다. □ 안에 알맞은 수를 써넣으시오.

1 $6 \div 3 = \boxed{2}$ ⇨ $2 \times 3 = 6$

곱해지는 수가 몫이 되는 경우야.

2 $18 \div 2 = \square$ ⇨ $9 \times 2 = 18$

3 $24 \div 4 = \square$ ⇨ $6 \times 4 = 24$

4 $28 \div 4 = \square$ ⇨ $7 \times 4 = 28$

5 $30 \div 6 = \square$ ⇨ $5 \times 6 = 30$

6 $56 \div 8 = \square$ ⇨ $7 \times 8 = 56$

7 $45 \div 9 = \square$ ⇨ $5 \times 9 = 45$

8 $12 \div 3 = \boxed{4}$ ⇨ $3 \times 4 = 12$

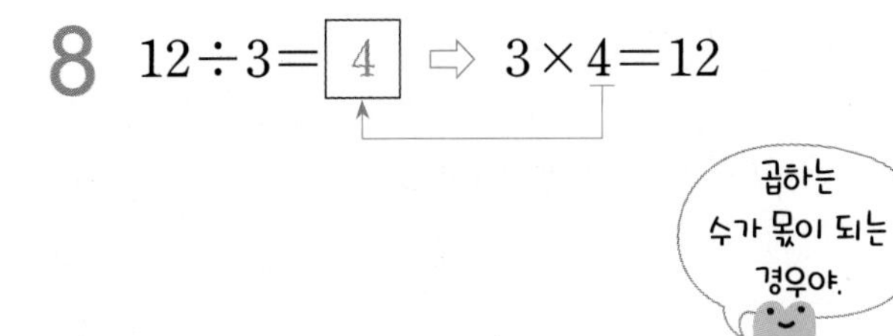


9 $20 \div 4 = \square$ ⇨ $4 \times 5 = 20$

10 $42 \div 7 = \square$ ⇨ $7 \times 6 = 42$

11 $72 \div 9 = \square$ ⇨ $9 \times 8 = 72$

12 $40 \div 8 = \square$ ⇨ $8 \times 5 = 40$

13 $36 \div 9 = \square$ ⇨ $9 \times 4 = 36$

14 $48 \div 6 = \square$ ⇨ $6 \times 8 = 48$

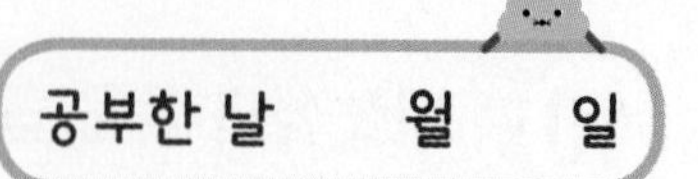


## 11 나눗셈의 몫을 곱셈구구로 구하기

☀ □ 안에 알맞은 수를 써넣으시오.

**1** $12 \div 2 = \boxed{6} \longleftrightarrow 2 \times \boxed{6} = 12$

2의 단 곱셈구구를 이용합니다.

**2** $20 \div 4 = \square \longleftrightarrow 4 \times \square = 20$

4의 단 곱셈구구를 이용합니다.

**3** $15 \div 3 = \square \longleftrightarrow 3 \times \square = 15$

3의 단 곱셈구구를 이용합니다.

**4** $21 \div 7 = \square \longleftrightarrow 7 \times \square = 21$

7의 단 곱셈구구를 이용합니다.

**5** $25 \div 5 = \square \longleftrightarrow 5 \times \square = 25$

5의 단 곱셈구구를 이용합니다.

**6** $36 \div 9 = \square \longleftrightarrow 9 \times \square = 36$

9의 단 곱셈구구를 이용합니다.

**7** $9 \div 3 = \square \longleftrightarrow 3 \times \square = 9$

3의 단 곱셈구구를 이용합니다.

**8** $24 \div 6 = \square \longleftrightarrow 6 \times \square = 24$

6의 단 곱셈구구를 이용합니다.

**9** $27 \div 9 = \square \longleftrightarrow 9 \times \square = 27$

9의 단 곱셈구구를 이용합니다.

**10** $30 \div 5 = \square \longleftrightarrow 5 \times \square = 30$

5의 단 곱셈구구를 이용합니다.

**11** $48 \div 8 = \square \longleftrightarrow 8 \times \square = 48$

8의 단 곱셈구구를 이용합니다.

**12** $63 \div 7 = \square \longleftrightarrow 7 \times \square = 63$

7의 단 곱셈구구를 이용합니다.

## 12 나눗셈의 몫 비교하기

공부한 날 월 일

✹ 몫의 크기를 비교하여 ○ 안에 >, =, <를 알맞게 써넣으시오.

1 $10 \div 5$ (<) $10 \div 2$
2 5

2 $18 \div 9$ ○ $15 \div 5$

3 $12 \div 4$ ○ $15 \div 3$

4 $24 \div 3$ ○ $40 \div 5$

5 $32 \div 8$ ○ $36 \div 6$

6 $54 \div 9$ ○ $56 \div 7$

7 $16 \div 2$ ○ $42 \div 6$

8 $21 \div 3$ ○ $28 \div 4$

9 $8 \div 2$ ○ $14 \div 7$

10 $16 \div 4$ ○ $12 \div 3$

11 $30 \div 6$ ○ $35 \div 5$

12 $45 \div 5$ ○ $42 \div 7$

13 $72 \div 8$ ○ $64 \div 8$

14 $27 \div 3$ ○ $81 \div 9$

**1** 그림을 보고 □ 안에 알맞은 수를 써넣으시오.

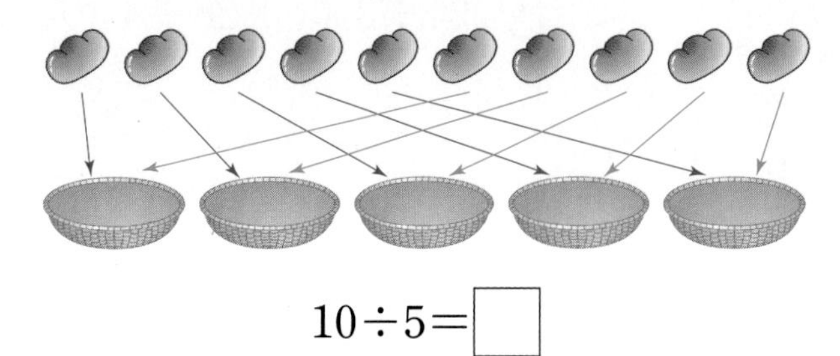

$10 \div 5 = \square$

• 빵 10개를 5개의 바구니에 번갈아 가며 담으면 바구니 1개에 몇 개씩 담을 수 있는지 알아봅니다.

**2** 나눗셈식을 읽어 보시오.

$12 \div 6 = 2$ ⇨ ______________________

• ■÷▲=●
⇨ ■ 나누기 ▲는 ●와 같습니다.

**3** 곱셈식을 나눗셈식으로 바꿔 보시오.

$6 \times 5 = 30$ → $30 \div 6 = \square$, $30 \div \square = \square$

• ■×▲=●

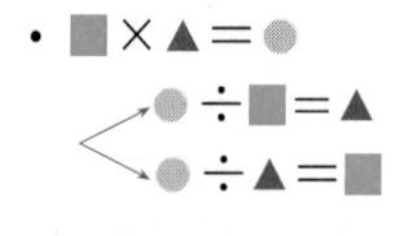

●÷■=▲
●÷▲=■

**4** □ 안에 알맞은 수를 써넣으시오.

$32 \div 4 = \square$ ⇨ $4 \times \square = 32$

**5** 나눗셈의 몫을 구하고, 나눗셈식을 곱셈식으로 바꿔 보시오.

$27 \div 3 = \square$ ⇨ $\square \times \square = 27$

**6** 그림을 보고 나눗셈의 몫을 곱셈식에서 구하시오.

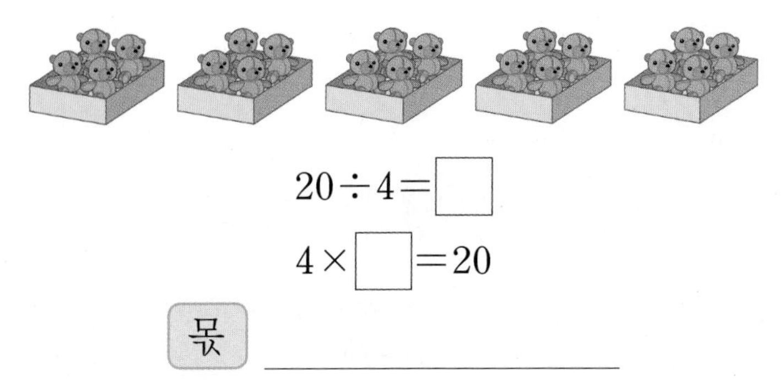

$20 \div 4 = \square$

$4 \times \square = 20$

몫 ______________

전체 인형 수를 곱셈식으로 나타낸 후 곱셈식을 보고 나눗셈식의 몫을 구해.

**7** 몫의 크기를 비교하여 ○ 안에 >, =, <를 알맞게 써넣으시오.

$18 \div 2$ ○ $36 \div 4$

• 몫을 각각 구한 후 크기를 비교합니다.

**8** 사진 54장을 앨범에 붙이려고 합니다. 한 쪽에 9장씩 붙인다면 몇 쪽까지 붙일 수 있습니까?

식 ______________ 답 ______________

• 전체 사진 수를 앨범 한 쪽에 붙이는 사진 수로 나눕니다.

**9** 펭귄 7마리에게 물고기 49마리를 똑같이 나누어 주려고 합니다. 펭귄 한 마리는 물고기를 몇 마리씩 먹을 수 있습니까?

( )

• 전체 물고기 수를 펭귄 수로 나눕니다.

QR 코드를 찍어 보세요.

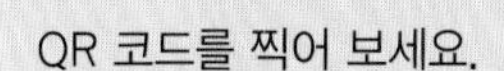

문제 생성기 새로운 문제를 계속 풀 수 있어요.

학습 게임 재미있는 학습 게임을 할 수 있어요.

3 나눗셈

# 4 곱셈

## 제4화 초록별 외계인

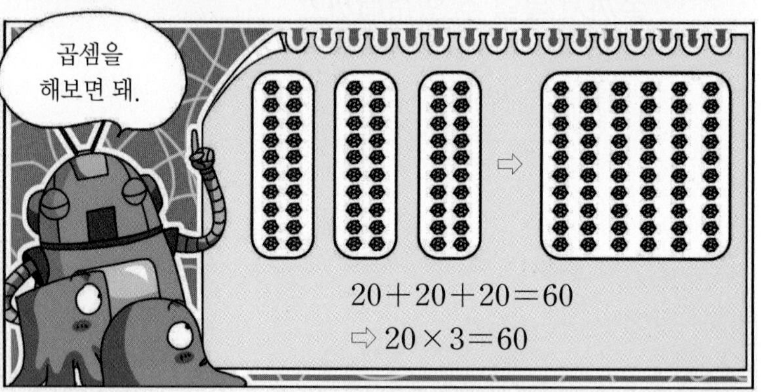

| 이미 배운 내용 | 이번에 배울 내용 | 앞으로 배울 내용 |
|---|---|---|
| [2-2 곱셈구구]<br>• 2, 5, 3, 6의 단 곱셈구구<br>• 4, 8, 7, 9의 단 곱셈구구<br>• 1의 단 곱셈구구<br>• 0과 어떤 수의 곱 | • (몇십)×(몇) 계산하기<br>• (두 자리 수)×(한 자리 수) 계산하기<br>• 곱셈 활용하기 | [3-2 곱셈]<br>• (세 자리 수)×(한 자리 수) 계산하기<br>• (두 자리 수)×(두 자리 수) 계산하기 |

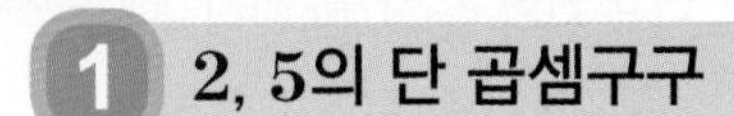


## 1 2, 5의 단 곱셈구구

✷ 계산을 하시오.

2의 단 곱셈구구는 곱이 2씩 커지고 5의 단 곱셈구구는 곱이 5씩 커져.

1 $2\times2=$ [4]

2 $2\times5=$ [ ]

3 $2\times6=$ [ ]

4 $2\times9=$ [ ]

5 $5\times2=$ [ ]

6 $5\times4=$ [ ]

7 $5\times5=$ [ ]

8 $5\times7=$ [ ]

## 2 3, 6의 단 곱셈구구

✷ 계산을 하시오.

3의 단 곱셈구구는 곱이 3씩 커지고 6의 단 곱셈구구는 곱이 6씩 커져.

1 $3\times1=$ [3]

2 $3\times3=$ [ ]

3 $3\times7=$ [ ]

4 $3\times8=$ [ ]

5 $6\times2=$ [ ]

6 $6\times4=$ [ ]

7 $6\times7=$ [ ]

8 $6\times9=$ [ ]

## 3 4, 8의 단 곱셈구구

✱ 계산을 하시오.

1 $4\times1=$ [4]

4의 단 곱셈구구는 곱이 4씩 커지고 8의 단 곱셈구구는 곱이 8씩 커져.

2 $4\times3=$ [ ]

3 $4\times6=$ [ ]

4 $4\times9=$ [ ]

5 $8\times2=$ [ ]

6 $8\times4=$ [ ]

7 $8\times5=$ [ ]

8 $8\times8=$ [ ]

## 4 7, 9의 단 곱셈구구

✱ 계산을 하시오.

1 $7\times2=$ [14]

7의 단 곱셈구구는 곱이 7씩 커지고 9의 단 곱셈구구는 곱이 9씩 커져.

2 $7\times5=$ [ ]

3 $7\times7=$ [ ]

4 $7\times8=$ [ ]

5 $9\times1=$ [ ]

6 $9\times4=$ [ ]

7 $9\times6=$ [ ]

8 $9\times9=$ [ ]

## 1 (몇십)×(몇)

✹ 계산을 하시오.

1 $20\times3=60$

$2\times3=6$

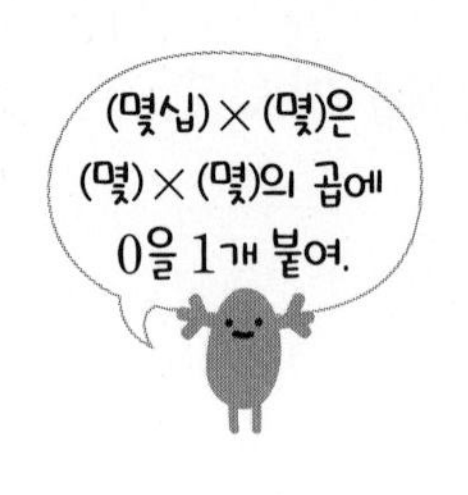


2 $10\times7$

3 $10\times3$

4 $20\times2$

5 $10\times4$

6 $30\times2$

7 $10\times5$

8 $10\times2$

9 $40\times2$

10 $10\times8$

11 $30\times3$

12 $10\times6$

13 $20\times4$

14 $10\times9$

## 2 올림이 없는 (몇십몇)×(몇) (1)

공부한 날 월 일

**계산을 하시오.**

1 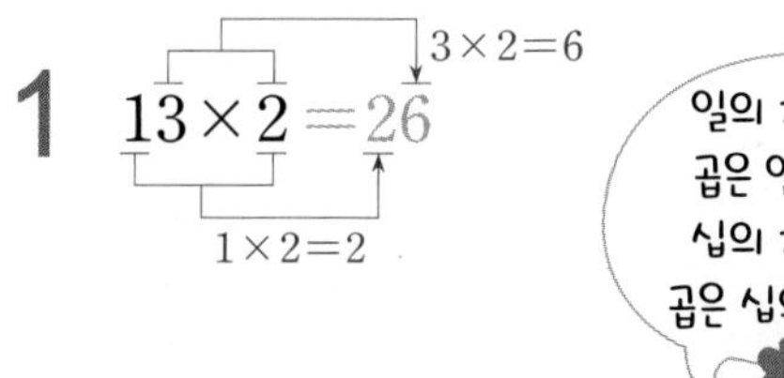




2 $21\times4$

3 $11\times5$

4 $32\times3$

5 $23\times2$

6 $41\times2$

7 $22\times3$

8 $31\times2$

9 $13\times3$

10 $43\times2$

11 $14\times2$

12 $33\times3$

13 $12\times4$

14 $42\times2$

## 3 올림이 없는 (몇십몇)×(몇) (2)

공부한 날 월 일

□ 안에 알맞은 수를 써넣으시오.

**1**

```
    1 2
×     3
-------
      6   ←2×3
    3 0   ←10×3
-------
    3 6
```

일의 자리부터 계산하거나 십의 자리부터 계산해도 계산 결과는 같아.

**5**

```
    2 3
×     2
-------
    4 0
      □
-------
    □
```

**9**

```
    2 1
×     3
-------
      3
    □
-------
    □
```

**2**

```
    2 4
×     2
-------
      8
    □
-------
    □
```

**6**

```
    1 1
×     7
-------
      □
    7 0
-------
    □
```

**10**

```
    3 3
×     2
-------
    □
      6
-------
    □
```

**3**

```
    3 1
×     3
-------
    9 0
      □
-------
    □
```

**7**

```
    4 1
×     2
-------
      2
    □
-------
    □
```

**11**

```
    1 2
×     2
-------
      □
    2 0
-------
    □
```

**4**

```
    4 4
×     2
-------
    □
      8
-------
    □
```

**8**

```
    3 4
×     2
-------
    6 0
      □
-------
    □
```

**12**

```
    2 2
×     4
-------
    8 0
      □
-------
    □
```

## 4 올림이 없는 (몇십몇)×(몇) (3)

공부한 날 월 일

✹ 계산을 하시오.

**1**
$$\begin{array}{r} 14 \\ \times \quad 2 \\ \hline 28 \end{array}$$

1×2=2 4×2=8

곱해지는 수를 십의 자리와 일의 자리로 각각 나누어 곱해.

**2**
$$\begin{array}{r} 22 \\ \times \quad 3 \\ \hline \end{array}$$

**3**
$$\begin{array}{r} 33 \\ \times \quad 3 \\ \hline \end{array}$$

**4**
$$\begin{array}{r} 21 \\ \times \quad 4 \\ \hline \end{array}$$

**5**
$$\begin{array}{r} 11 \\ \times \quad 9 \\ \hline \end{array}$$

**6**
$$\begin{array}{r} 21 \\ \times \quad 2 \\ \hline \end{array}$$

**7**
$$\begin{array}{r} 42 \\ \times \quad 2 \\ \hline \end{array}$$

**8**
$$\begin{array}{r} 13 \\ \times \quad 2 \\ \hline \end{array}$$

**9**
$$\begin{array}{r} 12 \\ \times \quad 4 \\ \hline \end{array}$$

**10**
$$\begin{array}{r} 32 \\ \times \quad 2 \\ \hline \end{array}$$

**11**
$$\begin{array}{r} 11 \\ \times \quad 6 \\ \hline \end{array}$$

**12**
$$\begin{array}{r} 31 \\ \times \quad 2 \\ \hline \end{array}$$

**13**
$$\begin{array}{r} 32 \\ \times \quad 3 \\ \hline \end{array}$$

**14**
$$\begin{array}{r} 13 \\ \times \quad 3 \\ \hline \end{array}$$

**15**
$$\begin{array}{r} 43 \\ \times \quad 2 \\ \hline \end{array}$$

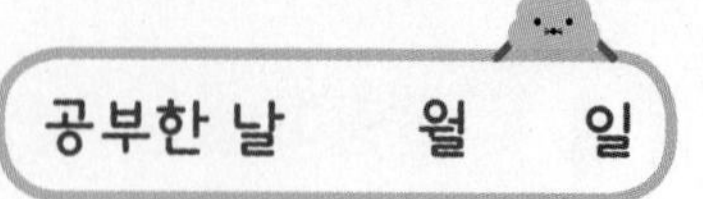


✹ 계산을 하시오.

1 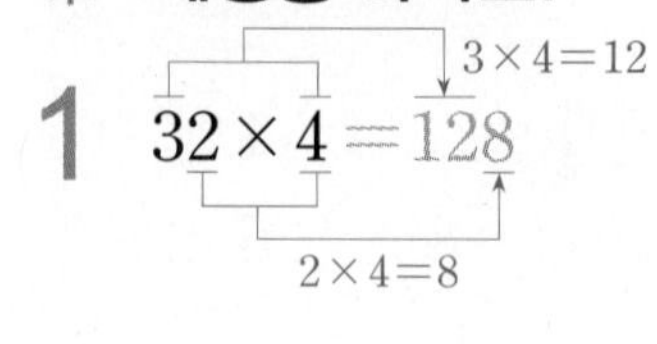

8 $42\times3$

2 $53\times3$

9 $72\times2$

3 $63\times2$

10 $91\times3$

4 $54\times2$

11 $62\times3$

5 $21\times6$

12 $81\times4$

6 $61\times5$

13 $73\times3$

7 $84\times2$

14 $93\times2$

# 6 십의 자리에서 올림이 있는 (몇십몇)×(몇) (2)

공부한 날 월 일

□ 안에 알맞은 수를 써넣으시오.

1
```
    2 1
×     8
-------
     [8]  ← 1×8
  1 6 0   ← 20×8
-------
[1 6 8]
```

일의 자리부터 계산하거나 십의 자리부터 계산해도 계산 결과는 같아.

5
```
    3 1
×     9
-------
  [   ]
      9
-------
  [   ]
```

9
```
    4 1
×     7
-------
  2 8 0
    [ ]
-------
  [   ]
```

2
```
    4 3
×     3
-------
    [ ]
  1 2 0
-------
  [   ]
```

6
```
    5 2
×     4
-------
    [ ]
  2 0 0
-------
  [   ]
```

10
```
    8 3
×     2
-------
      6
  [   ]
-------
  [   ]
```

3
```
    6 4
×     2
-------
  [   ]
      8
-------
  [   ]
```

7
```
    7 2
×     3
-------
  [   ]
      6
-------
  [   ]
```

11
```
    9 1
×     8
-------
    [ ]
  7 2 0
-------
  [   ]
```

4
```
    8 2
×     4
-------
  3 2 0
    [ ]
-------
  [   ]
```

8
```
    9 2
×     2
-------
    [ ]
  1 8 0
-------
  [   ]
```

12
```
    6 3
×     3
-------
  [   ]
      9
-------
  [   ]
```

4 곱셈

## 7 십의 자리에서 올림이 있는 (몇십몇)×(몇) (3)

공부한 날 월 일

✺ 계산을 하시오.

1 $31 \times 8 = 248$

$3 \times 8 = 24$, $1 \times 8 = 8$

십의 자리에서 올림한 수는 백의 자리에 써.

2 $52 \times 2$

3 $41 \times 4$

4 $82 \times 3$

5 $72 \times 4$

6 $21 \times 7$

7 $81 \times 2$

8 $52 \times 3$

9 $62 \times 2$

10 $94 \times 2$

11 $62 \times 4$

12 $74 \times 2$

13 $91 \times 5$

14 $83 \times 3$

15 $73 \times 2$

# 8 일의 자리에서 올림이 있는 (몇십몇)×(몇) (1)

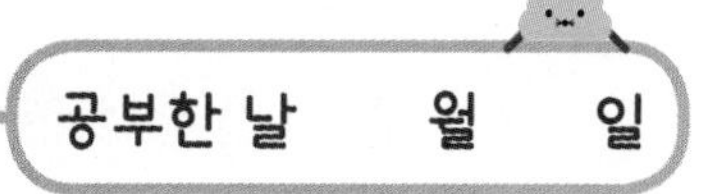


✱ 계산을 하시오.

1 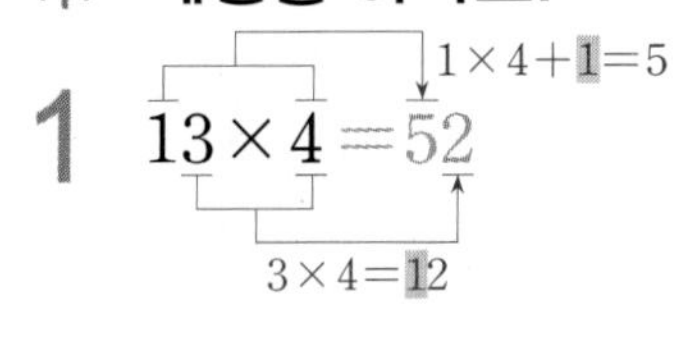

2 $26 \times 3$

3 $38 \times 2$

4 $24 \times 3$

5 $16 \times 5$

6 $19 \times 3$

7 $36 \times 2$

8 $28 \times 2$

9 $17 \times 5$

10 $27 \times 2$

11 $25 \times 3$

12 $46 \times 2$

13 $15 \times 5$

14 $49 \times 2$

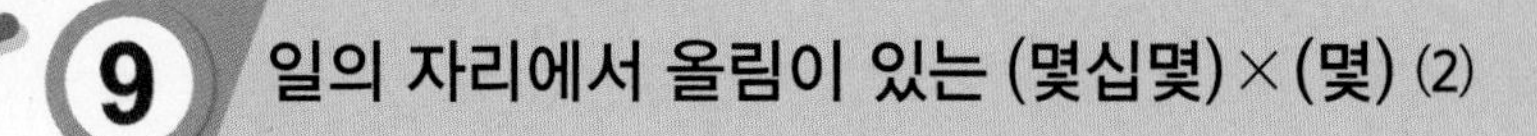


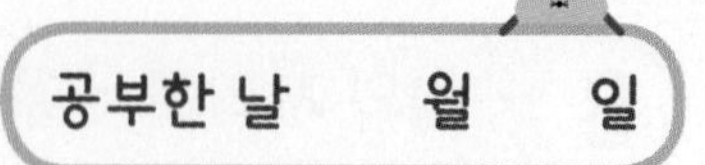


✹ □ 안에 알맞은 수를 써넣으시오.

**1**

```
  1 9
×   4
-----
  3 6  ←9×4
 [4 0] ←10×4
-----
 [7 6]
```

일의 자리부터 계산하거나 십의 자리부터 계산해도 계산 결과는 같아.

**2**

```
  2 8
×   3
-----
 [  ]
  6 0
-----
 [  ]
```

**3**

```
  3 5
×   2
-----
 [  ]
  1 0
-----
 [  ]
```

**4**

```
  4 7
×   2
-----
  8 0
 [  ]
-----
 [  ]
```

**5**

```
  1 2
×   7
-----
 [  ]
  7 0
-----
 [  ]
```

**6**

```
  1 4
×   5
-----
 [  ]
  2 0
-----
 [  ]
```

**7**

```
  4 8
×   2
-----
  8 0
 [  ]
-----
 [  ]
```

**8**

```
  2 3
×   4
-----
  1 2
 [  ]
-----
 [  ]
```

**9**

```
  1 3
×   6
-----
  6 0
 [  ]
-----
 [  ]
```

**10**

```
  3 7
×   2
-----
 [  ]
  6 0
-----
 [  ]
```

**11**

```
  2 7
×   3
-----
 [  ]
  2 1
-----
 [  ]
```

**12**

```
  1 8
×   4
-----
 [  ]
  4 0
-----
 [  ]
```

# 10 일의 자리에서 올림이 있는 (몇십몇)×(몇) (3)

공부한 날 월 일

✸ 계산을 하시오.

1

$$\begin{array}{r} {}^{1}\\ 2\ 5 \\ \times\quad 2 \\ \hline 5\ 0 \end{array}$$

$2\times2+1=5$ $5\times2=10$

일의 자리에서 올림한 수는 십의 자리 위에 작게 쓰고 십의 자리의 곱에 더해.

2 $$\begin{array}{r} 1\ 2 \\ \times\quad 5 \\ \hline \end{array}$$

3 $$\begin{array}{r} 2\ 9 \\ \times\quad 3 \\ \hline \end{array}$$

4 $$\begin{array}{r} 1\ 4 \\ \times\quad 6 \\ \hline \end{array}$$

5 $$\begin{array}{r} 3\ 6 \\ \times\quad 2 \\ \hline \end{array}$$

6 $$\begin{array}{r} 1\ 6 \\ \times\quad 6 \\ \hline \end{array}$$

7 $$\begin{array}{r} 2\ 4 \\ \times\quad 4 \\ \hline \end{array}$$

8 $$\begin{array}{r} 3\ 9 \\ \times\quad 2 \\ \hline \end{array}$$

9 $$\begin{array}{r} 4\ 5 \\ \times\quad 2 \\ \hline \end{array}$$

10 $$\begin{array}{r} 1\ 9 \\ \times\quad 5 \\ \hline \end{array}$$

11 $$\begin{array}{r} 1\ 3 \\ \times\quad 7 \\ \hline \end{array}$$

12 $$\begin{array}{r} 2\ 6 \\ \times\quad 2 \\ \hline \end{array}$$

13 $$\begin{array}{r} 1\ 7 \\ \times\quad 4 \\ \hline \end{array}$$

14 $$\begin{array}{r} 2\ 9 \\ \times\quad 2 \\ \hline \end{array}$$

15 $$\begin{array}{r} 1\ 8 \\ \times\quad 3 \\ \hline \end{array}$$

# 11 십의 자리, 일의 자리에서 올림이 있는 (몇십몇)×(몇) (1)

공부한 날 월 일

## 계산을 하시오.

1 $37 \times 3 = 111$

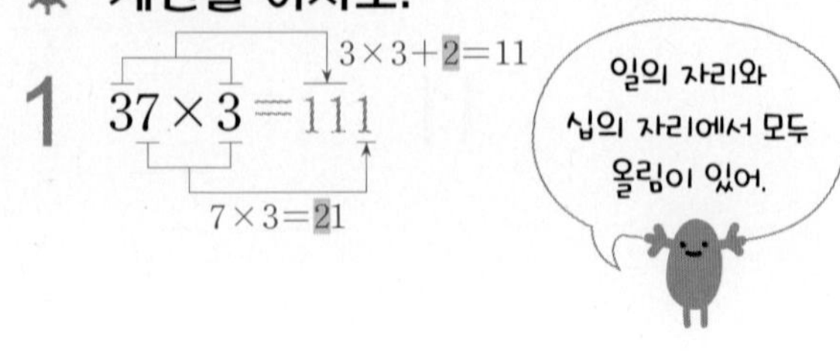


2 $18 \times 6$

3 $25 \times 5$

4 $46 \times 4$

5 $53 \times 7$

6 $29 \times 9$

7 $75 \times 2$

8 $38 \times 3$

9 $45 \times 8$

10 $59 \times 3$

11 $72 \times 7$

12 $63 \times 4$

13 $87 \times 6$

14 $94 \times 5$

공부한 날 월 일

✹ □ 안에 알맞은 수를 써넣으시오.

**1**

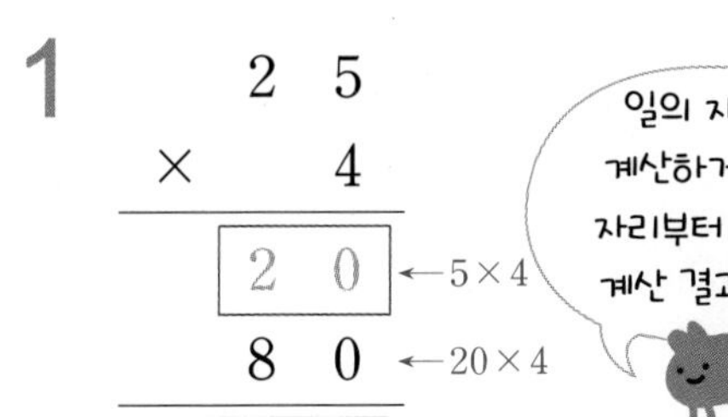


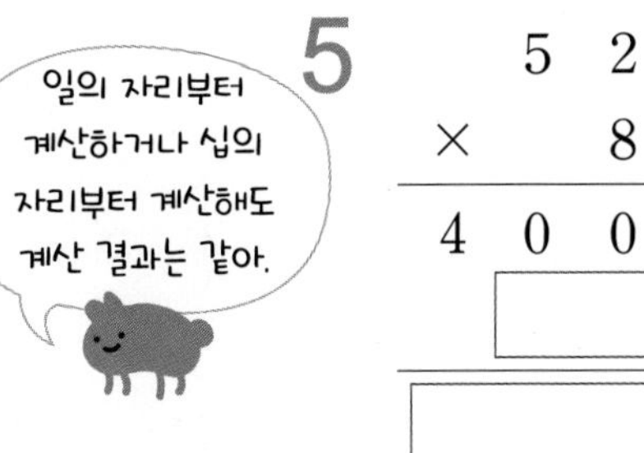


**5**

  5 2
× 8
4 0 0
□
□

**9**

  1 4
× 9
9 0
□
□

**2**

  1 7
× 6
□
6 0
□

**6**

  4 9
× 4
3 6
□
□

**10**

  5 4
× 5
2 0
□
□

**3**

  3 2
× 5
1 0
□
□

**7**

  6 6
× 2
1 2 0
□
□

**11**

  7 8
× 3
□
2 1 0
□

**4**

  6 4
× 3
1 8 0
□
□

**8**

  8 3
× 7
□
2 1
□

**12**

  9 6
× 2
□
1 2
□

4 곱셈

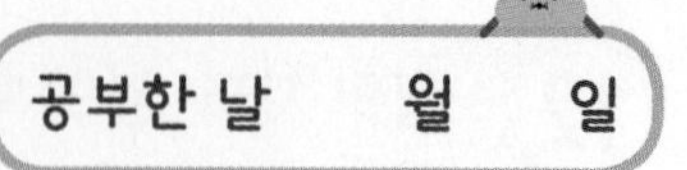


계산을 하시오.

1
$$\begin{array}{r} {}^{3}\\ 1\ 5 \\ \times\ \ 7 \\ \hline 1\ 0\ 5 \end{array}$$
$1\times7+3=10$, $5\times7=35$

올림에 주의하여 일의 자리, 십의 자리 순으로 계산해.

2
$$\begin{array}{r} 2\ 6 \\ \times\ \ 5 \\ \hline \end{array}$$

3
$$\begin{array}{r} 4\ 3 \\ \times\ \ 4 \\ \hline \end{array}$$

4
$$\begin{array}{r} 5\ 2 \\ \times\ \ 6 \\ \hline \end{array}$$

5
$$\begin{array}{r} 8\ 5 \\ \times\ \ 7 \\ \hline \end{array}$$

6
$$\begin{array}{r} 3\ 4 \\ \times\ \ 3 \\ \hline \end{array}$$

7
$$\begin{array}{r} 7\ 3 \\ \times\ \ 6 \\ \hline \end{array}$$

8
$$\begin{array}{r} 6\ 2 \\ \times\ \ 5 \\ \hline \end{array}$$

9
$$\begin{array}{r} 9\ 3 \\ \times\ \ 8 \\ \hline \end{array}$$

10
$$\begin{array}{r} 7\ 6 \\ \times\ \ 9 \\ \hline \end{array}$$

11
$$\begin{array}{r} 2\ 7 \\ \times\ \ 4 \\ \hline \end{array}$$

12
$$\begin{array}{r} 4\ 8 \\ \times\ \ 5 \\ \hline \end{array}$$

13
$$\begin{array}{r} 5\ 4 \\ \times\ \ 7 \\ \hline \end{array}$$

14
$$\begin{array}{r} 8\ 6 \\ \times\ \ 3 \\ \hline \end{array}$$

15
$$\begin{array}{r} 9\ 9 \\ \times\ \ 2 \\ \hline \end{array}$$

공부한 날 월 일

✱ 빈칸에 알맞은 수를 써넣으시오.

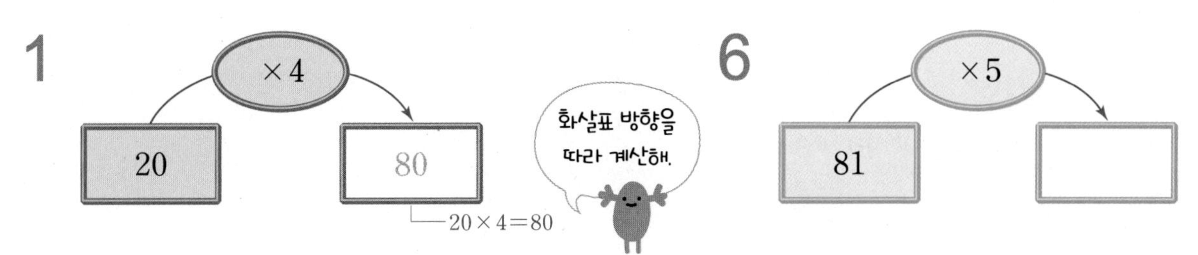


2

×3

70 → □

3

×8

11 → □

4

×2

32 → □

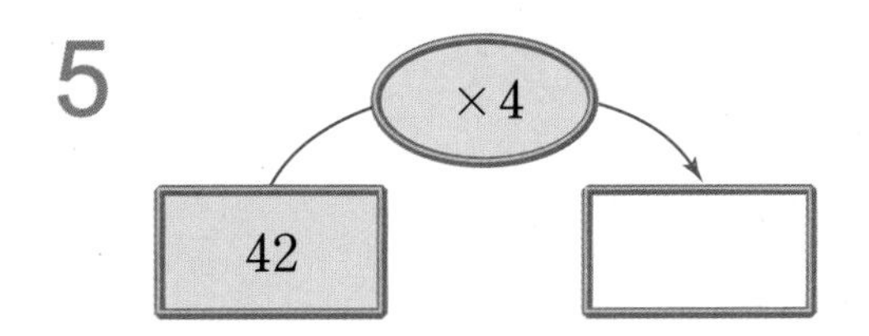


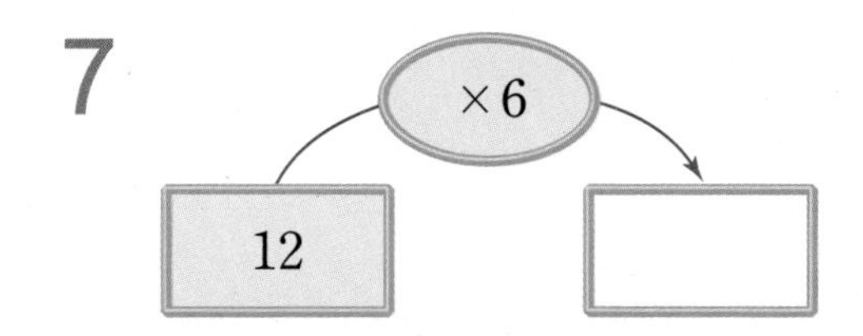


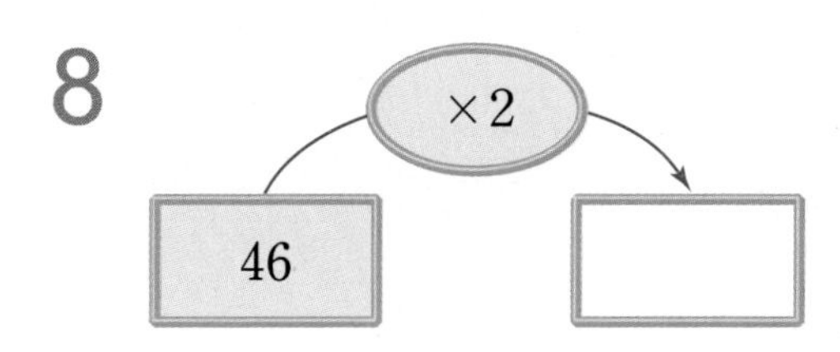


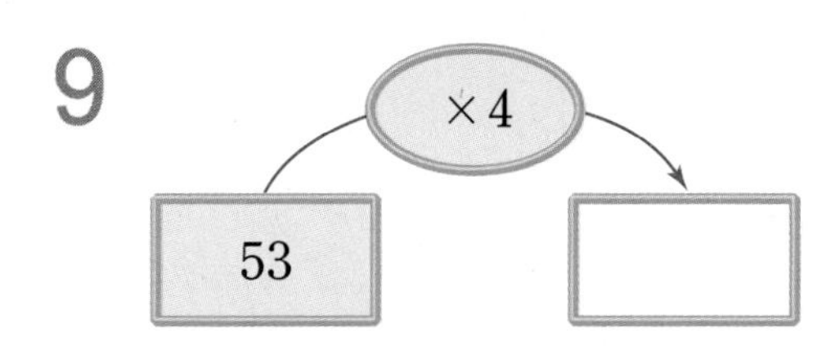


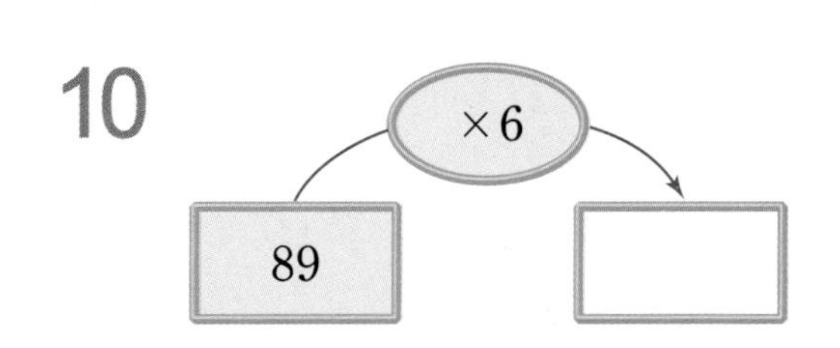

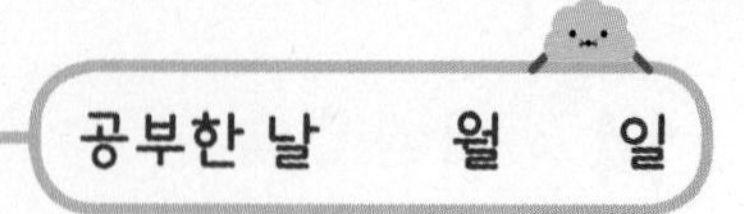


☀ □ 안에 알맞은 수를 써넣으시오.

1

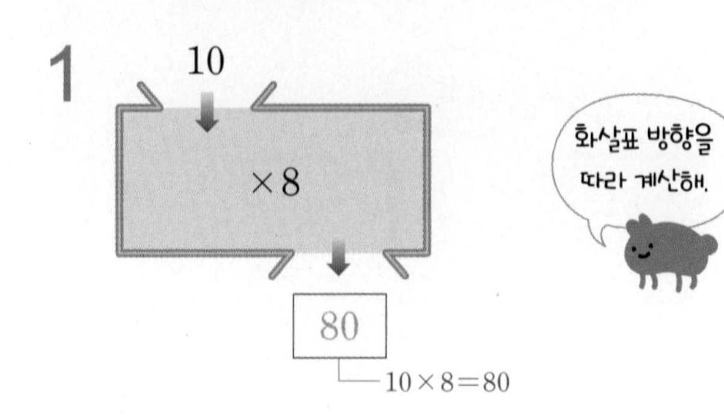


2

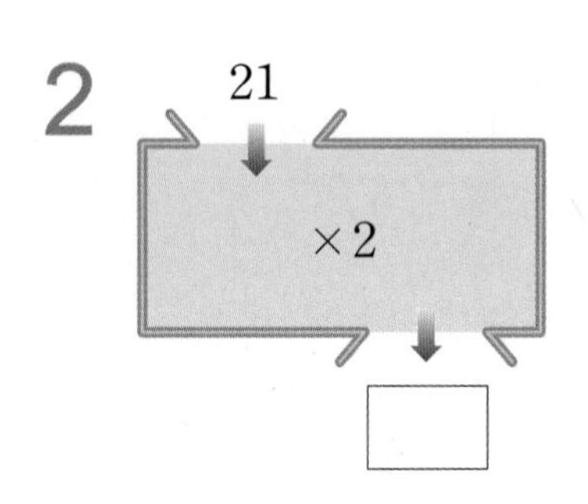


3

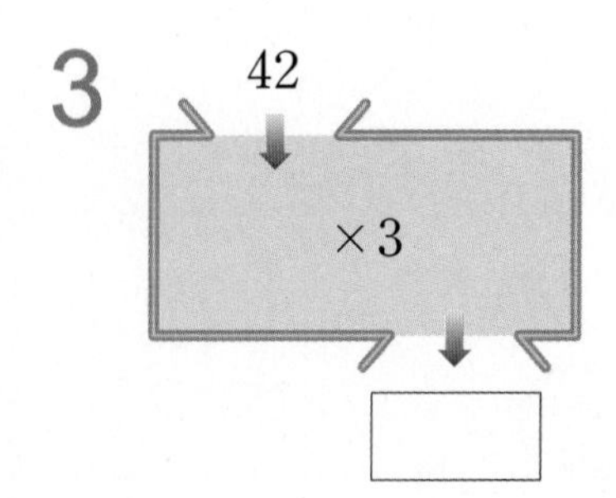


4

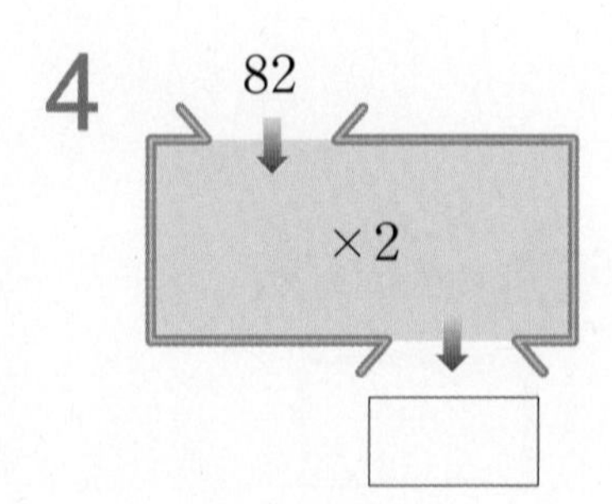


5

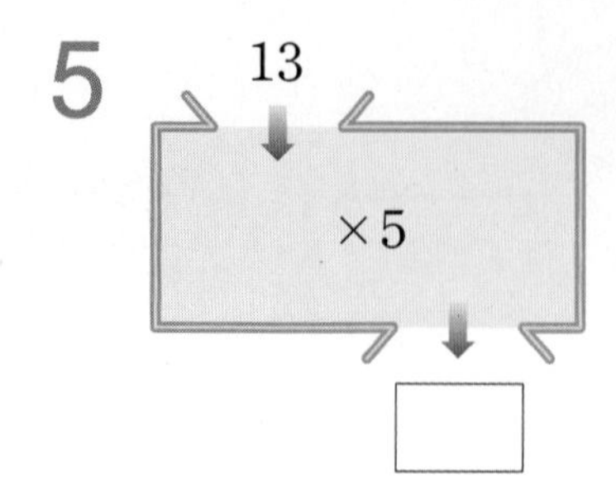


6

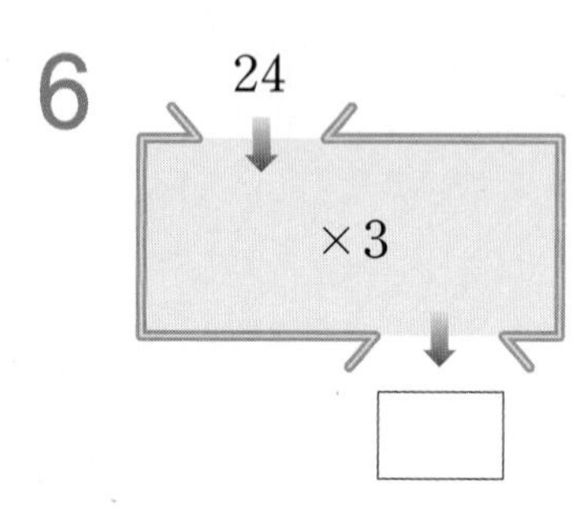


7

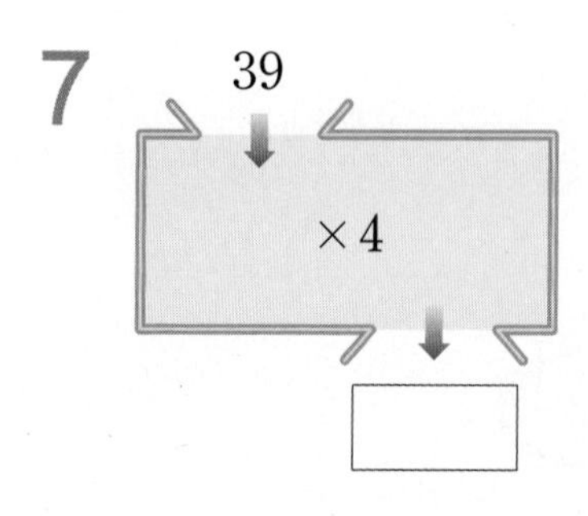


8

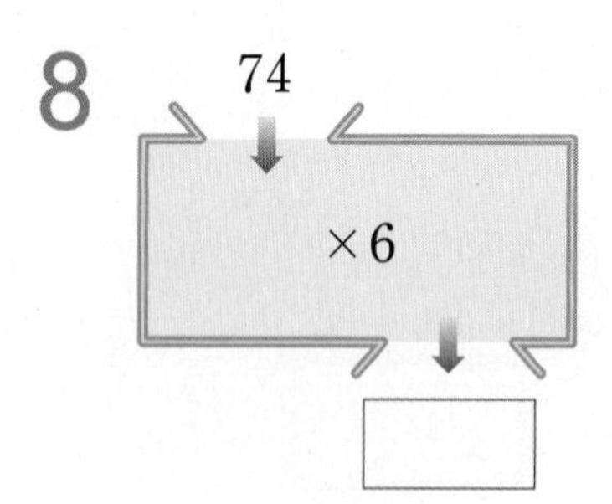

# 16 곱셈 연습 (3)

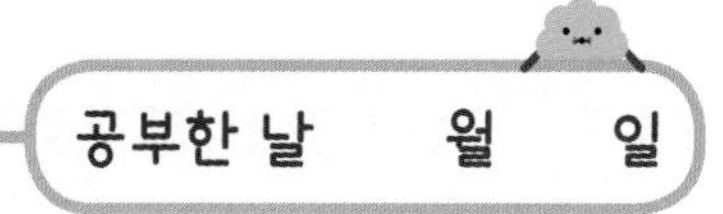


✹ 빈칸에 두 수의 곱을 써넣으시오.

1
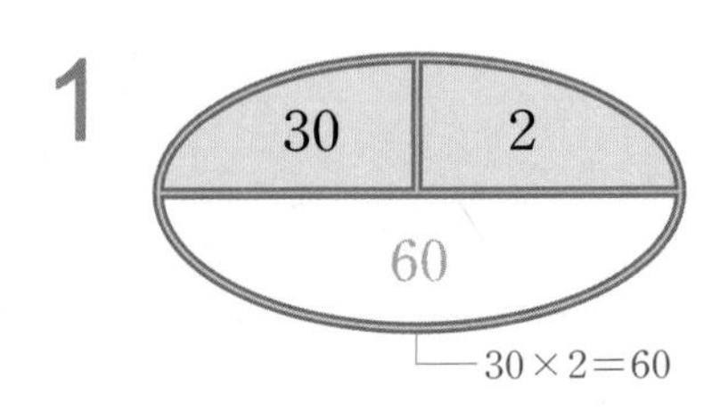

2
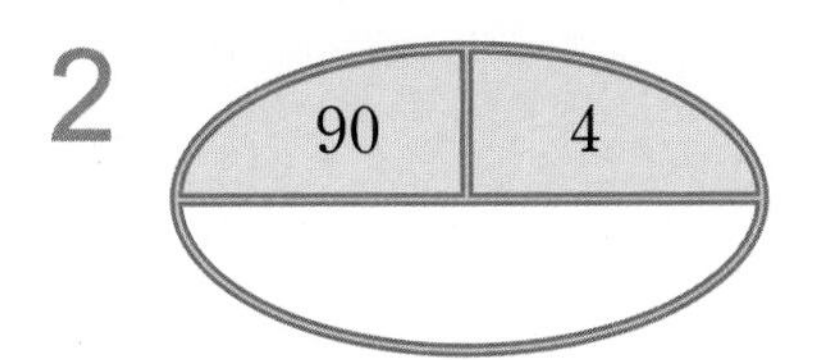


3
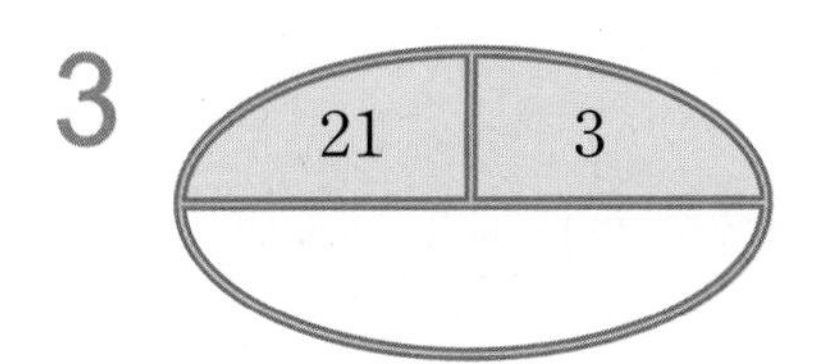


4
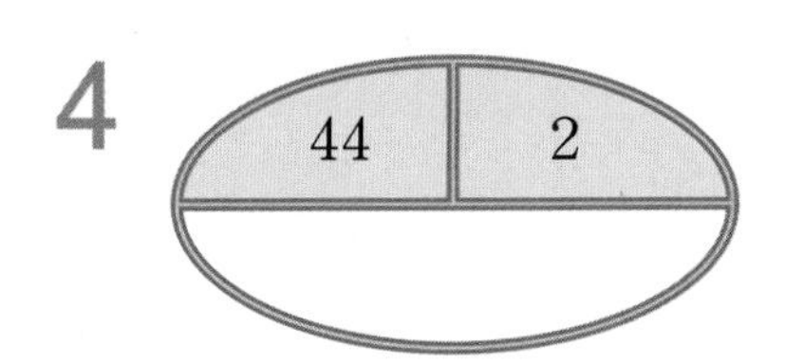


5
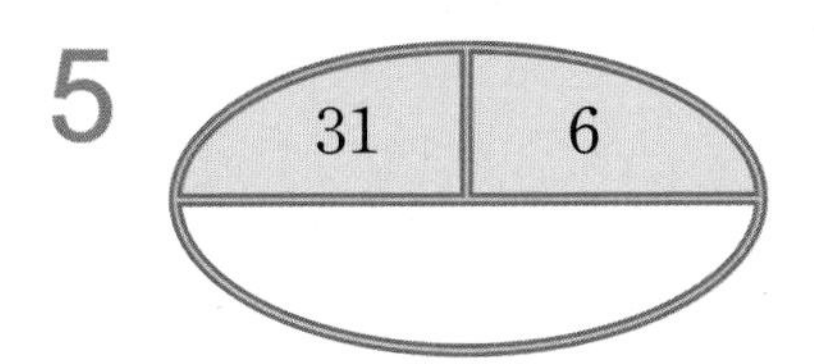


6
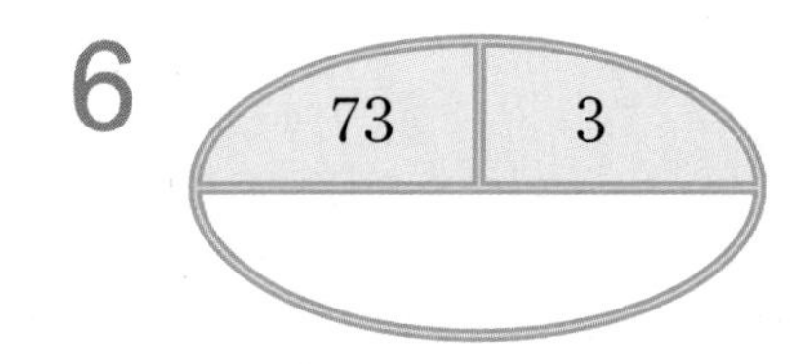


7
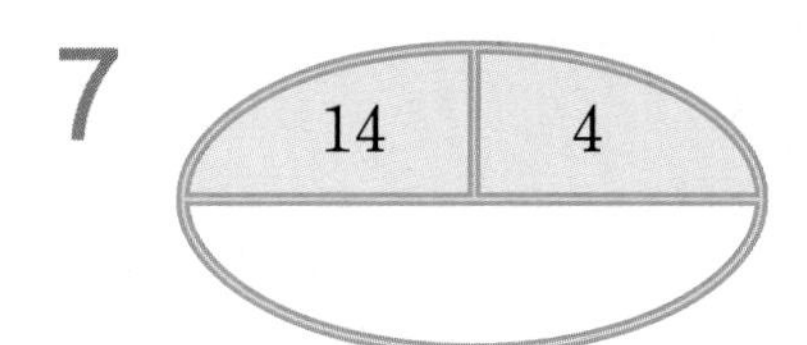


8
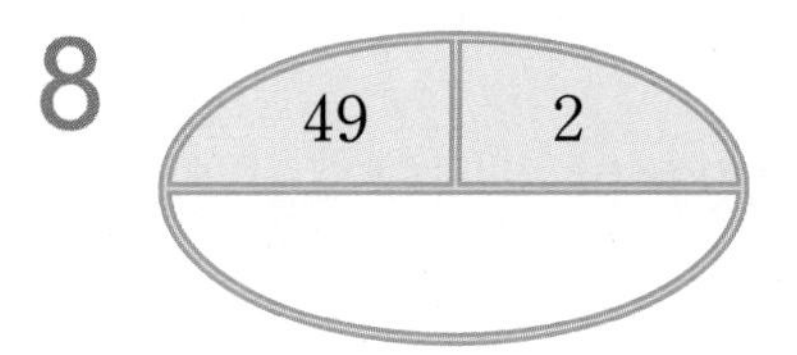


9
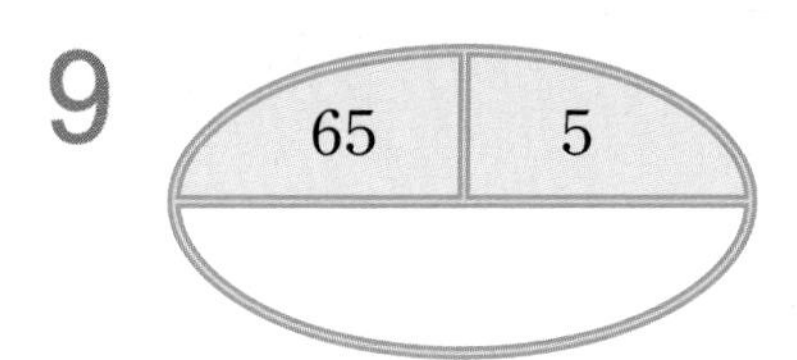


10
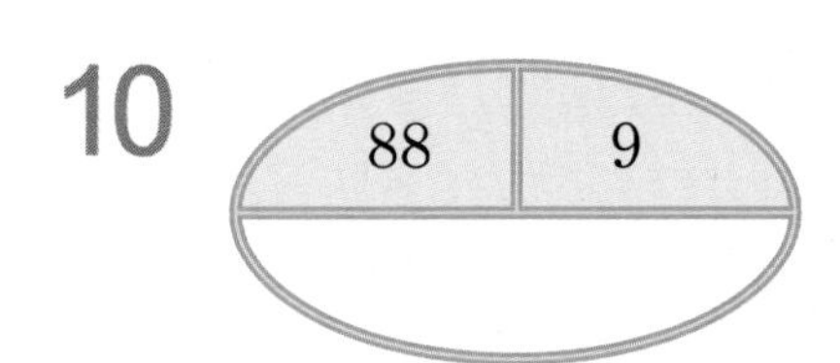

## 17 계산 결과 비교하기

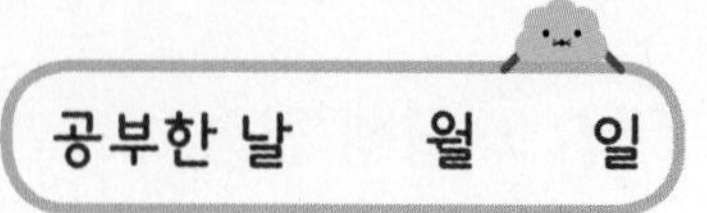


✹ 계산 결과를 비교하여 ○ 안에 >, =, <를 알맞게 써넣으시오.

1 $\underset{90}{10\times9}$ (<) $\underset{100}{50\times2}$

2 $23\times3$ ○ $12\times8$

3 $13\times7$ ○ $16\times6$

4 $40\times6$ ○ $72\times3$

5 $19\times3$ ○ $26\times2$

6 $52\times4$ ○ $82\times2$

7 $75\times5$ ○ $91\times4$

8 $11\times4$ ○ $21\times2$

9 $41\times3$ ○ $32\times4$

10 $74\times2$ ○ $50\times3$

11 $24\times4$ ○ $33\times3$

12 $75\times2$ ○ $48\times3$

13 $62\times8$ ○ $96\times5$

14 $93\times6$ ○ $80\times7$

공부한 날 월 일

✹ □ 안에 알맞은 수를 써넣으시오.

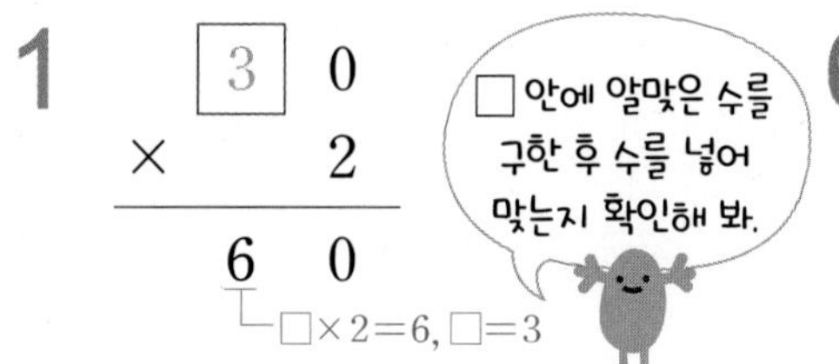


**1** $30 \times 2 = 60$ ($\square \times 2 = 6$, $\square = 3$)

**2** $50 \times \square = 200$

**3** $1\square \times 3 = 36$

**4** $\square 4 \times \square = 48$

**5** $33 \times \square = \square 9$

**6** $6\square \times 2 = 128$

**7** $51 \times \square = 306$

**8** $\square 3 \times 3 = 18\square$

**9** $7\square \times 4 = 2\square 8$

**10** $2\square \times 3 = 81$

**11** $\square 9 \times \square = 78$

**12** $\square 8 \times 2 = 9\square$

**13** $2\square \times 5 = 130$

**14** $\square 3 \times 8 = 42\square$

**15** $78 \times \square = 3\square 2$

4 곱셈

**1** □ 안에 알맞은 수를 써넣으시오.

(1)

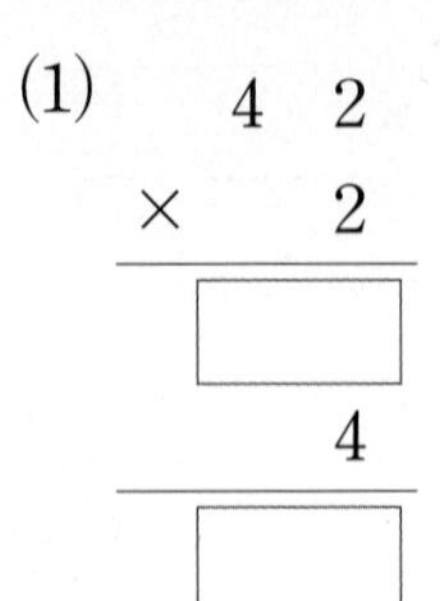

$$\begin{array}{r} 4\ 2 \\ \times\quad 2 \\ \hline \square \\ 4 \\ \hline \square \end{array}$$

(2)

$$\begin{array}{r} 1\ 7 \\ \times\quad 3 \\ \hline \square \\ 3\ 0 \\ \hline \square \end{array}$$

• 일의 자리부터 계산하거나 십의 자리부터 계산해도 계산 결과는 같습니다.

**2** 곱셈식에서 □ 안의 수가 실제로 나타내는 수는 얼마입니까?

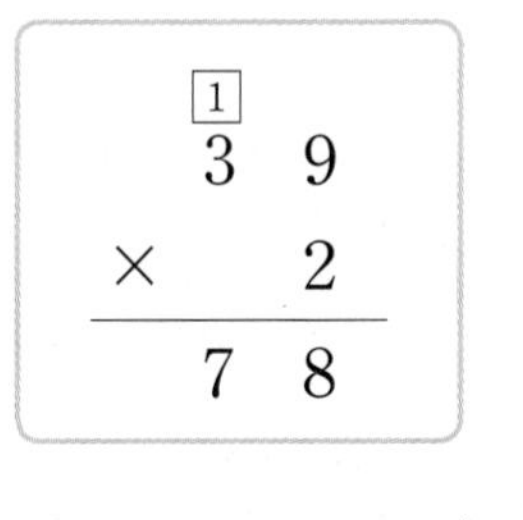

$$\begin{array}{r} \boxed{1}\ \ \\ 3\ 9 \\ \times\quad 2 \\ \hline 7\ 8 \end{array}$$

(　　　　　　)

**3** 계산을 하시오.

(1)

$$\begin{array}{r} 1\ 1 \\ \times\quad 4 \\ \hline \end{array}$$

(2)

$$\begin{array}{r} 5\ 3 \\ \times\quad 2 \\ \hline \end{array}$$

• (2) 십의 자리에서 올림한 수는 백의 자리에 씁니다.

**4** □ 안에 알맞은 수를 써넣으시오.

(1)

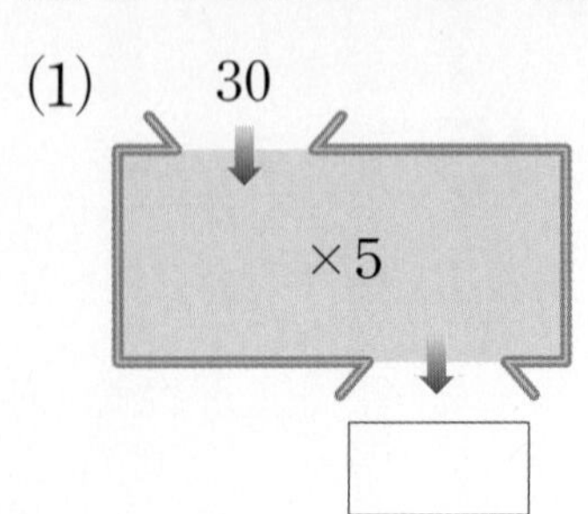


(2)

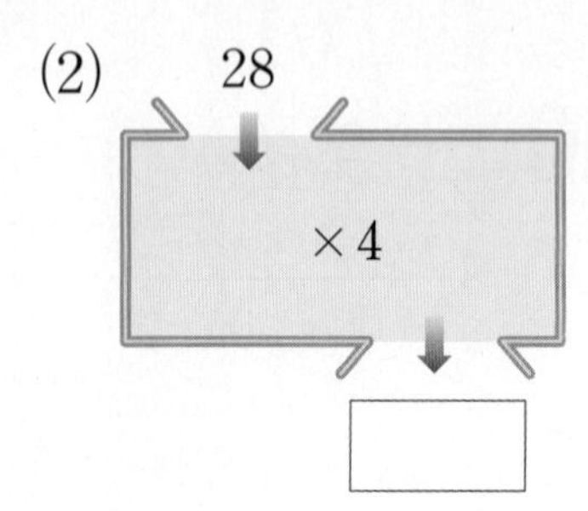


• 화살표 방향을 따라 계산합니다.

**5** 빈칸에 두 수의 곱을 써넣으시오.

(1)
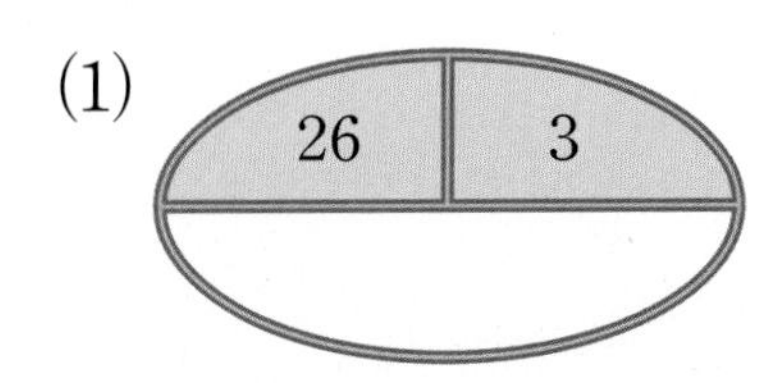


(2)
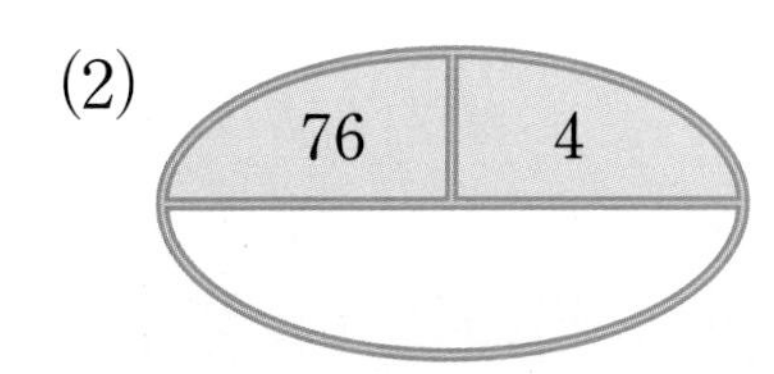


• 곱셈식으로 나타낸 후 계산합니다.

**6** 계산 결과를 비교하여 ○ 안에 >, =, <를 알맞게 써넣으시오.

$45 \times 6$ ○ $92 \times 3$

• 곱을 각각 구한 후 두 곱의 크기를 비교합니다.

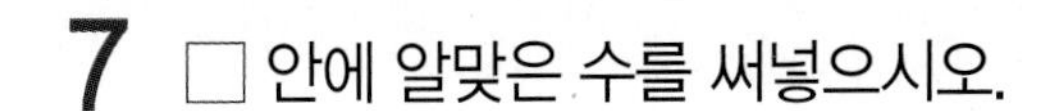

**7** □ 안에 알맞은 수를 써넣으시오.

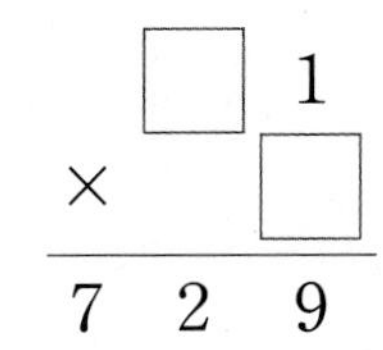

**8** 재민이는 하루에 동화책을 20쪽씩 읽었습니다. 재민이가 6일 동안 읽은 동화책은 모두 몇 쪽입니까?

식 ____________  답 ____________

• 하루에 읽은 동화책의 쪽수에 읽은 날수를 곱합니다.

**9** 세진이의 일기입니다. 세진이가 딴 토마토는 모두 몇 개입니까?

○월 ○일 ○요일 날씨:
엄마와 함께 토마토를 땄다.
내가 딴 토마토는 한 상자에 15개씩 4상자였다.
힘들었지만 정말 재미있었다.

( )

• 한 상자의 토마토 수에 상자 수를 곱합니다.

QR 코드를 찍어 보세요.
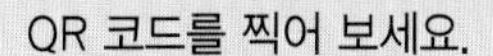
문제 생성기 새로운 문제를 계속 풀 수 있어요.
학습 게임 재미있는 학습 게임을 할 수 있어요.

# 5 길이와 시간

학습 게임

QR 코드를 찍어 보세요.
재미있는 학습 게임을
할 수 있어요.

## 제5화 작고 네모난 별에서 자라는 나무의 키는?

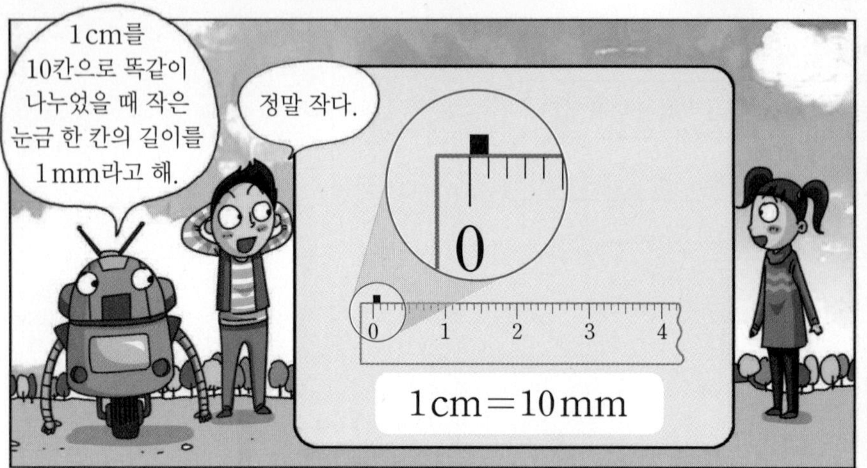

| 이미 배운 내용 | 이번에 배울 내용 | 앞으로 배울 내용 |
| --- | --- | --- |
| [2-2 길이 재기]<br>• 1 m가 100 cm임을 알기<br>[2-2 시각과 시간]<br>• 시각을 분 단위로 읽고 1시간은 60분임을 알기 | • cm보다 작은 단위 알아보기<br>• m보다 큰 단위 알아보기<br>• 길이를 어림하고 재어 보기<br>• 시각을 초 단위로 읽기<br>• 시간의 합과 차 | [5-1 다각형의 넓이]<br>• 둘레를 이해하고 평면도형의 둘레 구하기<br>• 넓이를 이해하고 평면도형의 넓이 구하기 |

## 1 cm보다 더 큰 단위 알아보기

✹ 주어진 길이를 쓰고 읽어 보시오.

1 2m

쓰기 2m

읽기 2 미터

m는 미터라고 읽어.

2 5m

쓰기

읽기

3 1m 40cm

쓰기

읽기

4 8m 63cm

쓰기

읽기

## 2 단위를 바꾸어 나타내기

✹ □ 안에 알맞은 수를 써넣으시오.

1 1m= 100 cm

2 3m=□cm

3 700cm=□m

4 900cm=□m

5 2m 10cm=□cm

6 5m 35cm=□cm

7 680cm=□m □cm

8 924cm=□m □cm

## 3 몇 시 몇 분 알아보기

✹ 시각을 써 보시오.

1

짧은바늘과 긴바늘이 가리키는 수를 알아봐.

[2]시 [40]분

짧은바늘이 2와 3 사이, 긴바늘이 8을 가리키므로 2시 40분입니다.

2

[ ]시 [ ]분

3

[ ]시 [ ]분

4

[ ]시 [ ]분

## 4 1시간 알아보기

✹ □ 안에 알맞은 수를 써넣으시오.

1 1시간=[60]분

2 2시간=[ ]분

3 180분=[ ]시간

4 1시간 20분=[ ]분

5 3시간 15분=[ ]분

6 130분=[ ]시간 [ ]분

7 270분=[ ]시간 [ ]분

8 350분=[ ]시간 [ ]분

5 길이와 시간

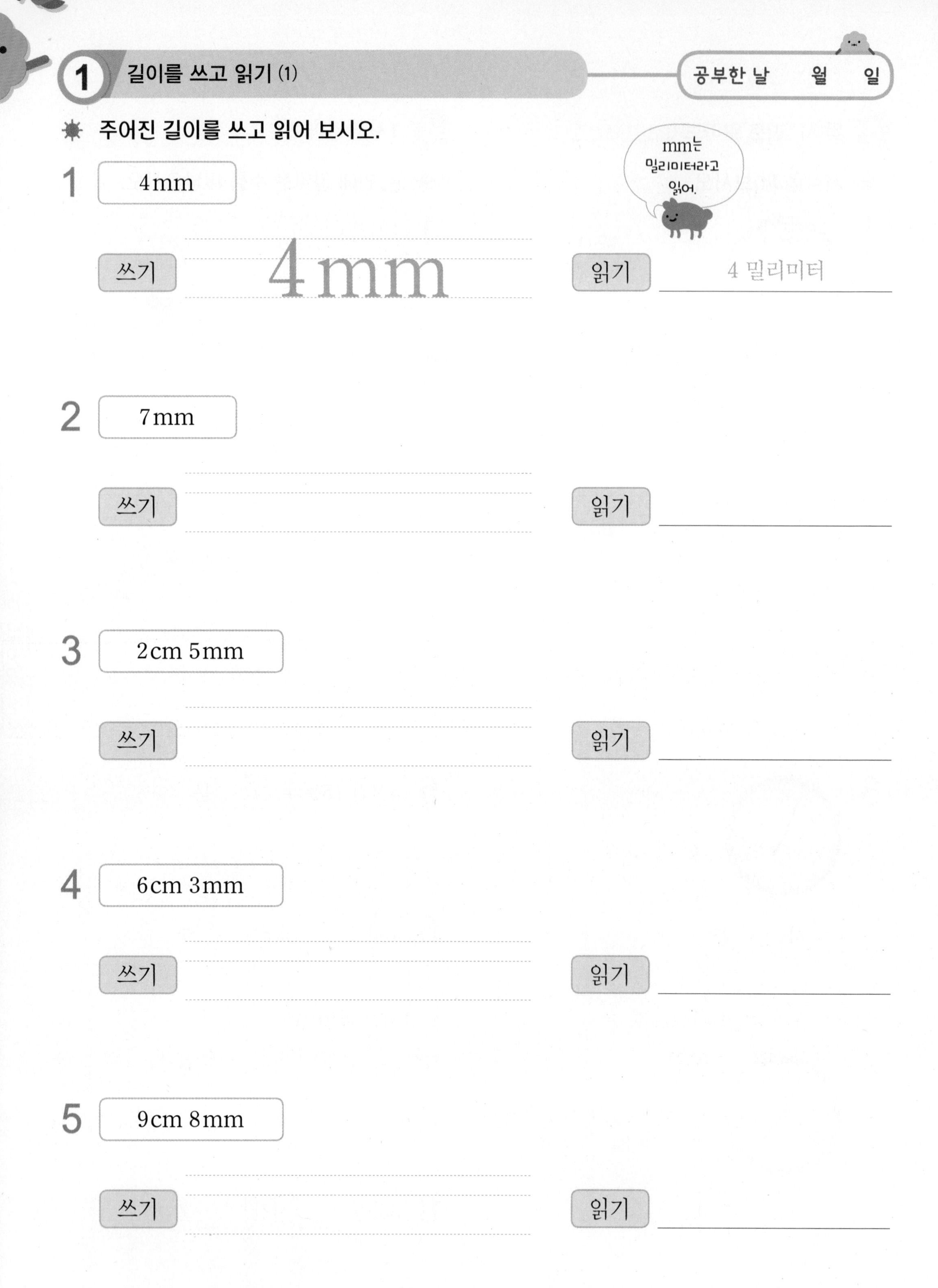

## 1 길이를 쓰고 읽기 (1)

공부한 날 월 일

✸ 주어진 길이를 쓰고 읽어 보시오.



1 4mm

쓰기 4mm 읽기 4 밀리미터

2 7mm

쓰기 읽기

3 2cm 5mm

쓰기 읽기

4 6cm 3mm

쓰기 읽기

5 9cm 8mm

쓰기 읽기

## 2 몇 cm 몇 mm 알아보기

공부한 날 월 일

☀ □ 안에 알맞은 수를 써넣으시오.

1 1cm보다 8mm 더 긴 것
⇨ [1] cm [8] mm

■cm보다 ▲mm 더 긴 길이를 ■cm ▲mm라고 해.

2 4cm보다 2mm 더 긴 것
⇨ □ cm □ mm

3 7cm보다 5mm 더 긴 것
⇨ □ cm □ mm

4 10cm보다 6mm 더 긴 것
⇨ □ cm □ mm

5 2cm보다 7mm 더 긴 것
⇨ □ cm □ mm

6 5cm보다 9mm 더 긴 것
⇨ □ cm □ mm

7 14cm보다 3mm 더 긴 것
⇨ □ cm □ mm

8 5cm 1mm
⇨ [5] cm보다 [1] mm 더 긴 것

9 8cm 3mm
⇨ □ cm보다 □ mm 더 긴 것

10 9cm 4mm
⇨ □ cm보다 □ mm 더 긴 것

11 13cm 9mm
⇨ □ cm보다 □ mm 더 긴 것

12 2cm 5mm
⇨ □ cm보다 □ mm 더 긴 것

13 10cm 8mm
⇨ □ cm보다 □ mm 더 긴 것

14 17cm 6mm
⇨ □ cm보다 □ mm 더 긴 것

## 3 단위를 바꾸어 나타내기 (1)

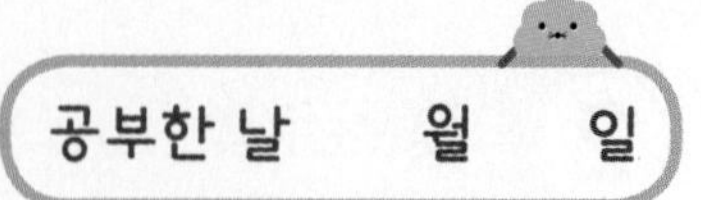


☀ □ 안에 알맞은 수를 써넣으시오.

1 1cm= [10] mm

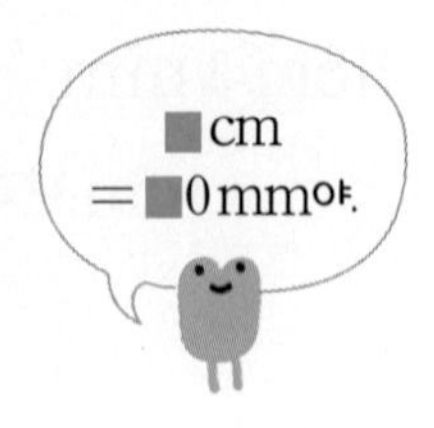


2 3cm= □ mm

3 5cm= □ mm

4 8cm= □ mm

5 10cm= □ mm

6 14cm= □ mm

7 21cm= □ mm

8 2cm 4mm= [24] mm

└2cm+4mm
=20mm+4mm
=24mm

9 6cm 7mm= □ mm

10 9cm 5mm= □ mm

11 13cm 1mm= □ mm

12 27cm 2mm= □ mm

13 35cm 8mm= □ mm

14 48cm 3mm= □ mm

## 4 단위를 바꾸어 나타내기 (2)

공부한 날 월 일

☀ □ 안에 알맞은 수를 써넣으시오.

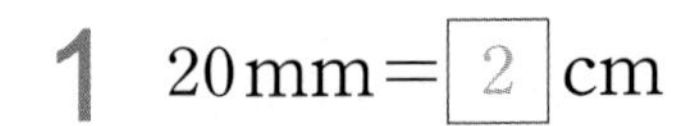

**1** 20 mm = [2] cm

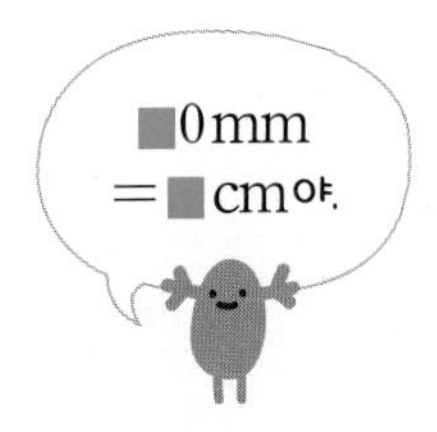


**8** 19 mm = [1] cm [9] mm

10 mm + 9 mm
= 1 cm + 9 mm
= 1 cm 9 mm

■▲mm
= ■ cm ▲mm야.

**2** 40 mm = □ cm

**9** 35 mm = □ cm □ mm

**3** 70 mm = □ cm

**10** 82 mm = □ cm □ mm

**4** 110 mm = □ cm

**11** 143 mm = □ cm □ mm

**5** 180 mm = □ cm

**12** 264 mm = □ cm □ mm

**6** 240 mm = □ cm

**13** 379 mm = □ cm □ mm

**7** 360 mm = □ cm

**14** 416 mm = □ cm □ mm

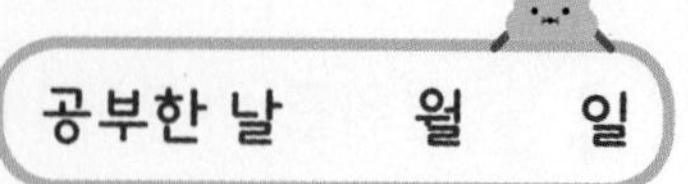


## 5 자의 눈금 읽기

✱ 물건의 길이를 써넣으시오.

**1** [21] mm – 2cm보다 1mm 더 깁니다. ⇨ 2cm 1mm =21mm

[4] cm [5] mm – 4cm보다 5mm 더 깁니다.

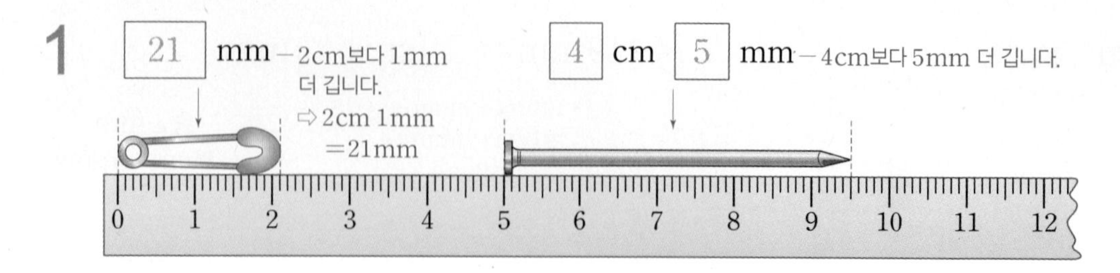

**2** [ ] mm [ ] cm [ ] mm

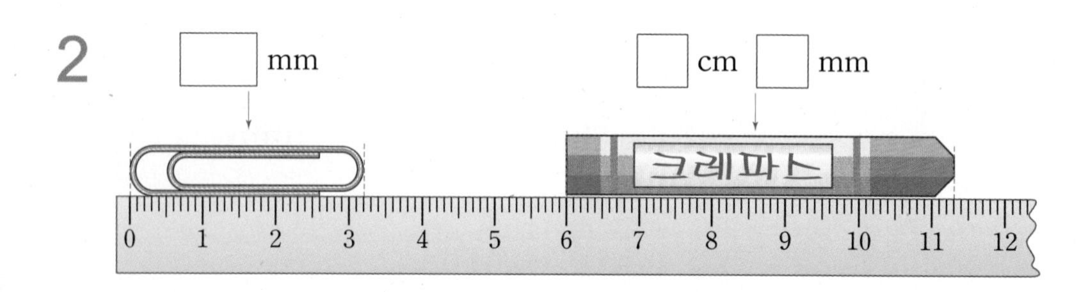

**3** [ ] mm [ ] cm [ ] mm

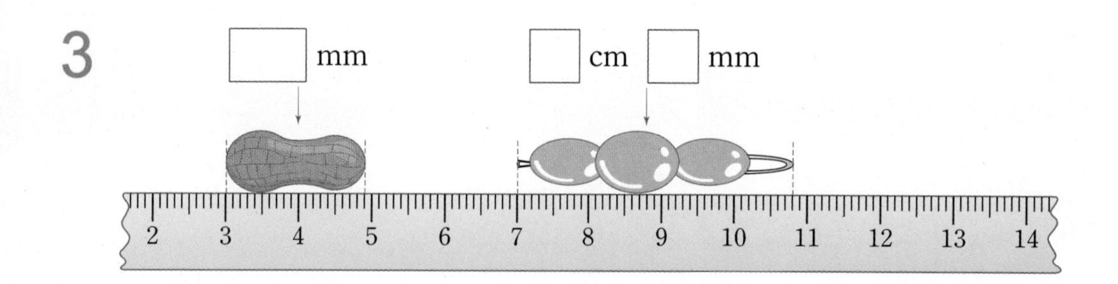

**4** [ ] mm [ ] cm [ ] mm

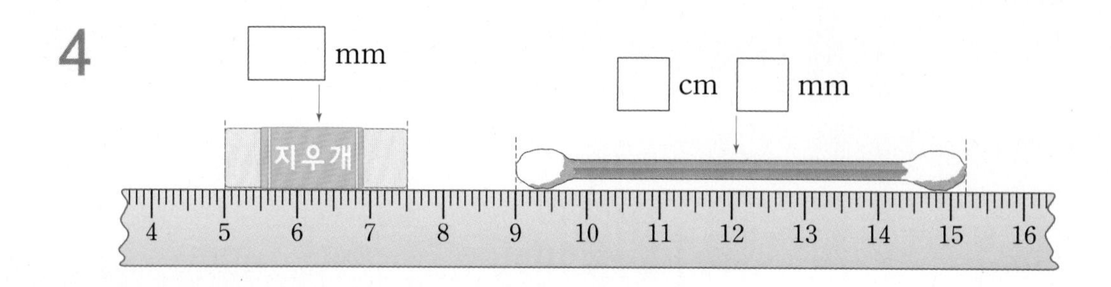

## 6 길이를 쓰고 읽기 (2)

공부한 날 월 일

✱ 주어진 길이를 쓰고 읽어 보시오.

km는 킬로미터라고 읽어.

1 2 km

쓰기 2 km

읽기 2 킬로미터

2 5 km

쓰기

읽기

3 3 km 100 m

쓰기

읽기

4 6 km 907 m

쓰기

읽기

5 8 km 640 m

쓰기

읽기

5 길이와 시간

## 7 몇 km 몇 m 알아보기

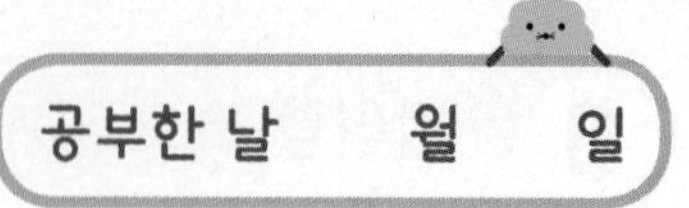


☀ □ 안에 알맞은 수를 써넣으시오.

1 1km보다 500m 더 긴 것 ⇨ [1] km [500] m

2 4km보다 700m 더 긴 것 ⇨ □ km □ m

3 8km보다 910m 더 긴 것 ⇨ □ km □ m

4 10km보다 602m 더 긴 것 ⇨ □ km □ m

5 5km 300m ⇨ □ km보다 □ m 더 긴 것

6 7km 80m ⇨ □ km보다 □ m 더 긴 것

7 9km 250m ⇨ □ km보다 □ m 더 긴 것

8 23km 407m ⇨ □ km보다 □ m 더 긴 것

## 8 단위를 바꾸어 나타내기 (3)

✱ □ 안에 알맞은 수를 써넣으시오.

1 1km = [1000] m

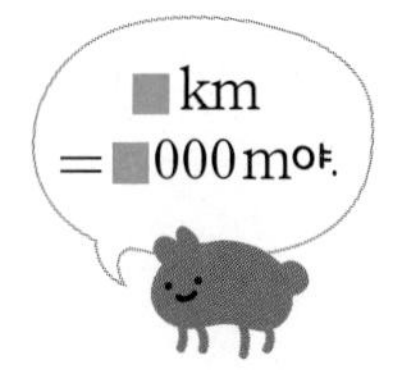


2 2km = [　　] m

3 5km = [　　] m

4 7km = [　　] m

5 8km = [　　] m

6 11km = [　　] m

7 20km = [　　] m

8 1km 700m = [1700] m

└ 1km + 700m
= 1000m + 700m
= 1700m

9 3km 500m = [　　] m

10 6km 180m = [　　] m

11 8km 20m = [　　] m

12 9km 463m = [　　] m

13 13km 9m = [　　] m

14 24km 75m = [　　] m

✹ □ 안에 알맞은 수를 써넣으시오.

1 3000 m = [3] km

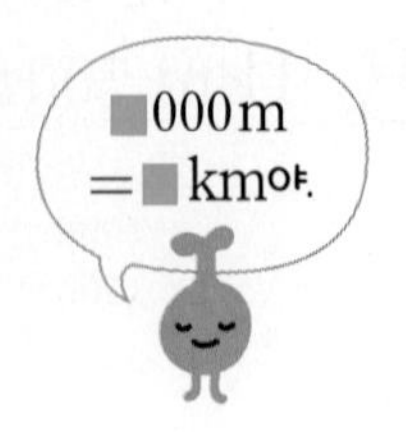


8 2100 m = [2] km [100] m

└ 2000 m + 100 m
= 2 km + 100 m
= 2 km 100 m

1000 m = 1 km
임을 이용해 몇 km
몇 m 단위로 나타내.

2 4000 m = □ km

9 5600 m = □ km □ m

3 6000 m = □ km

10 7092 m = □ km □ m

4 9000 m = □ km

11 8375 m = □ km □ m

5 12000 m = □ km

12 18004 m = □ km □ m

6 25000 m = □ km

13 27060 m = □ km □ m

7 31000 m = □ km

14 35200 m = □ km □ m

## 10 알맞은 단위 찾기 (1)

공부한 날 월 일

☀ □ 안에 km, m, cm 중 알맞은 단위를 써넣으시오.

1 산책로의 길이는 약 3 [km] 입니다.

km, m, cm 중 주어진 상황에 알맞은 단위를 골라.

2 내 발 길이는 약 22 □ 입니다.

3 우리 학교 뒷산의 높이는 약 950 □ 입니다.

4 우산의 길이는 약 88 □ 입니다.

5 서울에서 부산까지의 거리는 약 400 □ 입니다.

6 바다 악어의 길이는 약 6 □ 입니다.

7 호수의 둘레는 약 12 □ 입니다.

8 클립의 길이는 약 2 □ 입니다.

9 거실의 긴 쪽의 길이는 약 10 □ 입니다.

10 국기 게양대의 높이는 약 4 □ 입니다.

11 마라톤 선수가 뛰는 거리는 약 42 □ 입니다.

12 젓가락의 길이는 약 18 □ 입니다.

13 도로에서 차가 막히는 구간은 약 7 □ 입니다.

14 이삿짐을 옮길 때 사용하는 사다리의 길이는 약 35 □ 입니다.

공부한 날 월 일

✹ □ 안에 m, cm, mm 중 알맞은 단위를 써넣으시오.

1 트럭의 길이는 약 10 [m] 입니다.

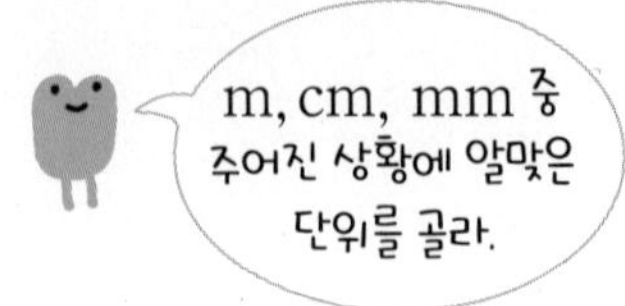


2 연필의 길이는 약 76 □ 입니다.

3 새롬이의 키는 약 124 □ 입니다.

4 농구 골대의 높이는 약 3 □ 입니다.

5 공책의 긴 쪽의 길이는 약 298 □ 입니다.

6 책상의 짧은 쪽의 길이는 약 45 □ 입니다.

7 할아버지의 지팡이의 길이는 약 1 □ 입니다.

8 쌀 한 톨의 길이는 약 6 □ 입니다.

9 에어컨의 높이는 약 2 □ 입니다.

10 요구르트 병의 길이는 약 8 □ 입니다.

11 연필의 두께는 약 7 □ 입니다.

12 식탁의 높이는 약 110 □ 입니다.

13 수첩의 긴 쪽의 길이는 약 13 □ 입니다.

14 체육대회 때 내가 달린 거리는 약 50 □ 입니다.

공부한 날 월 일

**✹ 보기 에서 주어진 길이를 골라 문장을 완성해 보시오.**

**1**

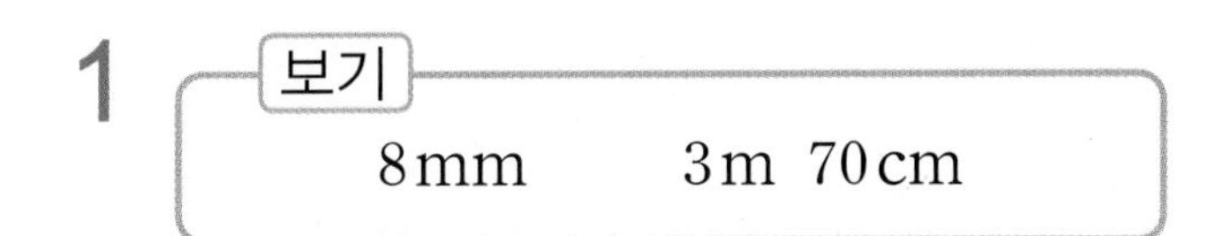


(1) 동화책의 두께는

약 [8 mm] 입니다.

(2) 화장실의 긴 쪽의 길이는

약 [ ] 입니다.

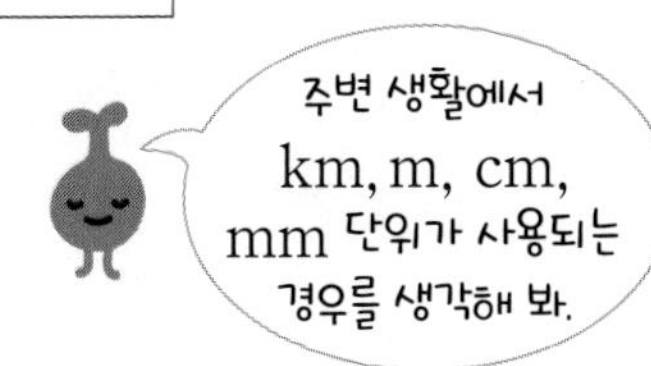


**2**

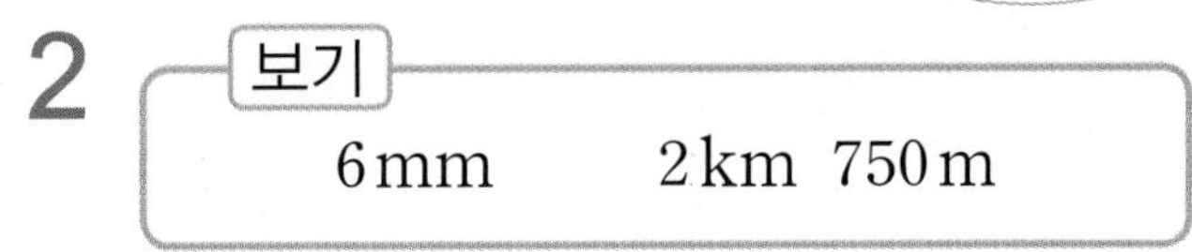


(1) 백두산의 높이는

약 [ ] 입니다.

(2) 새끼 손톱의 길이는

약 [ ] 입니다.

**3**

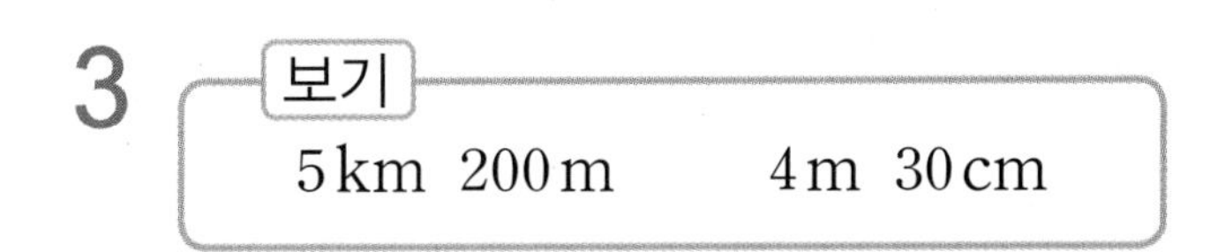


(1) 우리 집에서 시청까지의 거리는

약 [ ] 입니다.

(2) 놀이터에 있는 미끄럼틀의 길이는

약 [ ] 입니다.

**4**

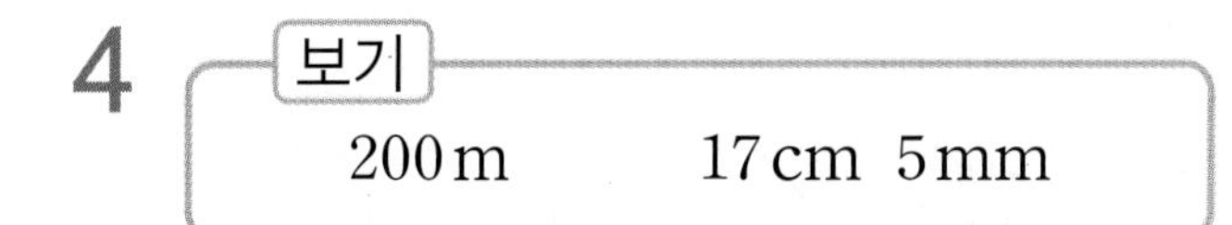


(1) 색연필의 길이는

약 [ ] 입니다.

(2) 병원에서 약국까지의 거리는

약 [ ] 입니다.

**5**

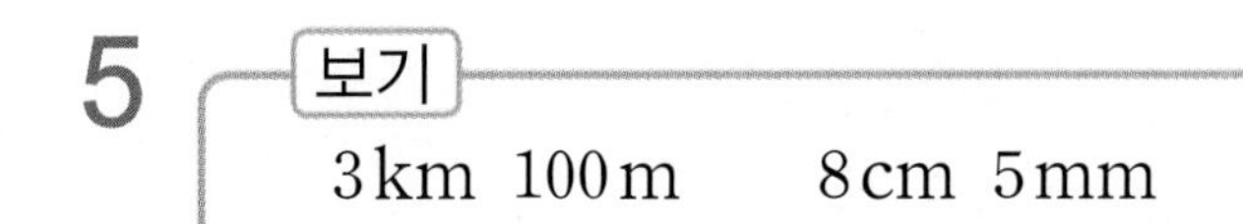


(1) 터널의 길이는

약 [ ] 입니다.

(2) 물컵의 높이는

약 [ ] 입니다.

**6**

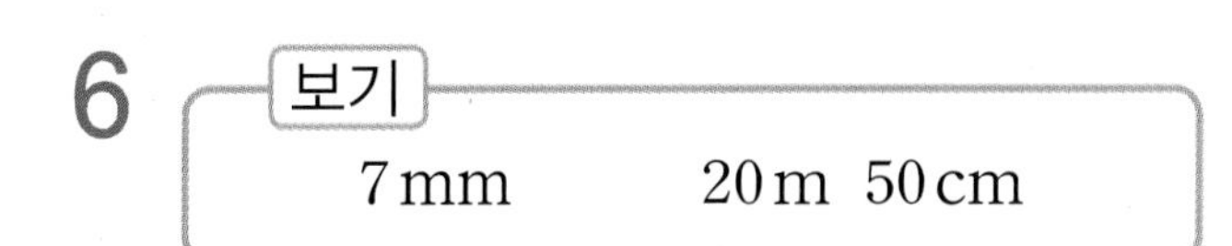


(1) 파리의 몸길이는

약 [ ] 입니다.

(2) 수영장의 긴 쪽의 길이는

약 [ ] 입니다.

## 13 몇 시 몇 분 몇 초 읽기 (1)

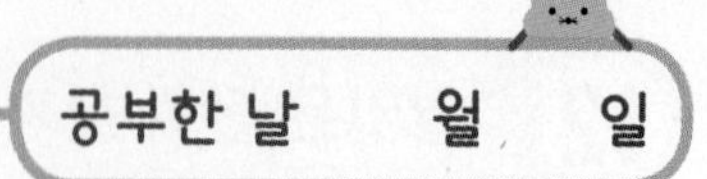


✸ 시각을 읽어 보시오.

**1**

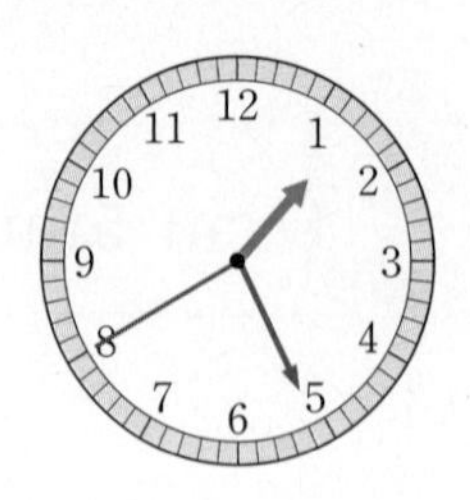

시, 분, 초의 차례로 읽어.

[ 1 ]시 [ 25 ]분 [ 40 ]초

└ 짧은바늘은 1과 2 사이를 가리키고, 긴바늘은 5를 지났고 초바늘은 8을 가리키므로 1시 25분 40초입니다.

**5**

[ ]시 [ ]분 [ ]초

**2**

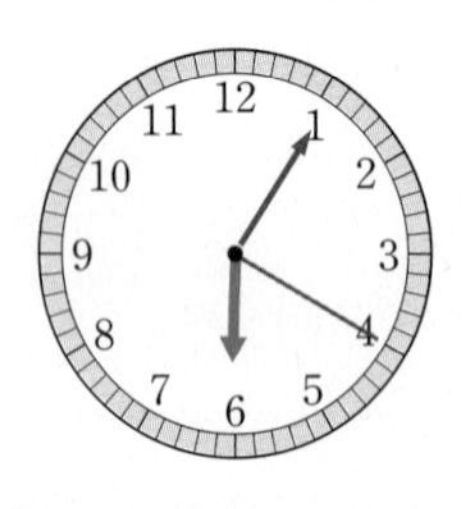

[ ]시 [ ]분 [ ]초

**6**

[ ]시 [ ]분 [ ]초

**3**

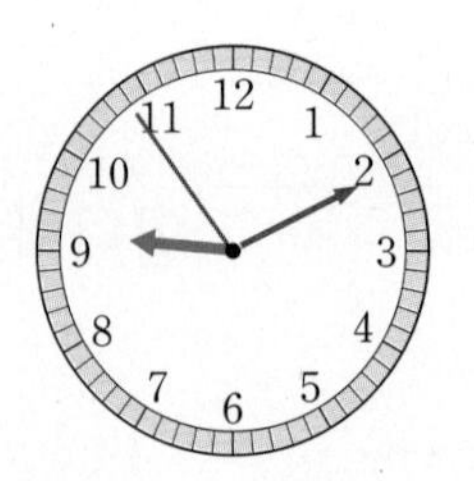

[ ]시 [ ]분 [ ]초

**7**

[ ]시 [ ]분 [ ]초

**4**

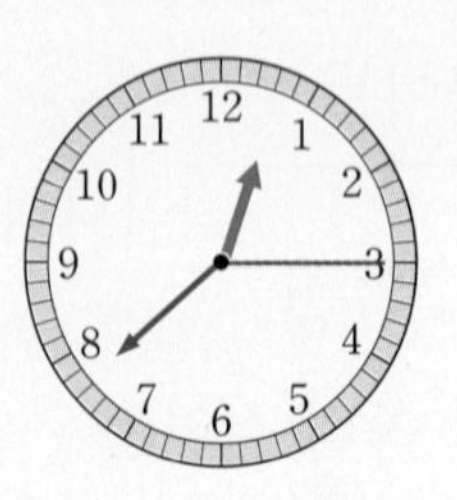

[ ]시 [ ]분 [ ]초

**8**

[ ]시 [ ]분 [ ]초

# 14 몇 시 몇 분 몇 초 읽기 (2)

공부한 날 월 일

✹ 시각을 읽어 보시오.

1 

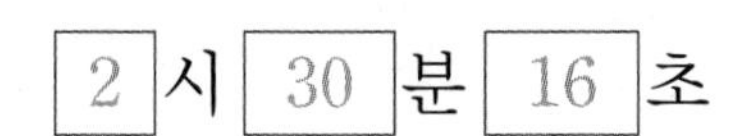

6 

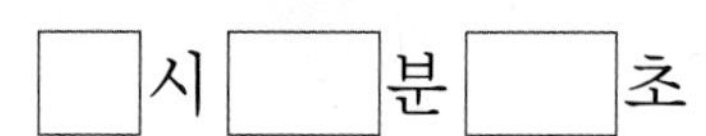


2 

□시 □분 □초

7 

□시 □분 □초

3 

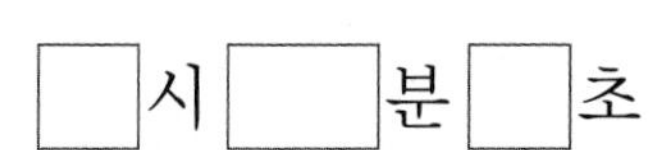


8 

□시 □분 □초

4 

□시 □분 □초

9 

□시 □분 □초

5 

□시 □분 □초

10 

□시 □분 □초

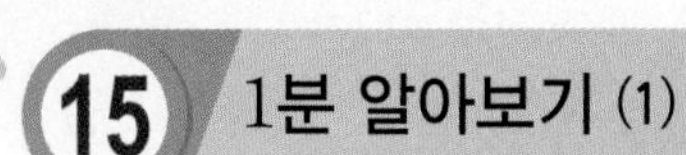


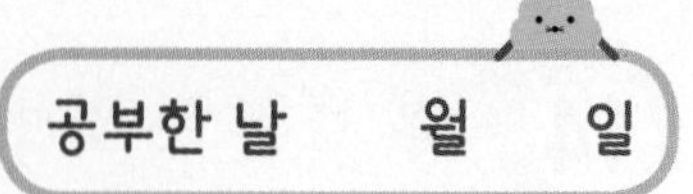


✹ □ 안에 알맞은 수를 써넣으시오.

1 1분=[60]초

2 2분=□초

3 4분=□초

4 7분=□초

5 1분 10초=□초

6 1분 50초=□초

7 2분 20초=□초

8 3분 40초=□초

9 5분 5초=□초

10 2분 35초=□초

11 4분 30초=□초

12 6분 15초=□초

13 7분 55초=□초

14 8분 25초=□초

## □ 안에 알맞은 수를 써넣으시오.

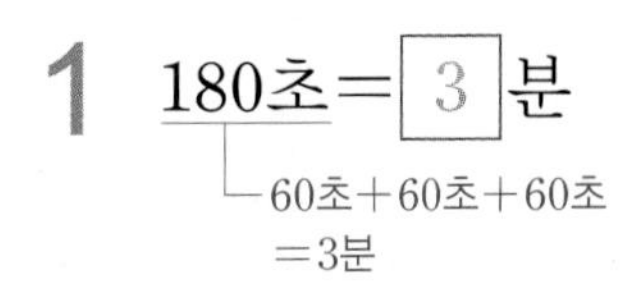

2 300초=□분

3 360초=□분

4 480초=□분

5 90초=□분 □초

6 105초=□분 □초

7 125초=□분 □초

8 150초=□분 □초

9 270초=□분 □초

10 195초=□분 □초

11 310초=□분 □초

12 385초=□분 □초

13 440초=□분 □초

14 515초=□분 □초

## 17 (시간)+(시간)

✹ □ 안에 알맞은 수를 써넣으시오.

**1**

| | 1 분 | 15 초 |
|---|---|---|
| + | | 20 초 |
| | 1 분 | 35 초 |

**6**

1 — 60초를 1분으로 받아올림한 수

| | 2 분 | 15 초 |
|---|---|---|
| + | | 50 초 |
| | 3 분 | 5 초 |

초끼리의 합이 60이거나 60보다 크면 60초를 1분으로 받아올림해.

**2**

| | 3 분 | 40 초 |
|---|---|---|
| + | | 10 초 |
| | □ 분 | □ 초 |

**7**

| | □ | |
|---|---|---|
| | 4 분 | 30 초 |
| + | | 45 초 |
| | □ 분 | □ 초 |

**3**

| | 2 분 | 25 초 |
|---|---|---|
| + | 5 분 | 5 초 |
| | □ 분 | □ 초 |

**8**

| | □ | |
|---|---|---|
| | 1 분 | 48 초 |
| + | 7 분 | 22 초 |
| | □ 분 | □ 초 |

**4**

| | 6 분 | 30 초 |
|---|---|---|
| + | 3 분 | 28 초 |
| | □ 분 | □ 초 |

**9**

| | □ | |
|---|---|---|
| | 8 분 | 17 초 |
| + | 3 분 | 59 초 |
| | □ 분 | □ 초 |

**5**

| | 10 분 | 16 초 |
|---|---|---|
| + | 4 분 | 42 초 |
| | □ 분 | □ 초 |

**10**

| | □ | |
|---|---|---|
| | 5 분 | 35 초 |
| + | 13 분 | 36 초 |
| | □ 분 | □ 초 |

**11**

  2 시간 10 분 5 초
+ 8 분 30 초

[2] 시간 [18] 분 [35] 초

**12**

  4 시간 9 분 35 초
+ 30 분 10 초

□ 시간 □ 분 □ 초

**13**

  1 시간 40 분 25 초
+ 3 시간 15 분 20 초

□ 시간 □ 분 □ 초

**14**

  5 시간 24 분 6 초
+ 2 시간 20 분 50 초

□ 시간 □ 분 □ 초

**15**

  7 시간 32 분 40 초
+ 4 시간 26 분 18 초

□ 시간 □ 분 □ 초

**16**

[1] — 60초를 1분으로 받아올림한 수

  1 시간 20 분 30 초
+ 10 분 45 초

[1] 시간 [31] 분 [15] 초

**17**

  5 시간 □40 분 35 초
+ 5 분 50 초

□ 시간 □ 분 □ 초

**18**

  □3 시간 55 분 28 초
+ 4 시간 25 분 12 초

□ 시간 □ 분 □ 초

**19**

  □9 시간 34 분 10 초
+ 2 시간 51 분 32 초

□ 시간 □ 분 □ 초

**20**

  □8 시간 □45 분 17 초
+ 10 시간 28 분 50 초

□ 시간 □ 분 □ 초

5 길이와 시간

## 18 (시각)+(시간)

✺ □ 안에 알맞은 수를 써넣으시오.

**1**

|  | 2 시 | 40 분 |
|---|---|---|
| + |  | 15 분 |
|  | [2] 시 | [55] 분 |

**6**

[1] — 60분을 1시간으로 받아올림한 수

|  | 3 시 | 25 분 |
|---|---|---|
| + |  | 45 분 |
|  | [4] 시 | [10] 분 |

**2**

|  | 4 시 | 20 분 |
|---|---|---|
| + |  | 35 분 |
|  | □ 시 | □ 분 |

**7**

□

|  | 5 시 | 30 분 |
|---|---|---|
| + |  | 38 분 |
|  | □ 시 | □ 분 |

**3**

|  | 1 시 | 51 분 |
|---|---|---|
| + | 2 시간 | 5 분 |
|  | □ 시 | □ 분 |

**8**

□

|  | 2 시 | 16 분 |
|---|---|---|
| + | 2 시간 | 55 분 |
|  | □ 시 | □ 분 |

**4**

|  | 5 시 | 24 분 |
|---|---|---|
| + | 3 시간 | 10 분 |
|  | □ 시 | □ 분 |

**9**

□

|  | 6 시 | 50 분 |
|---|---|---|
| + | 1 시간 | 37 분 |
|  | □ 시 | □ 분 |

**5**

|  | 4 시 | 32 분 |
|---|---|---|
| + | 1 시간 | 13 분 |
|  | □ 시 | □ 분 |

**10**

□

|  | 7 시 | 44 분 |
|---|---|---|
| + | 3 시간 | 28 분 |
|  | □ 시 | □ 분 |

**11**

| | 1 시 | 10 분 | 20 초 |
|---|---|---|---|
| + | | 5 분 | 10 초 |
| | 1 시 | 15 분 | 30 초 |

**16**

1 — 60초를 1분으로 받아올림한 수

| | 2 시 | 25 분 | 45 초 |
|---|---|---|---|
| + | | 30 분 | 20 초 |
| | 2 시 | 56 분 | 5 초 |

**12**

| | 3 시 | 25 분 | 40 초 |
|---|---|---|---|
| + | | 15 분 | 8 초 |
| | □ 시 | □ 분 | □ 초 |

**17**

| | 5 시 | 35 분 | 30 초 |
|---|---|---|---|
| + | | 10 분 | 40 초 |
| | □ 시 | □ 분 | □ 초 |

**13**

| | 4 시 | 30 분 | 12 초 |
|---|---|---|---|
| + | 2 시간 | 23 분 | 15 초 |
| | □ 시 | □ 분 | □ 초 |

**18**

| | 4 시 | 42 분 | 5 초 |
|---|---|---|---|
| + | 1 시간 | 38 분 | 15 초 |
| | □ 시 | □ 분 | □ 초 |

**14**

| | 5 시 | 50 분 | 37 초 |
|---|---|---|---|
| + | 3 시간 | 4 분 | 13 초 |
| | □ 시 | □ 분 | □ 초 |

**19**

| | 6 시 | 54 분 | 29 초 |
|---|---|---|---|
| + | 2 시간 | 18 분 | 30 초 |
| | □ 시 | □ 분 | □ 초 |

**15**

| | 1 시 | 28 분 | 22 초 |
|---|---|---|---|
| + | 9 시간 | 31 분 | 26 초 |
| | □ 시 | □ 분 | □ 초 |

**20**

| | 8 시 | 37 분 | 44 초 |
|---|---|---|---|
| + | 3 시간 | 39 분 | 20 초 |
| | □ 시 | □ 분 | □ 초 |

## 19 (시간)−(시간)

☀ □ 안에 알맞은 수를 써넣으시오.

**1**

  2 분 40 초
− 20 초
[2] 분 [20] 초

**6**

[2] [60] — 1분을 60초로 받아내림한 수
  ~~3~~ 분 10 초
− 15 초
[2] 분 [55] 초

초끼리 뺄 수 없으면
1분을 60초로
받아내림해.

**2**

  4 분 35 초
− 5 초
□ 분 □ 초

**7**

□ □
  ~~5~~ 분 20 초
− 40 초
□ 분 □ 초

**3**

  5 분 50 초
− 1 분 10 초
□ 분 □ 초

**8**

□ □
  ~~9~~ 분 30 초
− 3 분 44 초
□ 분 □ 초

**4**

  8 분 45 초
− 5 분 27 초
□ 분 □ 초

**9**

□ □
  ~~10~~ 분
− 6 분 12 초
□ 분 □ 초

**5**

  14 분 39 초
− 7 분 13 초
□ 분 □ 초

**10**

□ □
  ~~20~~ 분 10 초
− 8 분 58 초
□ 분 □ 초

**11**

  1 시간 30 분 15 초
− 20 분 10 초
[1] 시간 [10] 분 [5] 초

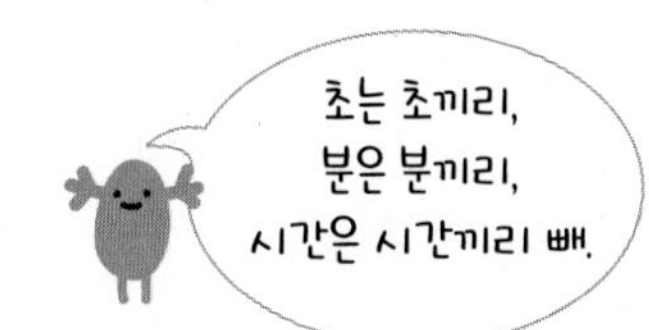


**12**

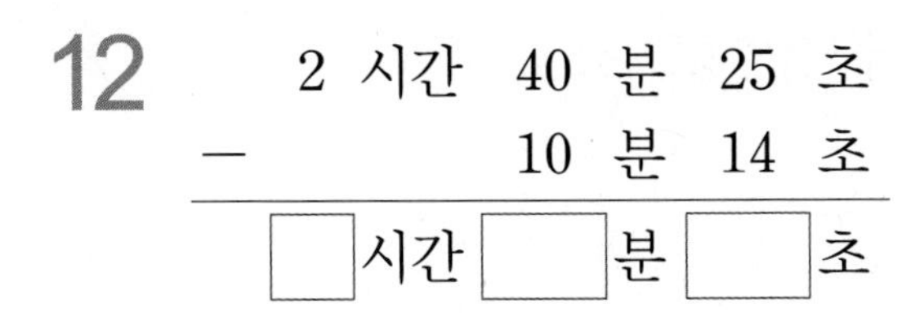

  2 시간 40 분 25 초
− 10 분 14 초
[ ] 시간 [ ] 분 [ ] 초

**13**

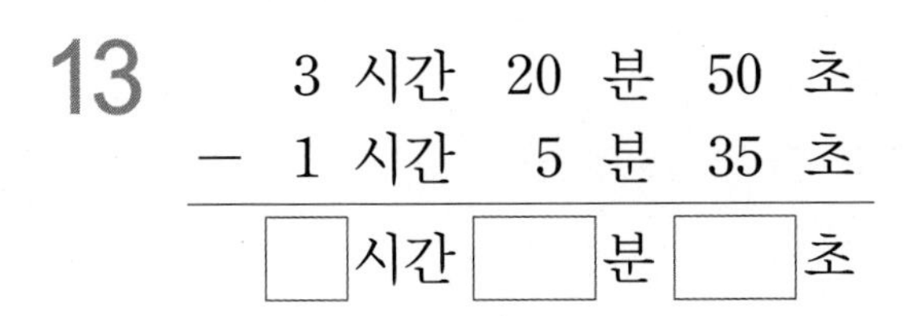

  3 시간 20 분 50 초
− 1 시간 5 분 35 초
[ ] 시간 [ ] 분 [ ] 초

**14**

  6 시간 55 분 40 초
− 4 시간 33 분 21 초
[ ] 시간 [ ] 분 [ ] 초

**15**

  9 시간 44 분 36 초
− 2 시간 26 분 15 초
[ ] 시간 [ ] 분 [ ] 초

**16**

  3 시간 ~~35~~ (34) 분 20 (60) 초
− 15 분 40 초
[3] 시간 [19] 분 [40] 초

**17**

  5 시간 ~~25~~ ([ ]) 분 10 ([ ]) 초
− 4 분 35 초
[ ] 시간 [ ] 분 [ ] 초

**18**

  ~~7~~ ([ ]) 시간 12 ([ ]) 분 55 초
− 2 시간 30 분 40 초
[ ] 시간 [ ] 분 [ ] 초

**19**

  ~~8~~ ([ ]) 시간 46 ([ ]) 분 15 초
− 5 시간 50 분 7 초
[ ] 시간 [ ] 분 [ ] 초

**20**

  ~~10~~ ([ ]) 시간 ~~8~~ (7) ([ ]) 분 25 ([ ]) 초
− 4 시간 14 분 32 초
[ ] 시간 [ ] 분 [ ] 초

5 길이와 시간

## 20 (시각)—(시간)

☀ □ 안에 알맞은 수를 써넣으시오.

**1**

　　2 시 50 분
— 　　　15 분
　□2 시 □35 분

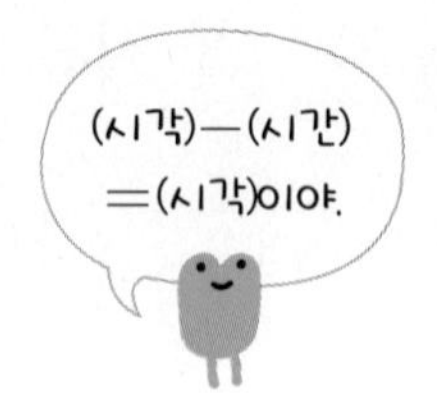


**6**

□2　　□60 — 1시간을 60분으로 받아내림한 수
　~~3~~ 시 10 분
— 　　　50 분
　□2 시 □20 분

분끼리 뺄 수 없으면
1시간을 60분으로
받아내림해.

**2**

　　4 시 35 분
— 　　　20 분
　□ 시 □ 분

**7**

　□　　□
　~~5~~ 시 20 분
— 　　　45 분
　□ 시 □ 분

**3**

　　6 시 40 분
— 1 시간 18 분
　□ 시 □ 분

**8**

　□　　□
　~~7~~ 시 30 분
— 2 시간 35 분
　□ 시 □ 분

**4**

　　8 시 25 분
— 3 시간 7 분
　□ 시 □ 분

**9**

　□　　□
　~~9~~ 시 6 분
— 4 시간 23 분
　□ 시 □ 분

**5**

　　10 시 55 분
— 5 시간 24 분
　□ 시 □ 분

**10**

　□　　□
　~~12~~ 시 14 분
— 7 시간 48 분
　□ 시 □ 분

**11**

|  | 2 시 | 40 분 | 35 초 |
|---|---|---|---|
| − |  | 15 분 | 10 초 |
|  | [2] 시 | [25] 분 | [25] 초 |

**16**

1분을 60초로 받아내림한 수

|  |  | [14] | [60] |
|---|---|---|---|
|  | 4 시 | ~~15~~ 분 | 20 초 |
| − |  | 10 분 | 25 초 |
|  | [4] 시 | [4] 분 | [55] 초 |

**12**

|  | 5 시 | 25 분 | 45 초 |
|---|---|---|---|
| − |  | 20 분 | 30 초 |
|  | □ 시 | □ 분 | □ 초 |

**17**

|  |  | □ | □ |
|---|---|---|---|
|  | 7 시 | ~~35~~ 분 | 40 초 |
| − |  | 22 분 | 50 초 |
|  | □ 시 | □ 분 | □ 초 |

**13**

|  | 6 시 | 50 분 | 20 초 |
|---|---|---|---|
| − | 1 시간 | 35 분 | 8 초 |
|  | □ 시 | □ 분 | □ 초 |

**18**

|  | □ | □ |  |
|---|---|---|---|
|  | ~~8~~ 시 | 20 분 | 30 초 |
| − | 2 시간 | 32 분 | 14 초 |
|  | □ 시 | □ 분 | □ 초 |

**14**

|  | 9 시 | 33 분 | 52 초 |
|---|---|---|---|
| − | 7 시간 | 19 분 | 26 초 |
|  | □ 시 | □ 분 | □ 초 |

**19**

|  | □ | □ |  |
|---|---|---|---|
|  | ~~10~~ 시 | 43 분 | 28 초 |
| − | 6 시간 | 50 분 | 13 초 |
|  | □ 시 | □ 분 | □ 초 |

**15**

|  | 11 시 | 24 분 | 46 초 |
|---|---|---|---|
| − | 4 시간 | 7 분 | 19 초 |
|  | □ 시 | □ 분 | □ 초 |

**20**

|  | □ | □ 34 | □ |
|---|---|---|---|
|  | ~~12~~ 시 | ~~35~~ 분 | 40 초 |
| − | 8 시간 | 39 분 | 55 초 |
|  | □ 시 | □ 분 | □ 초 |

5 길이와 시간

## 21 (시각)−(시각)

☀ □ 안에 알맞은 수를 써넣으시오.

**1**

```
   3 시   30 분
−  1 시   15 분
─────────────
  [2] 시간 [15] 분
```

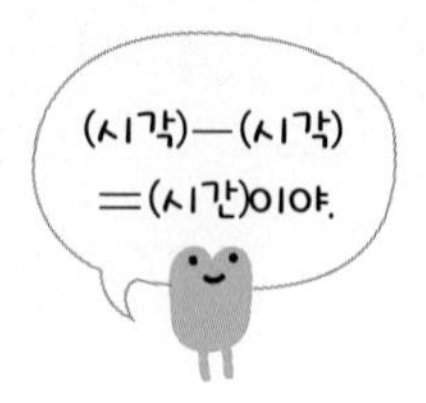


**6**

```
  [1]     [60] ── 1시간을 60분으로 받아내림한 수
   2̸ 시   10 분
−  1 시   40 분
─────────────
          [30] 분
```

분끼리 뺄 수 없으면 1시간을 60분으로 받아내림해.

**2**

```
   4 시   50 분
−  2 시   25 분
─────────────
  [ ] 시간 [ ] 분
```

**7**

```
  [ ]      [ ]
   5̸ 시   20 분
−  3 시   35 분
─────────────
  [ ] 시간 [ ] 분
```

**3**

```
   6 시   45 분
−  3 시   36 분
─────────────
  [ ] 시간 [ ] 분
```

**8**

```
  [ ]      [ ]
   7̸ 시   32 분
−  2 시   45 분
─────────────
  [ ] 시간 [ ] 분
```

**4**

```
   8 시   27 분
−  4 시    9 분
─────────────
  [ ] 시간 [ ] 분
```

**9**

```
  [ ]      [ ]
  1̸0̸ 시   44 분
−  5 시   50 분
─────────────
  [ ] 시간 [ ] 분
```

**5**

```
   9 시   35 분
−  2 시   18 분
─────────────
  [ ] 시간 [ ] 분
```

**10**

```
  [ ]      [ ]
  1̸2̸ 시    8 분
−  6 시   17 분
─────────────
  [ ] 시간 [ ] 분
```

**11**

2 시 20 분 40 초
− 1 시 15 분 35 초
[1] 시간 [5] 분 [5] 초

**16**

[24] [60] — 1분을 60초로 받아내림한 수
4 시 ~~25~~ 분 15 초
− 1 시 10 분 30 초
[3] 시간 [14] 분 [45] 초

**12**

5 시 35 분 50 초
− 3 시 10 분 30 초
□ 시간 □ 분 □ 초

**17**

□ □
6 시 ~~30~~ 분 20 초
− 3 시 14 분 25 초
□ 시간 □ 분 □ 초

**13**

7 시 40 분 25 초
− 2 시 23 분 7 초
□ 시간 □ 분 □ 초

**18**

□ □
~~8~~ 시 16 분 45 초
− 4 시 28 분 30 초
□ 시간 □ 분 □ 초

**14**

9 시 52 분 37 초
− 6 시 18 분 24 초
□ 시간 □ 분 □ 초

**19**

□ □
~~10~~ 시 50 분 44 초
− 7 시 55 분 42 초
□ 시간 □ 분 □ 초

**15**

11 시 39 분 45 초
− 5 시 25 분 38 초
□ 시간 □ 분 □ 초

**20**

□ □ □
22
~~12~~ 시 ~~23~~ 분 8 초
− 6 시 36 분 52 초
□ 시간 □ 분 □ 초

5 길이와 시간

**1** 3cm 4mm를 쓰고 읽어 보시오.

쓰기 ______

읽기 ______

• cm는 센티미터, mm는 밀리미터라고 읽습니다.

**2** 시각을 읽어 보시오.

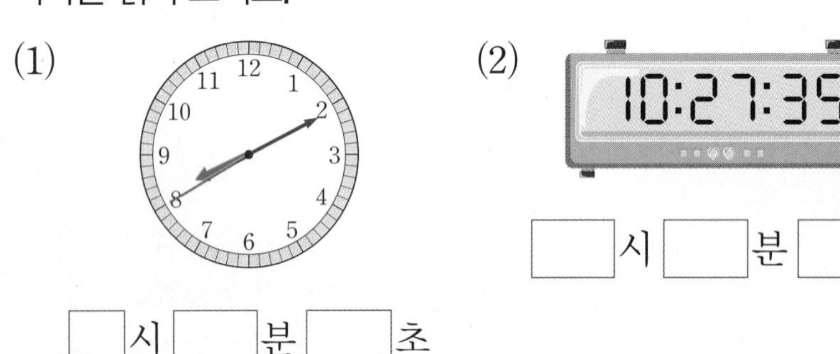


(1) □시 □분 □초

(2) □시 □분 □초

• 시, 분, 초의 차례로 읽습니다.

**3** □ 안에 알맞은 수를 써넣으시오.

(1) 4cm 1mm=□mm

(2) 95mm=□cm □mm

• 1cm=10mm임을 이용합니다.

**4** □ 안에 알맞은 수를 써넣으시오.

(1) 1km 700m=□m

(2) 8020m=□km □m

• 1km=1000m임을 이용합니다.

**5** □ 안에 cm와 mm 중 알맞은 단위를 써넣으시오.

연필심의 길이는 약 4□입니다.

## 6 □ 안에 알맞은 수를 써넣으시오.

(1) 1분 40초=□초　(2) 135초=□분 □초

## 7 □ 안에 알맞은 수를 써넣으시오.

- 초는 초끼리, 분은 분끼리, 시는 시끼리 계산합니다.

(1)
$$\begin{array}{r} 5\text{분}\ 20\text{초} \\ +\ 3\text{분}\ 35\text{초} \\ \hline \square\text{분}\ \square\text{초} \end{array}$$

(2)
$$\begin{array}{r} 7\text{시}\ 30\text{분}\ 50\text{초} \\ -\ 2\text{시간}\ 10\text{분}\ 45\text{초} \\ \hline \square\text{시}\ \square\text{분}\ \square\text{초} \end{array}$$

## 8 수애와 경표의 달리기 기록입니다. 수애는 경표보다 몇 초 더 빠릅니까?

- 경표의 달리기 기록에서 수애의 달리기 기록을 뺍니다.

| 이름 | 수애 | 경표 |
|---|---|---|
| 달리기 기록 | 1분 38초 | 2분 10초 |

식 ______________________

답 ____________

## 9 용석이의 기차 승차권을 보고 대전에서 광주까지 가는 데 걸린 시간은 몇 시간 몇 분인지 구하시오.

- 광주에 도착한 시각에서 대전에서 출발한 시각을 뺍니다.

(　　　　　　　)

QR 코드를 찍어 보세요.
문제 생성기 새로운 문제를 계속 풀 수 있어요.
학습 게임 재미있는 학습 게임을 할 수 있어요.

# 6 분수와 소수

QR 코드를 찍어 보세요. 재미있는 학습 게임을 할 수 있어요.

## 제6화 지구로 고고~

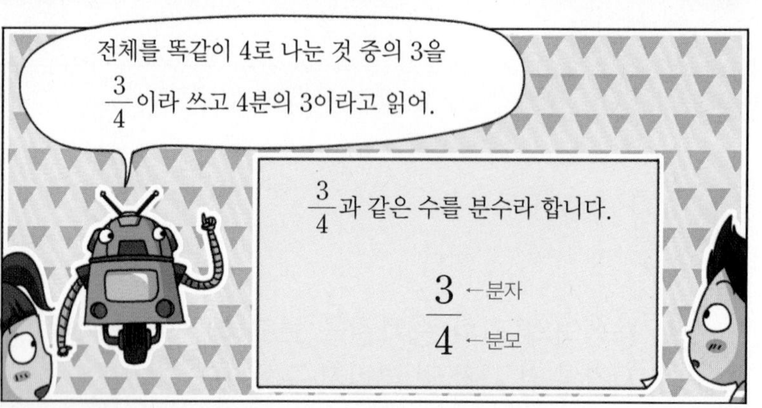

| 이미 배운 내용 | 이번에 배울 내용 | 앞으로 배울 내용 |
|---|---|---|
| [2-1 여러 가지 도형]<br>• 칠교판으로 모양 만들기 | • 똑같이 나누기<br>• 분수 알아보기<br>• 분수의 크기 비교하기<br>• 소수 알아보기<br>• 소수의 크기 비교하기 | [3-2 분수]<br>• 진분수, 가분수 알아보기<br>[4-2 소수]<br>• 소수 두 자리 수 알아보기<br>• 소수 세 자리 수 알아보기 |

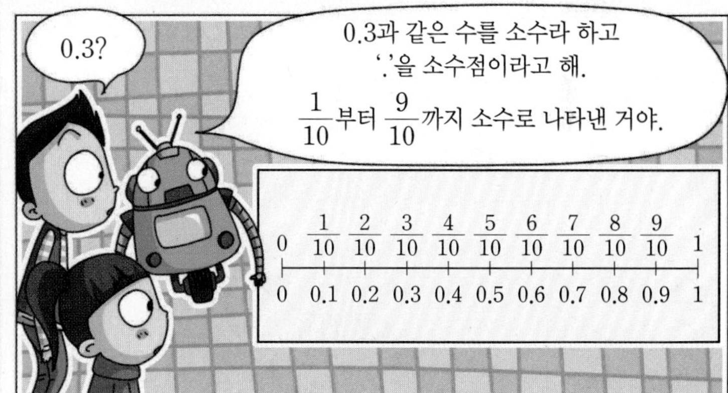

# 배운 것 확인하기

## 1 필요한 조각 수 알아보기

✹ 노란색 조각으로 주황색 도형을 만들려면 몇 개가 필요한지 구하시오.

1

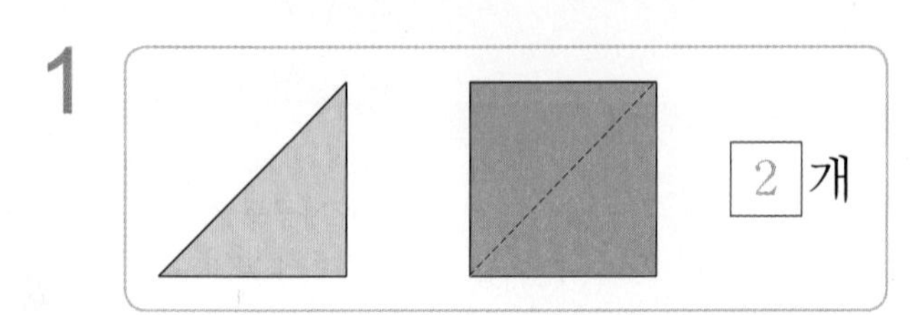


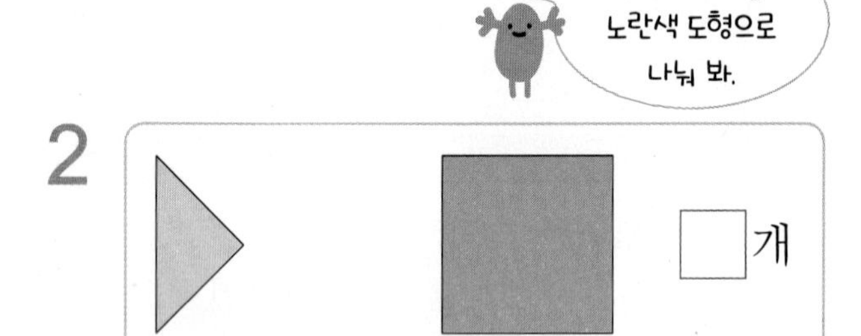


3

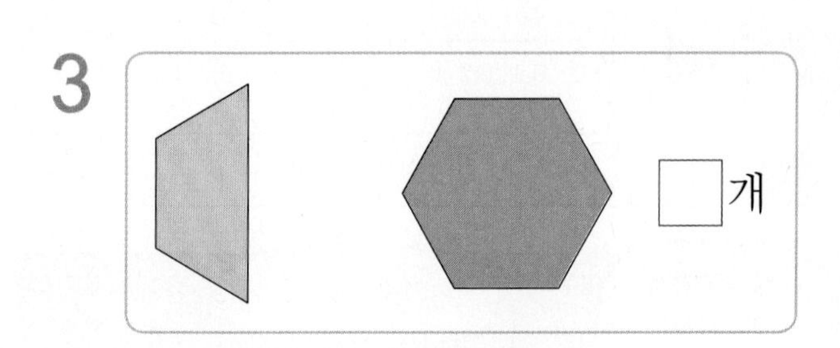


4

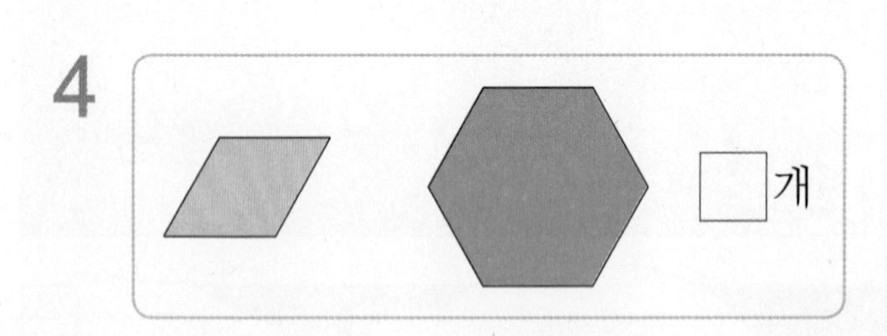


5

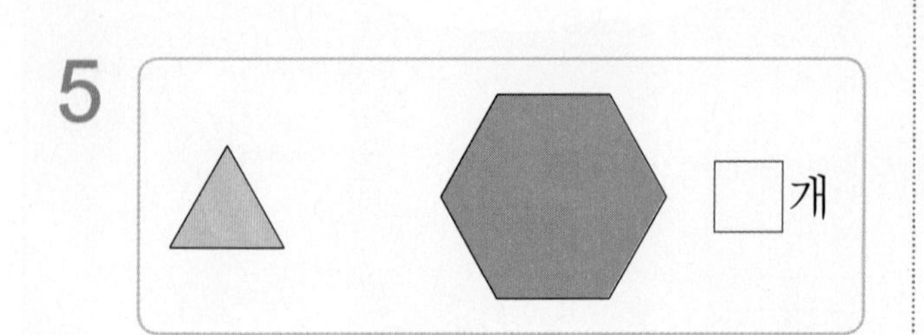


## 2 색종이를 자른 조각 알아보기

✹ 색종이를 다음과 같이 접은 부분을 따라 잘랐을 때 만들어지지 않는 조각을 찾아 ○표 하시오.

1

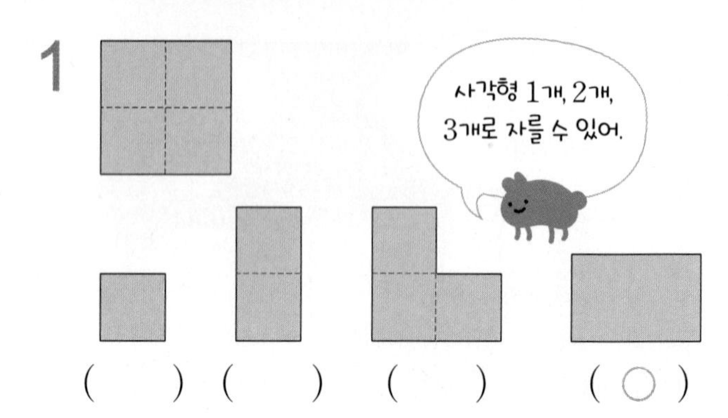


2

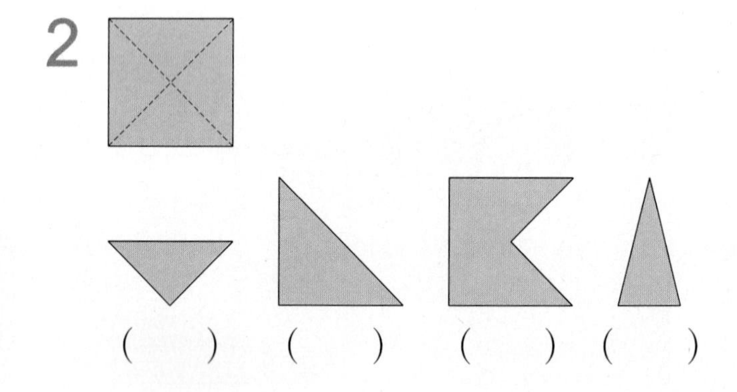


3

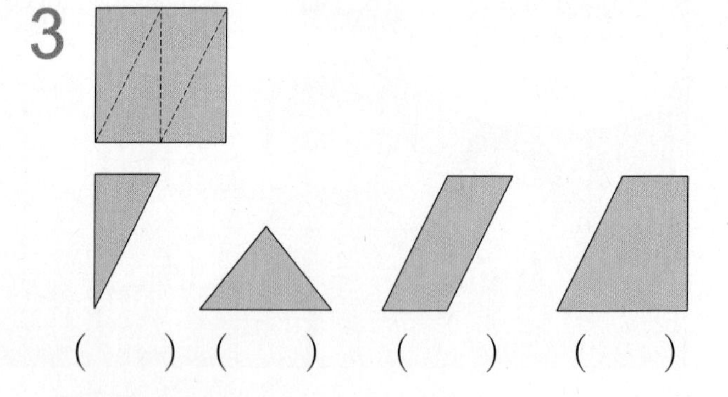


4

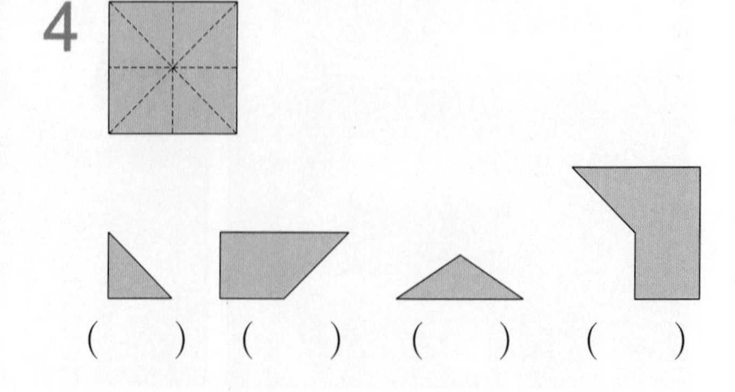

## 3 칠교판의 조각으로 삼각형 만들기

✸ 칠교판의 조각을 이용하여 삼각형을 만들어 보시오.

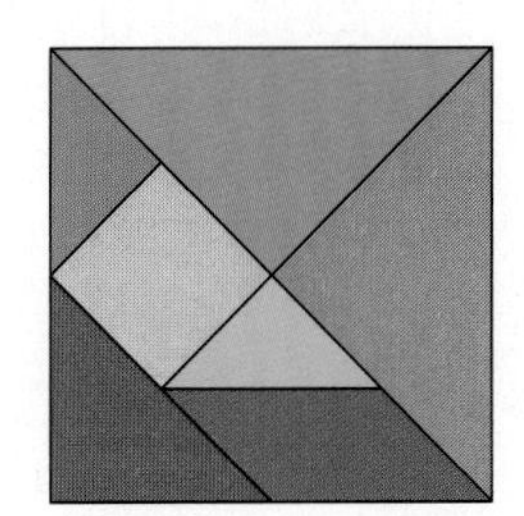

1
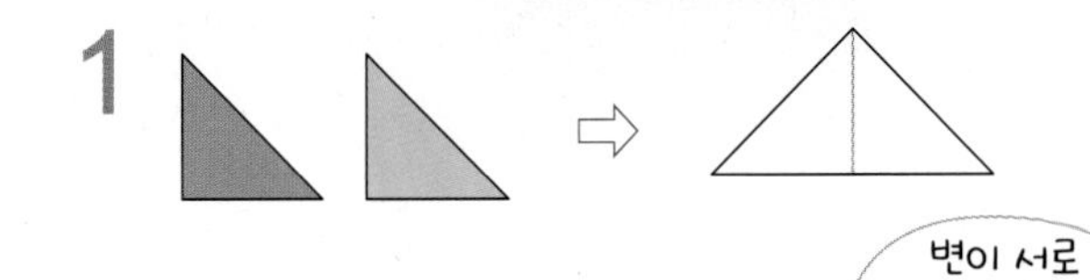

2
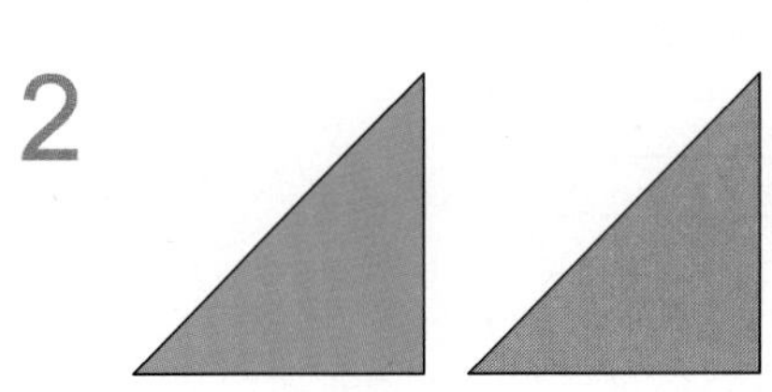

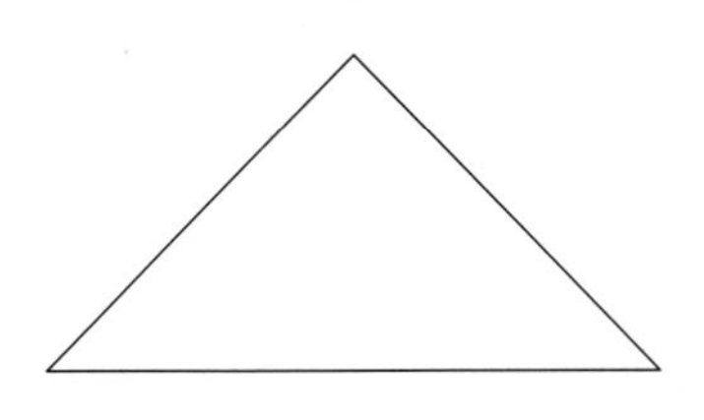

3
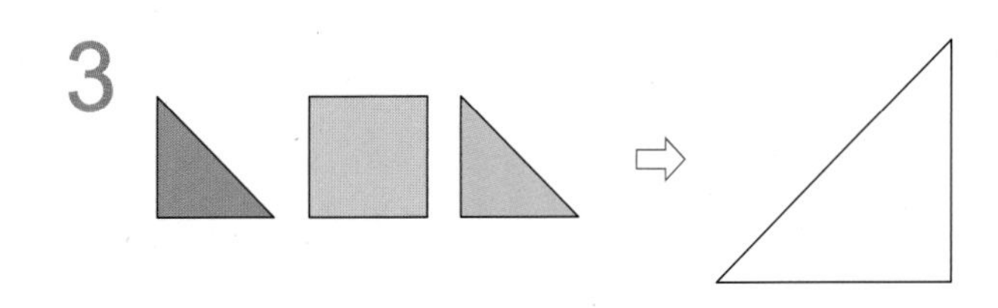

4
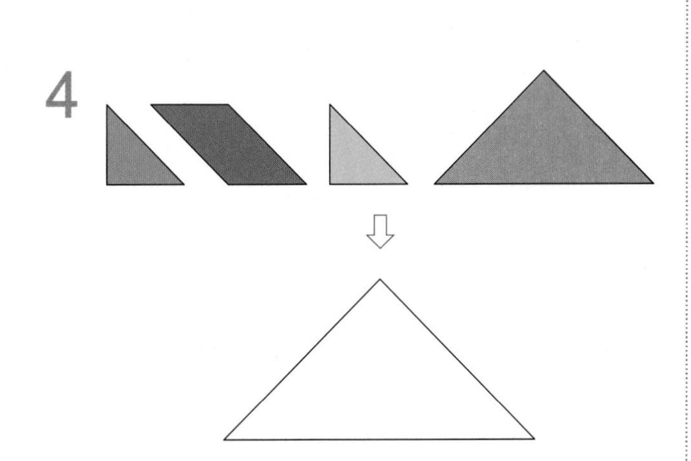

## 4 칠교판의 조각으로 사각형 만들기

✸ 칠교판의 조각을 이용하여 사각형을 만들어 보시오.

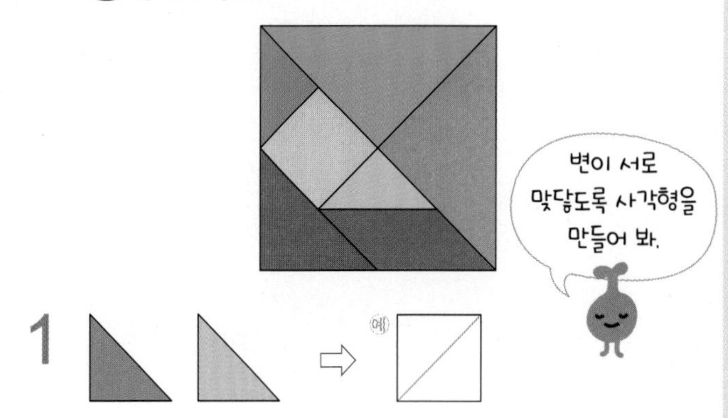


2
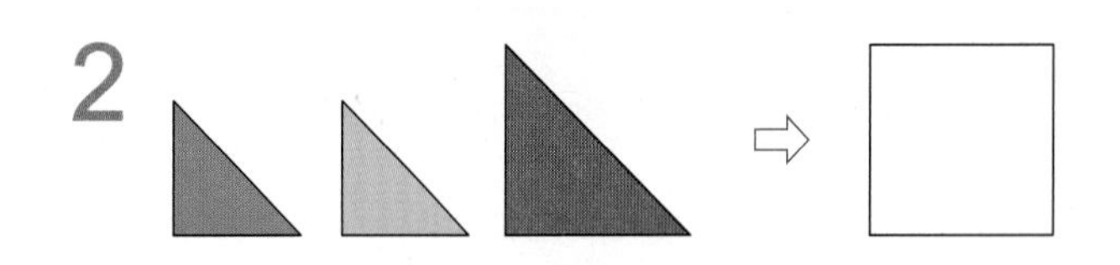

3
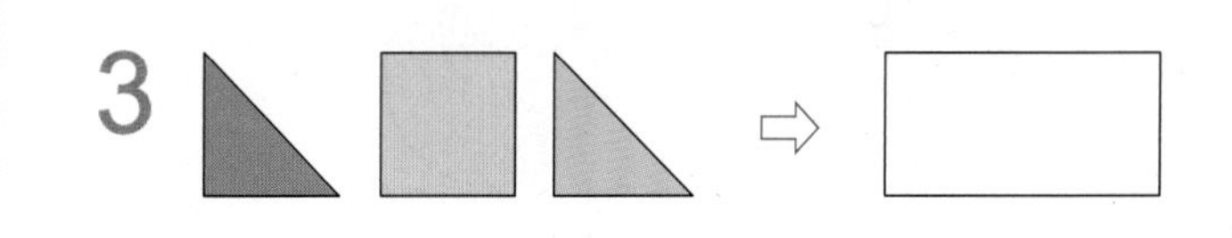

4
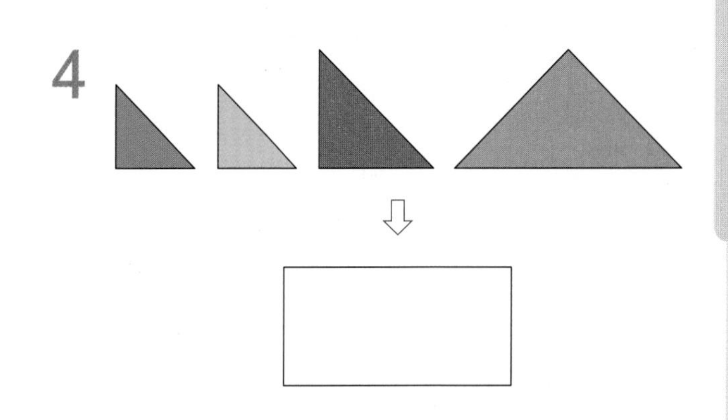

6 분수와 소수

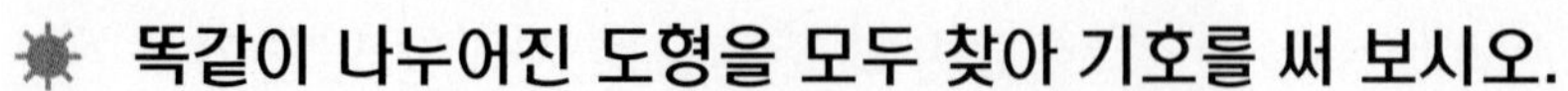

# 1 똑같이 나누어진 도형 찾기

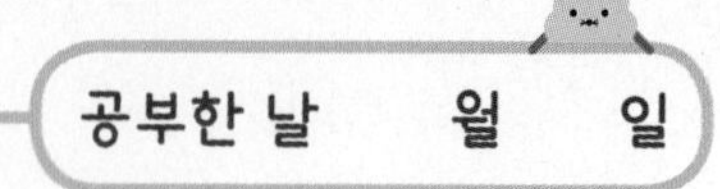


✸ 똑같이 나누어진 도형을 모두 찾아 기호를 써 보시오.

1

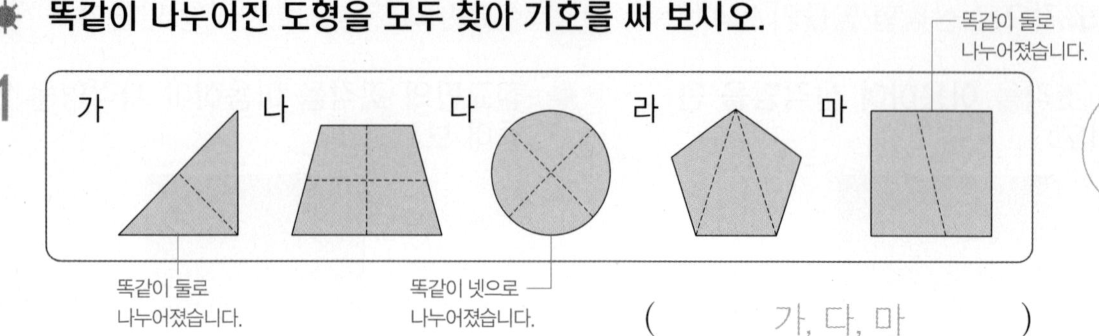


나누어진 조각의 모양과 크기가 같아야 해.

( 가, 다, 마 )

2

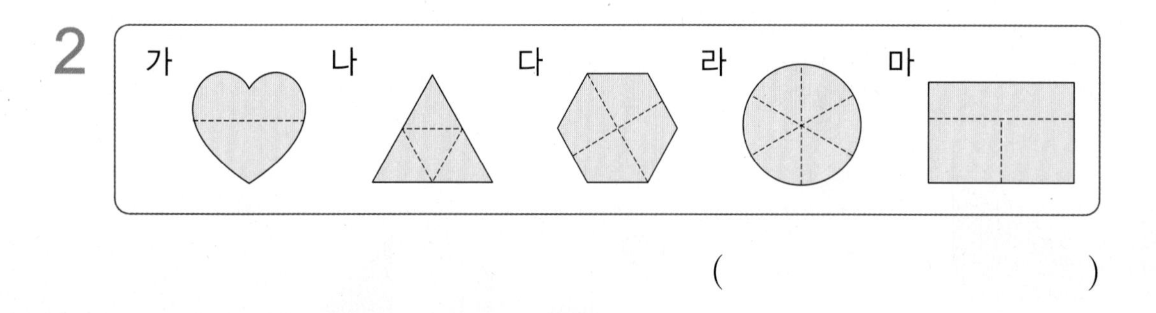


( )

3

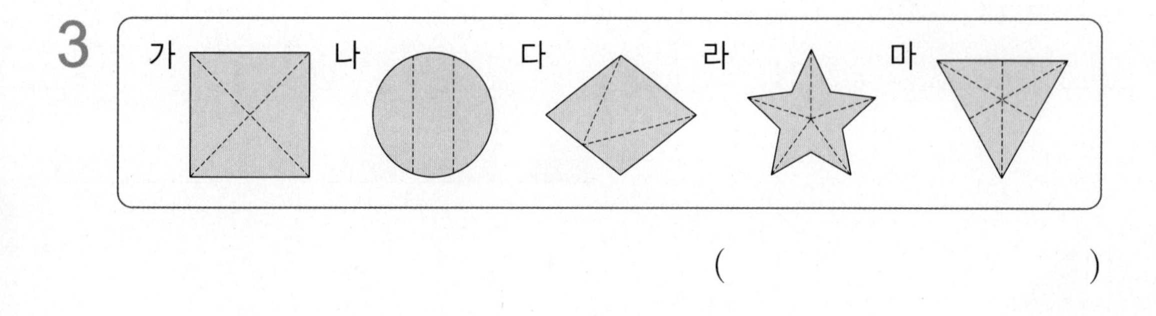


( )

4

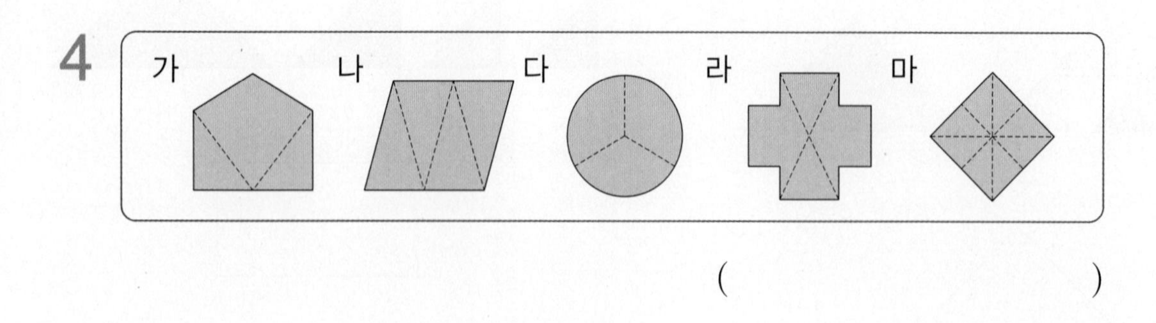


( )

## 2 똑같이 나누기

공부한 날 월 일

✱ 도형을 똑같이 나누어 보시오.

1 똑같이 둘로

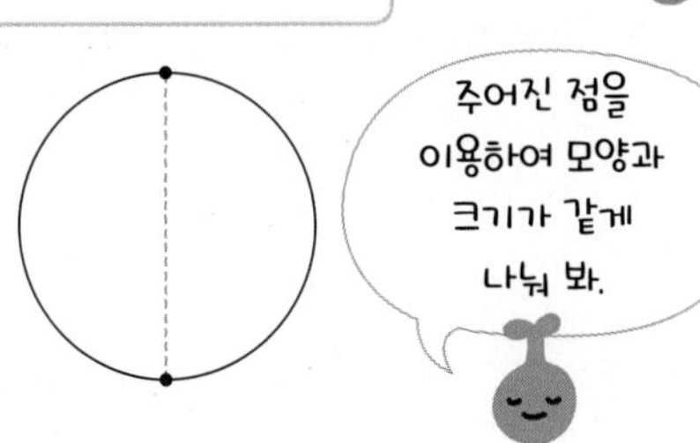


2 똑같이 셋으로

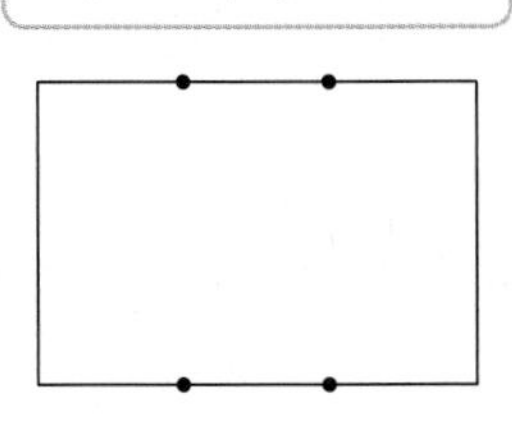

3 똑같이 넷으로

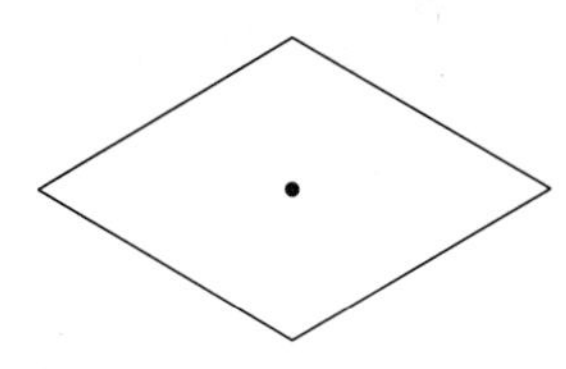

4 똑같이 셋으로

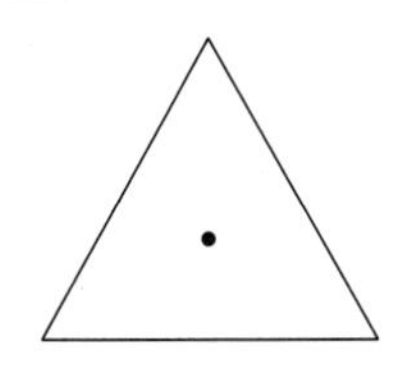

5 똑같이 셋으로

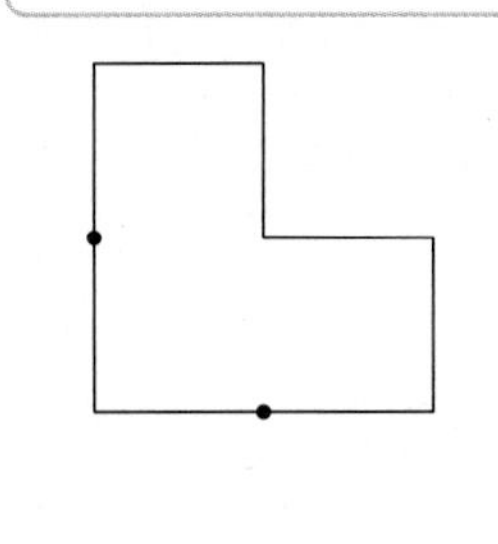

6 똑같이 넷으로

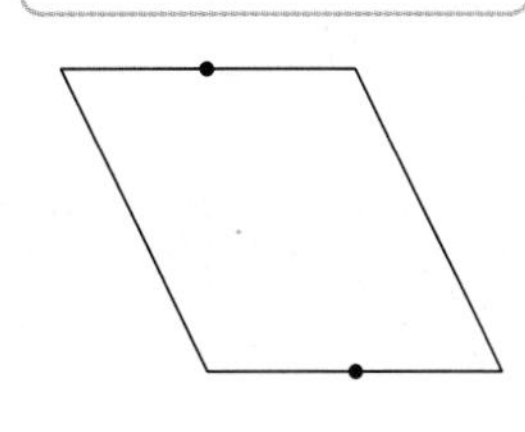

7 똑같이 다섯으로

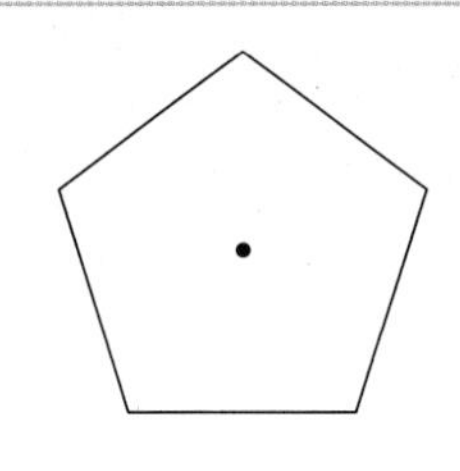

8 똑같이 여섯으로

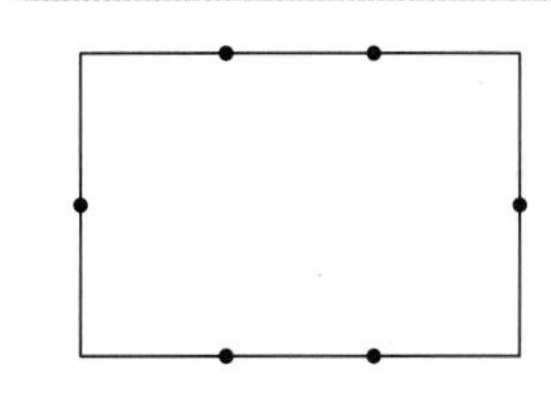

9 똑같이 셋으로

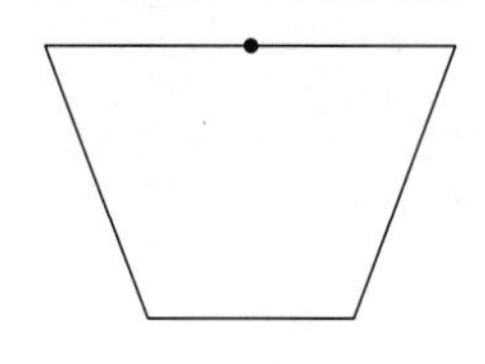

10 똑같이 넷으로

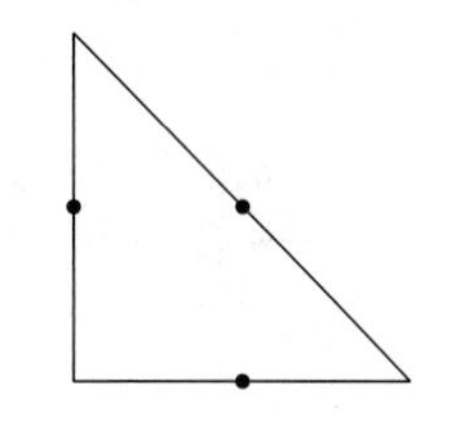

11 똑같이 여섯으로

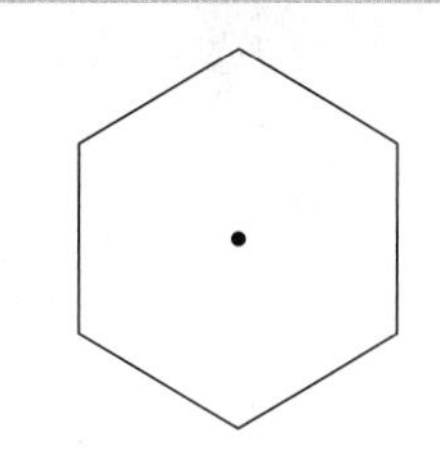

12 똑같이 다섯으로

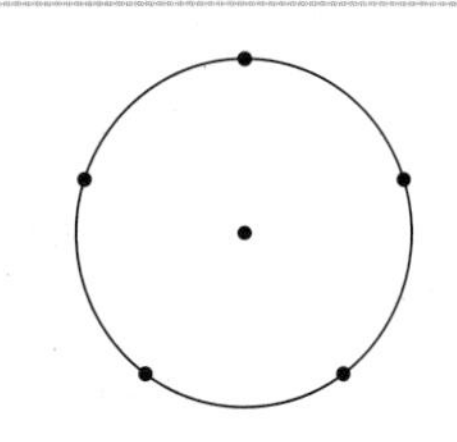

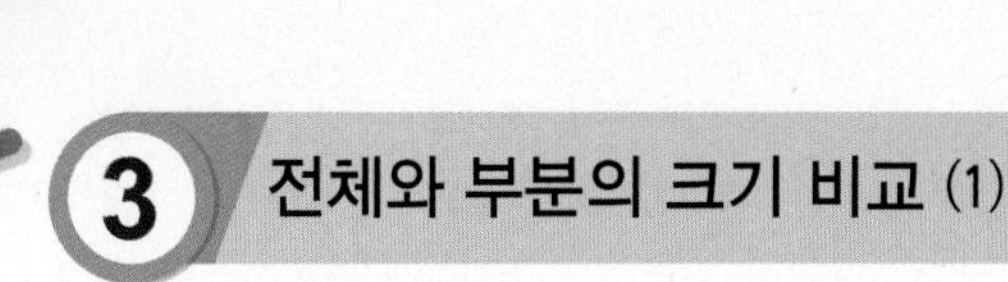

공부한 날 월 일

□ 안에 알맞은 수를 써넣으시오.

1 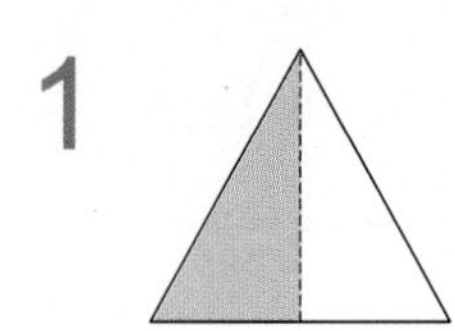 부분 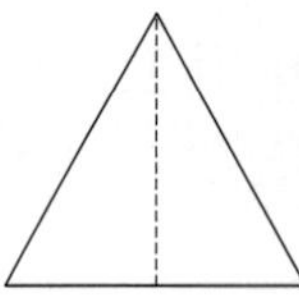 은 전체 △ 를 똑같이 2 로 나눈 것 중의 1 입니다.

2 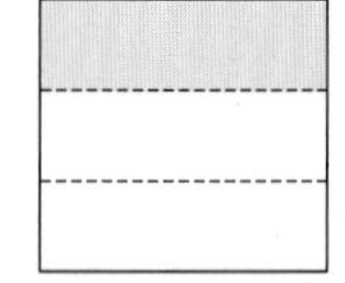 부분  은 전체 □ 를 똑같이 □(으)로 나눈 것 중의 □ 입니다.

3 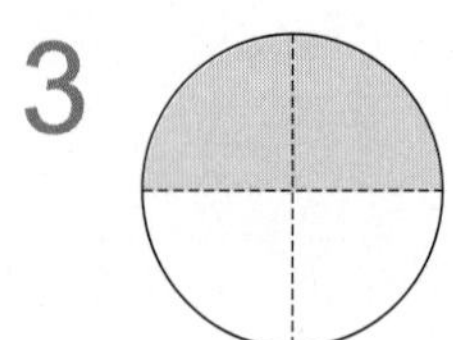 부분 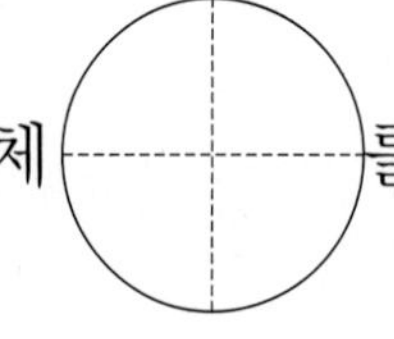 은 전체 ○ 를 똑같이 □(으)로 나눈 것 중의 □ 입니다.

4 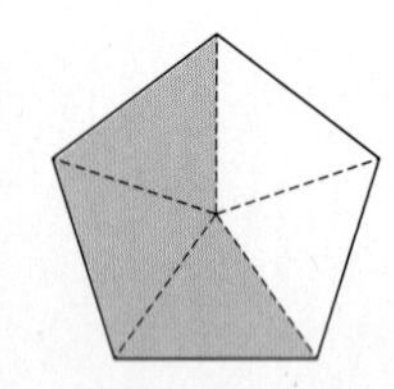 부분 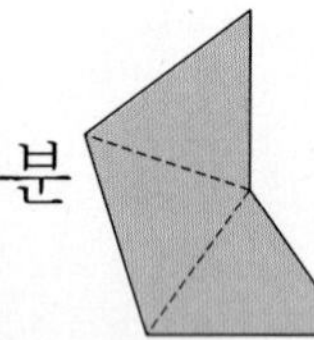 은 전체 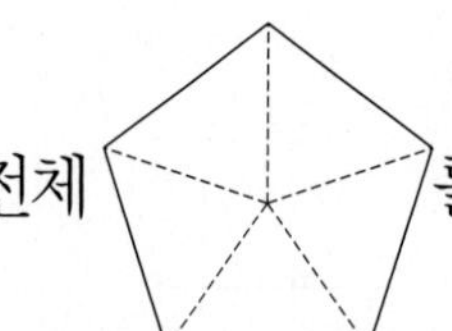 를 똑같이 □(으)로 나눈 것 중의 □ 입니다.

5 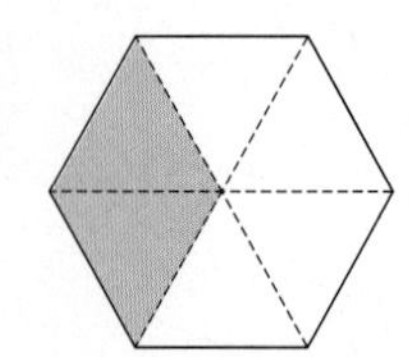 부분 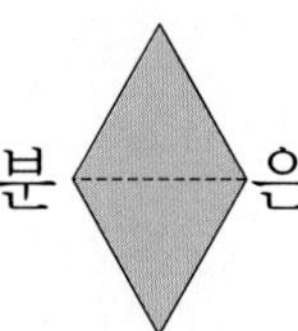 은 전체 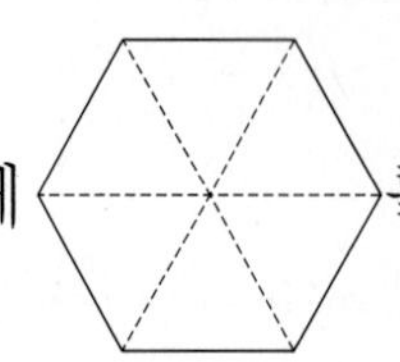 를 똑같이 □(으)로 나눈 것 중의 □ 입니다.

## 4 전체와 부분의 크기 비교 (2)

**□ 안에 알맞은 수를 써넣으시오.**

**1**

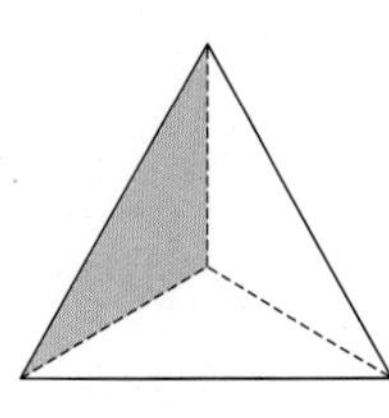

색칠한 부분은 전체를 똑같이 [3]으로 나눈 것 중의 [1]입니다.

전체를 똑같이 나눈 수와 색칠한 부분의 수를 각각 세어 봐.

**2**

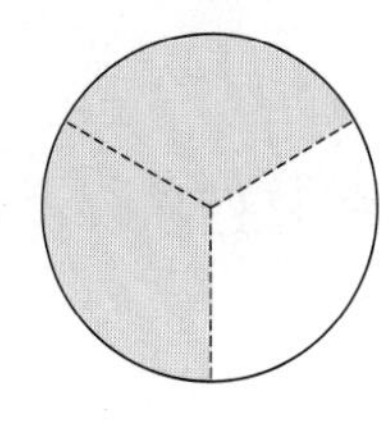

색칠한 부분은 전체를 똑같이 □(으)로 나눈 것 중의 □입니다.

**3**

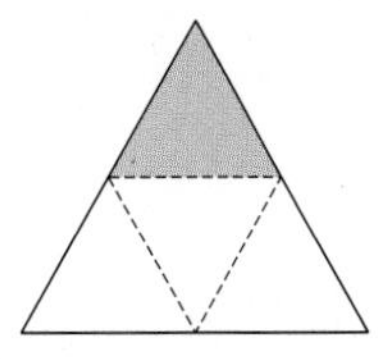

색칠한 부분은 전체를 똑같이 □(으)로 나눈 것 중의 □입니다.

**4**

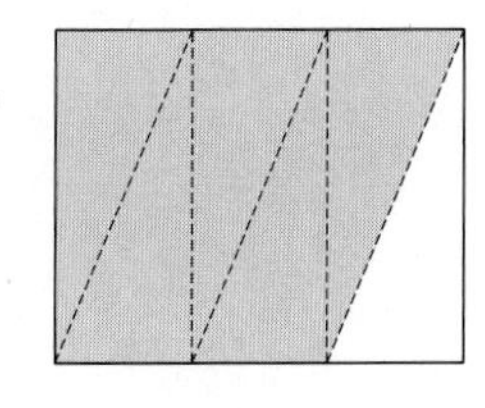

색칠한 부분은 전체를 똑같이 □(으)로 나눈 것 중의 □입니다.

**5**

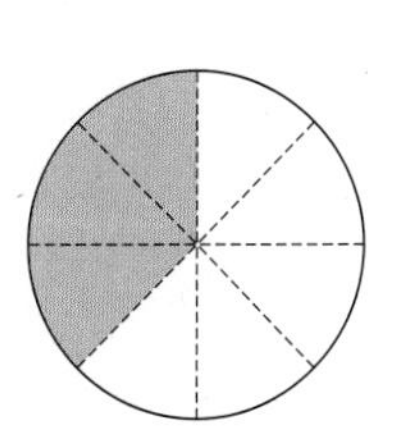

색칠한 부분은 전체를 똑같이 □(으)로 나눈 것 중의 □입니다.

**6**

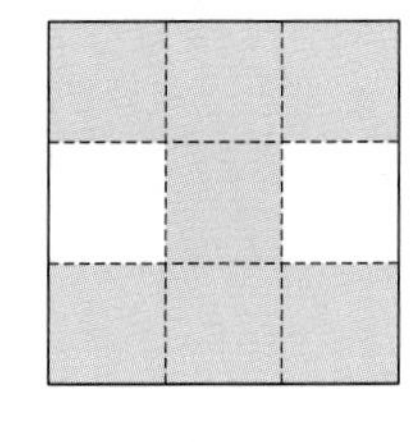

색칠한 부분은 전체를 똑같이 □(으)로 나눈 것 중의 □입니다.

## 5 분수 알아보기

공부한 날 월 일

☀ □안에 알맞게 써넣으시오.

1 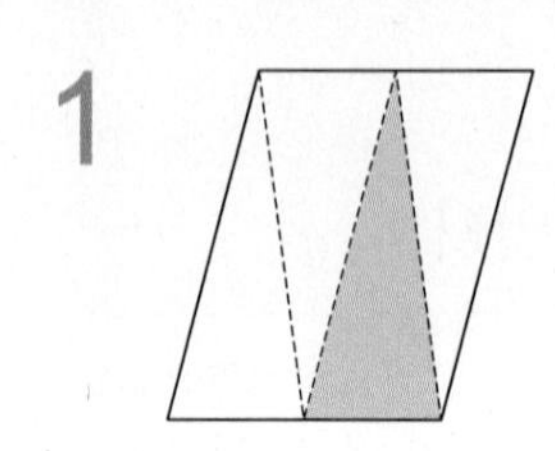

색칠한 부분은 전체를 똑같이 [4]로 나눈 것 중의 [1]이므로

$\frac{1}{4}$이라 쓰고 [4분의 1]이라고 읽습니다.

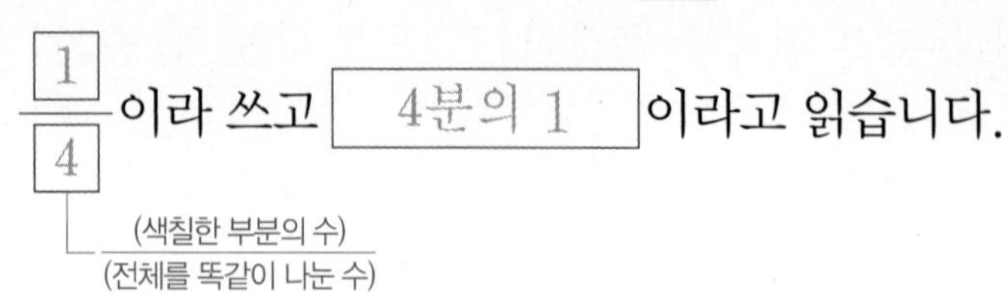

2 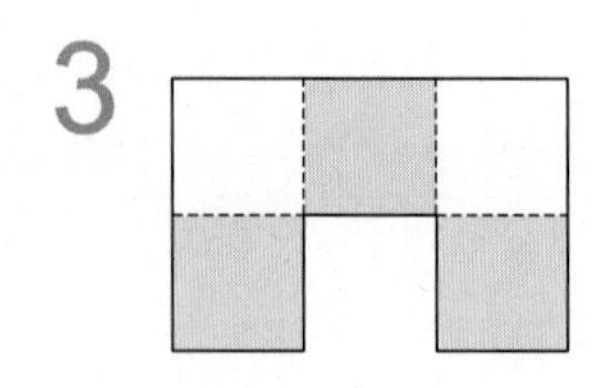

색칠한 부분은 전체를 똑같이 □(으)로 나눈 것 중의 □이므로

□/□(이)라 쓰고 □(이)라고 읽습니다.

3 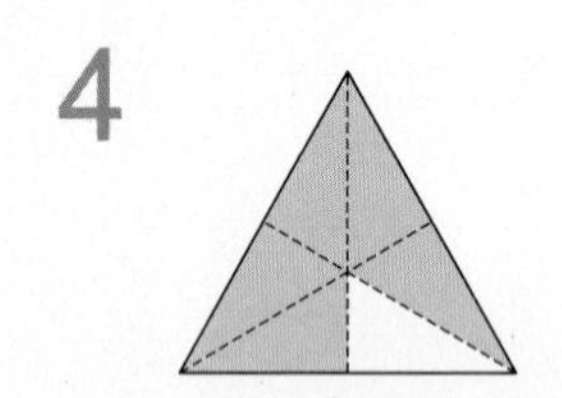

색칠한 부분은 전체를 똑같이 □(으)로 나눈 것 중의 □이므로

□/□(이)라 쓰고 □(이)라고 읽습니다.

4

색칠한 부분은 전체를 똑같이 □(으)로 나눈 것 중의 □이므로

□/□(이)라 쓰고 □(이)라고 읽습니다.

5 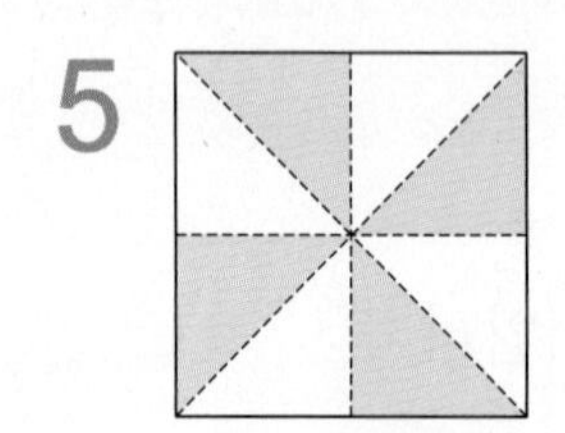

색칠한 부분은 전체를 똑같이 □(으)로 나눈 것 중의 □이므로

□/□(이)라 쓰고 □(이)라고 읽습니다.

공부한 날 월 일

## ✹ 색칠한 부분을 분수로 쓰고 읽어 보시오.

**1**

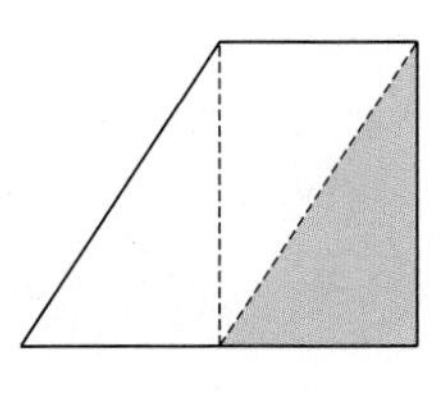

쓰기 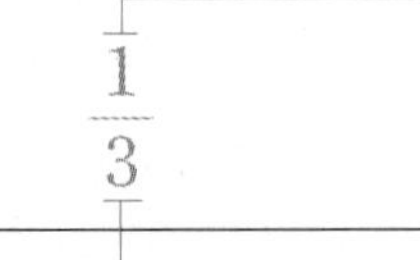


읽기 3분의 1

전체와 색칠한 부분의 크기를 비교하여 분수로 나타내야 해.

**2**

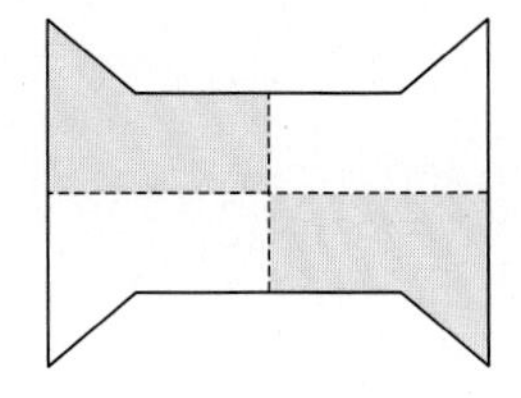

쓰기 ______ 읽기 ______

**3**

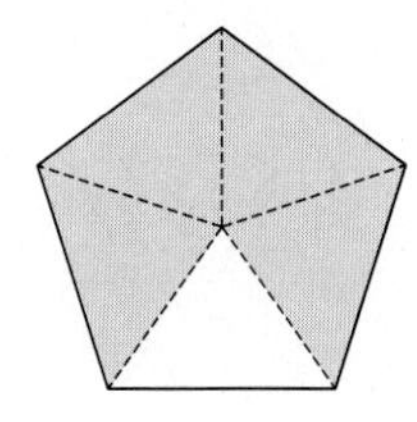

쓰기 ______ 읽기 ______

**4**

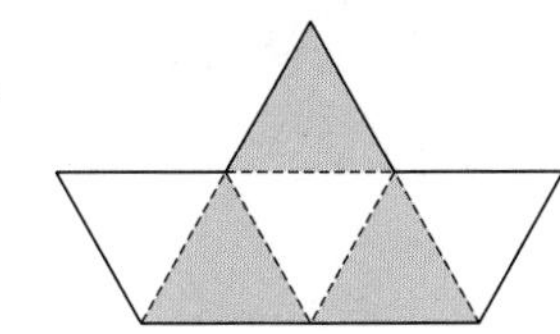

쓰기 ______ 읽기 ______

**5**

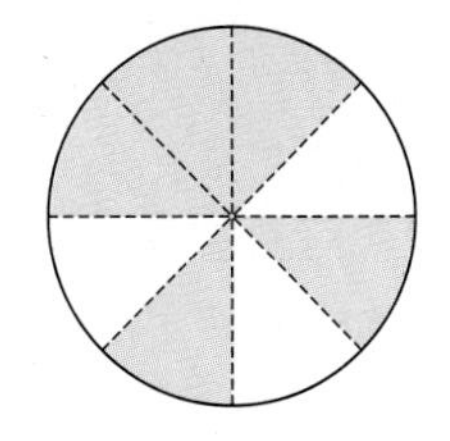

쓰기 ______ 읽기 ______

✸ **색칠한 부분과 색칠하지 않은 부분을 분수로 나타내어 보시오.**

1

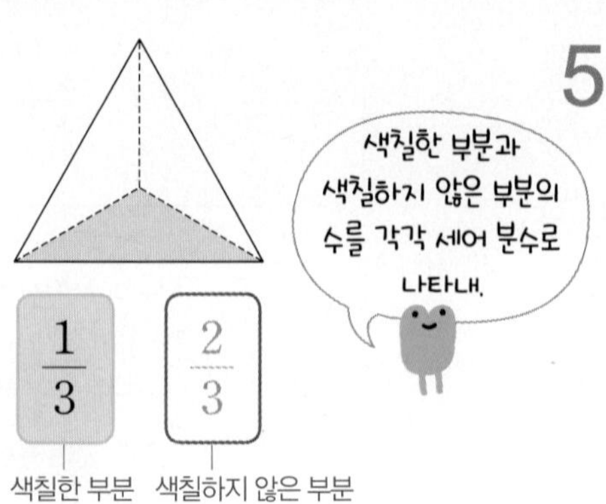


$\frac{1}{3}$ $\frac{2}{3}$

색칠한 부분 색칠하지 않은 부분

2

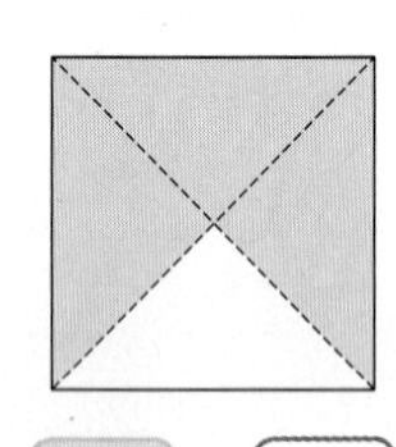

$\frac{3}{4}$

3

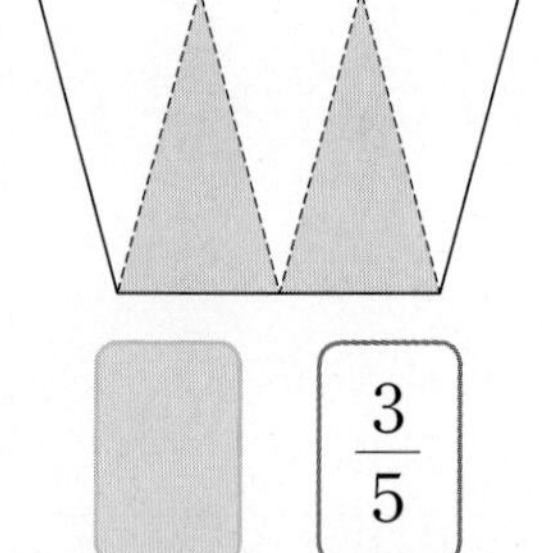

$\frac{3}{5}$

4

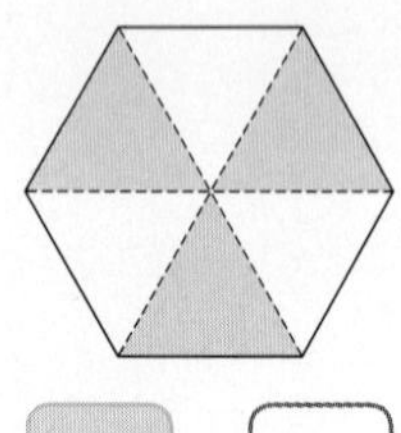

$\frac{3}{6}$

5

6

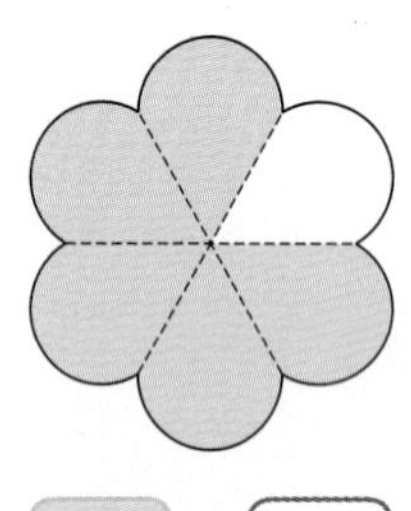

7

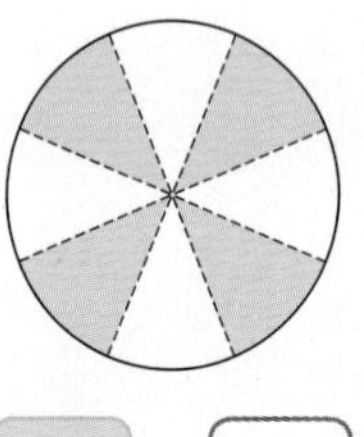

8

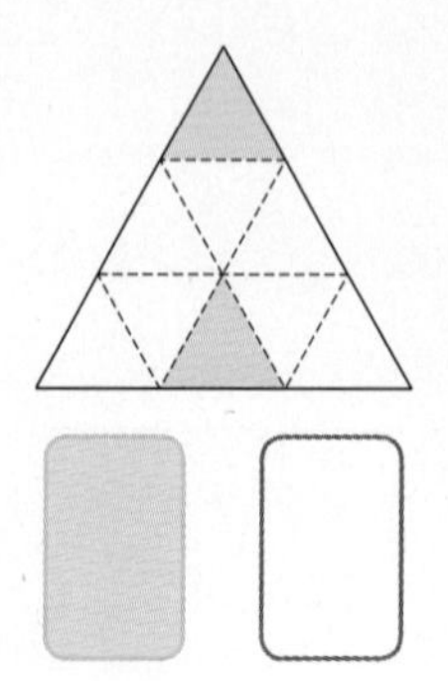

9

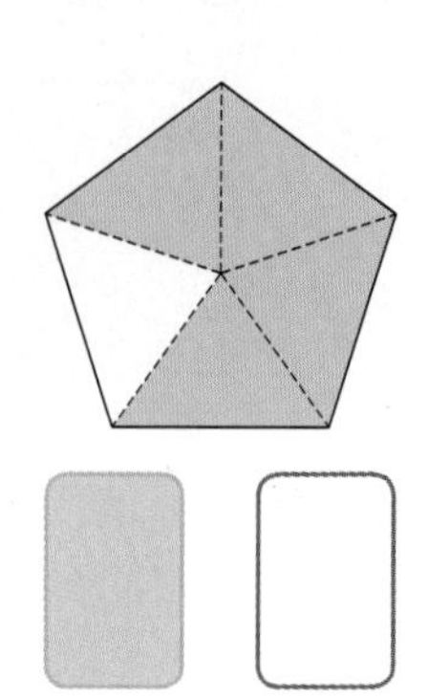

10

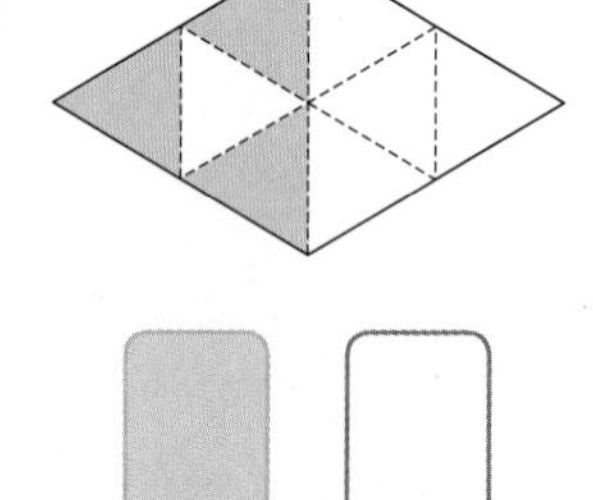

11

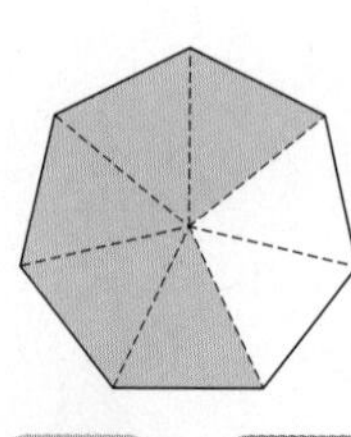

12

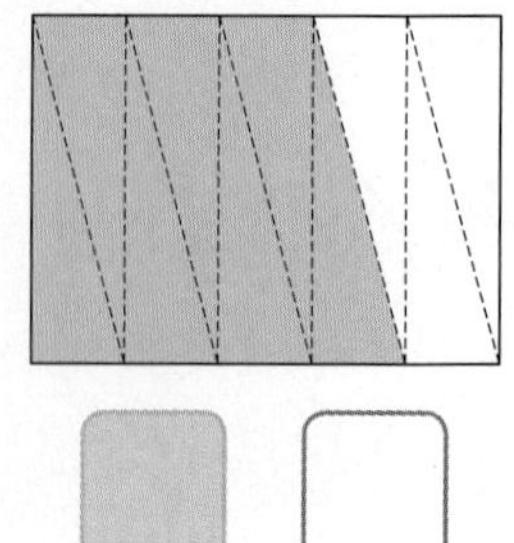

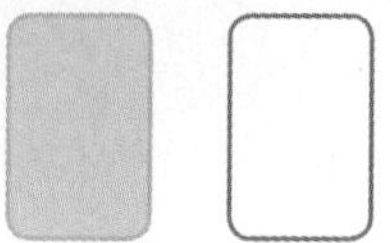

## 8 주어진 분수만큼 색칠하기

**✹ 주어진 분수만큼 색칠하시오.**

1

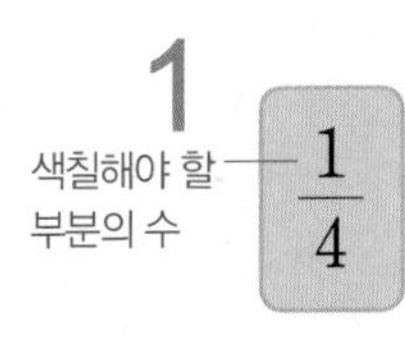


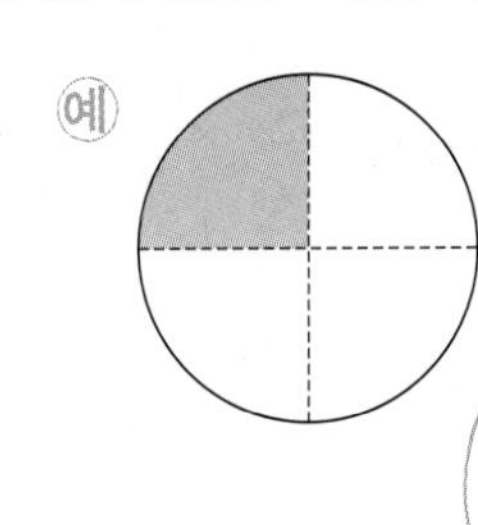


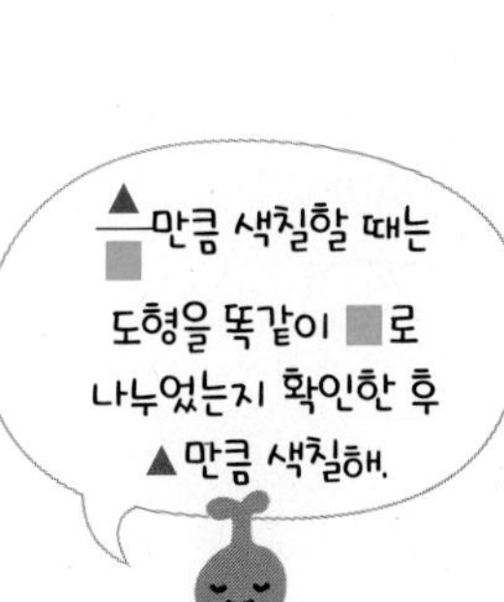


2

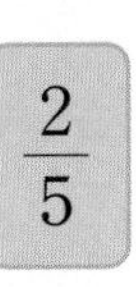


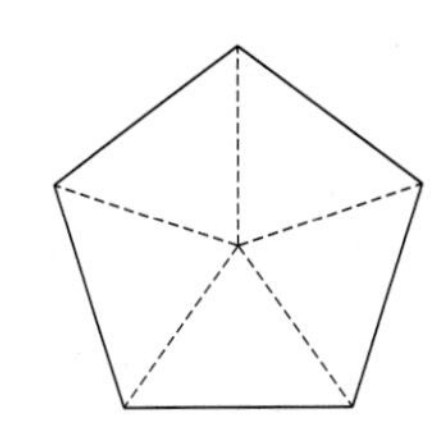

3

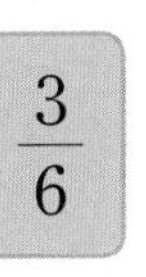


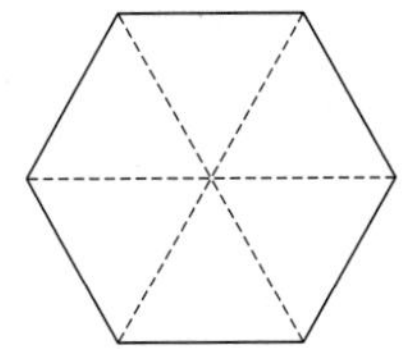

4

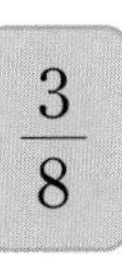


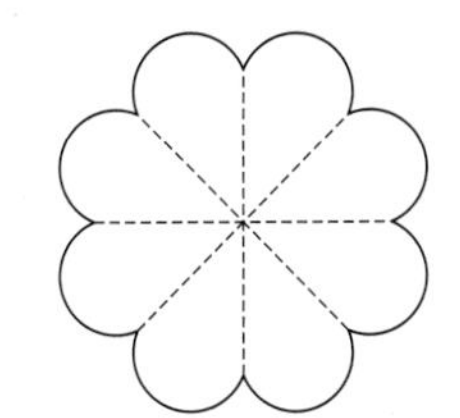

5

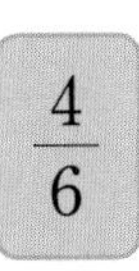


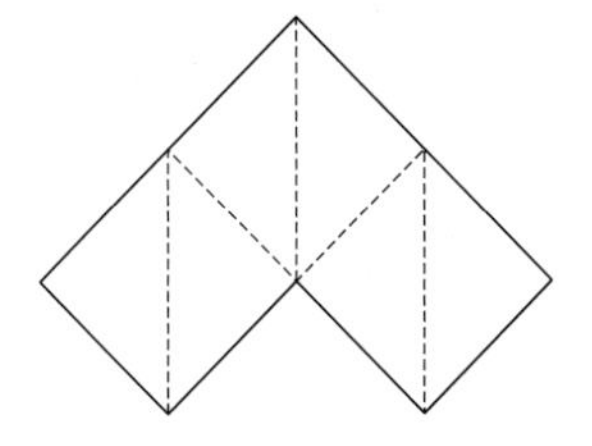

6

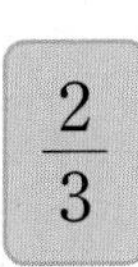


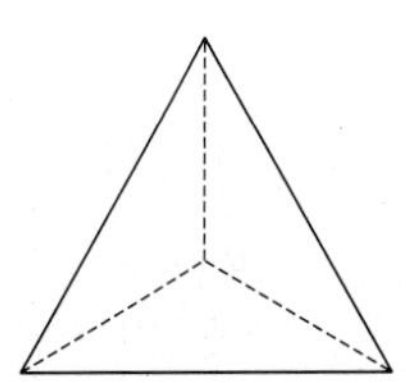

7

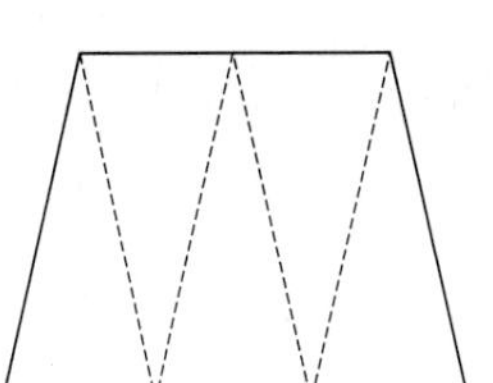

8

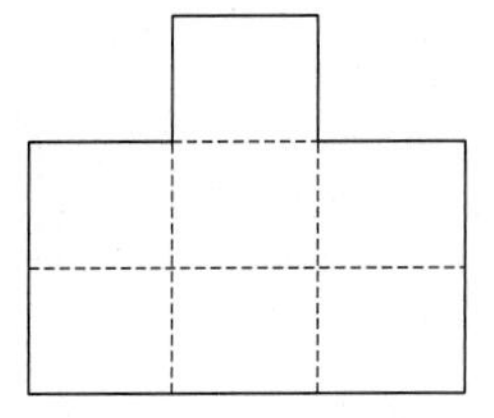

9

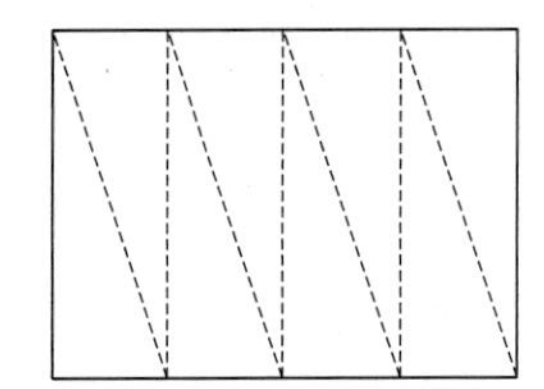

10

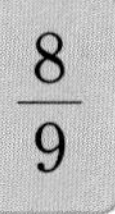


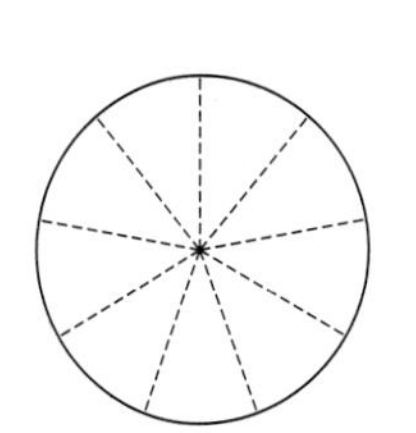

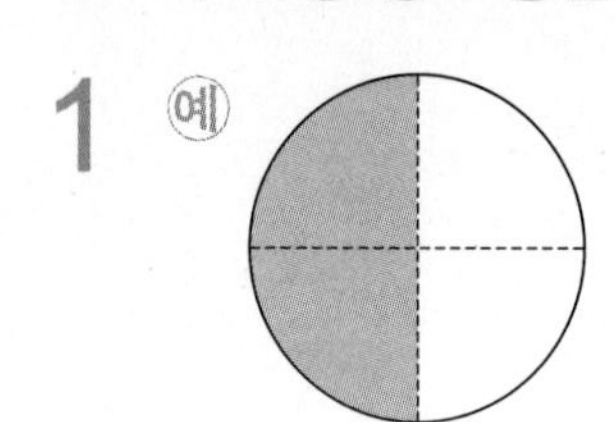

## 9 분모가 같은 분수의 크기 비교하기 (1)

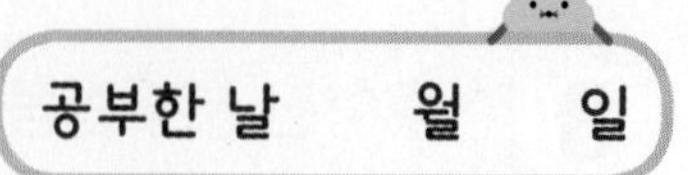


✸ 주어진 분수만큼 색칠하고 ○ 안에 >, =, <를 알맞게 써넣으시오.

1 예

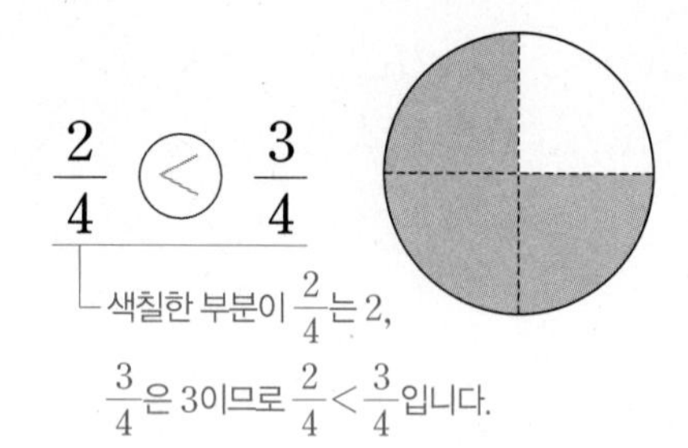

2

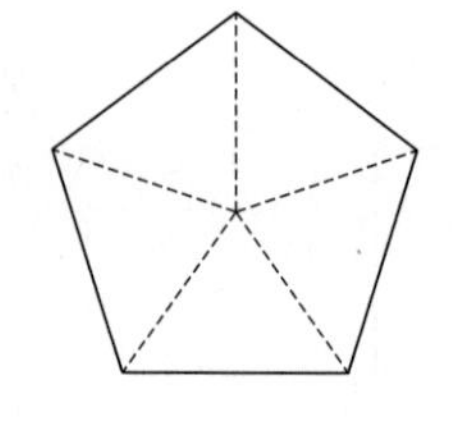

$\frac{1}{3}$ ○ $\frac{2}{3}$

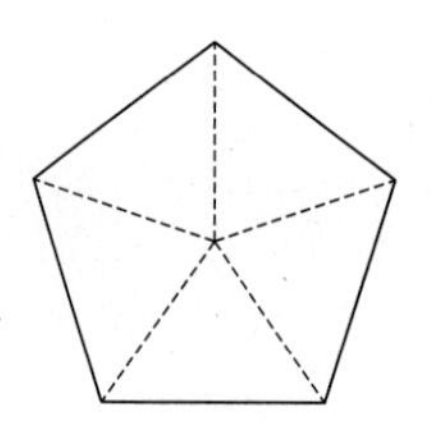

3

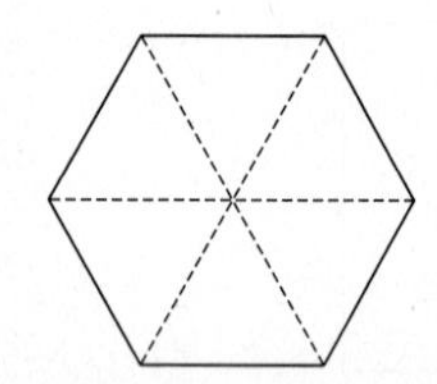

$\frac{4}{5}$ ○ $\frac{3}{5}$

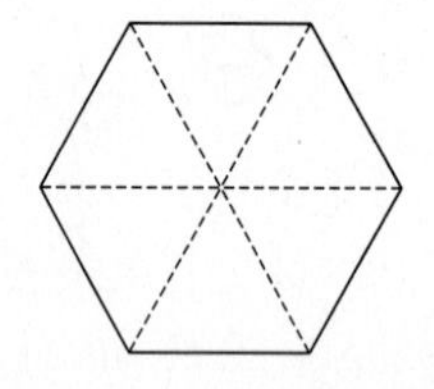

4

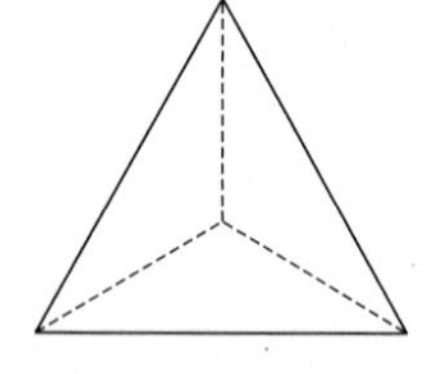

$\frac{3}{6}$ ○ $\frac{5}{6}$

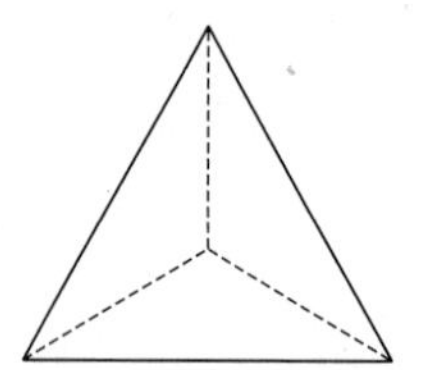

5

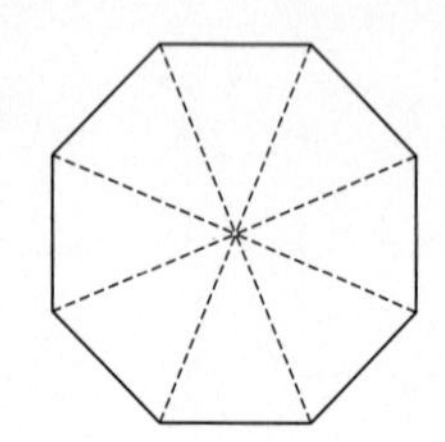

$\frac{7}{8}$ ○ $\frac{6}{8}$

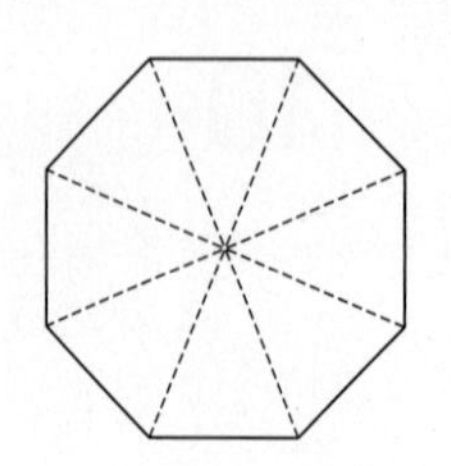

공부한 날 월 일

## ✱ 두 분수의 크기를 비교하여 ○ 안에 >, =, <를 알맞게 써넣으시오.

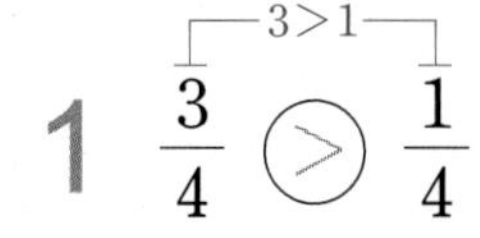

1 $\frac{3}{4}$ ⊙ $\frac{1}{4}$ (3>1, 답: >)

2 $\frac{4}{7}$ ○ $\frac{5}{7}$

3 $\frac{2}{6}$ ○ $\frac{4}{6}$

4 $\frac{3}{5}$ ○ $\frac{2}{5}$

5 $\frac{8}{9}$ ○ $\frac{6}{9}$

6 $\frac{5}{10}$ ○ $\frac{3}{10}$

7 $\frac{4}{15}$ ○ $\frac{7}{15}$

8 $\frac{6}{8}$ ○ $\frac{5}{8}$

9 $\frac{2}{9}$ ○ $\frac{5}{9}$

10 $\frac{8}{13}$ ○ $\frac{10}{13}$

11 $\frac{4}{12}$ ○ $\frac{3}{12}$

12 $\frac{9}{14}$ ○ $\frac{6}{14}$

13 $\frac{7}{11}$ ○ $\frac{2}{11}$

14 $\frac{11}{20}$ ○ $\frac{13}{20}$

## 11 분모가 같은 분수의 크기 비교하기 (3)

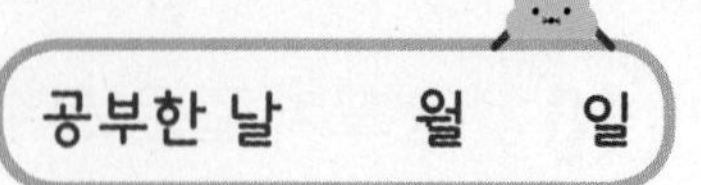


**가장 큰 분수에 ○표, 가장 작은 분수에 △표 하시오.**

1

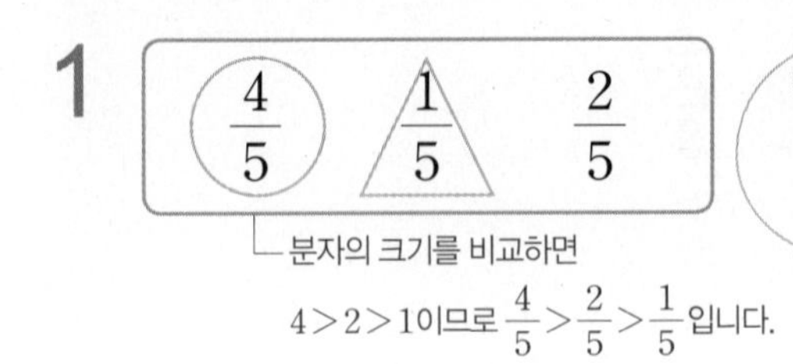


분모가 같으므로 분자의 크기를 비교해 봐.

7 $\frac{3}{7}$ $\frac{6}{7}$ $\frac{5}{7}$

2 $\frac{5}{6}$ $\frac{3}{6}$ $\frac{4}{6}$

8 $\frac{1}{4}$ $\frac{3}{4}$ $\frac{2}{4}$

3 $\frac{3}{8}$ $\frac{7}{8}$ $\frac{1}{8}$

9 $\frac{5}{10}$ $\frac{9}{10}$ $\frac{6}{10}$

4 $\frac{2}{9}$ $\frac{4}{9}$ $\frac{8}{9}$

10 $\frac{7}{12}$ $\frac{8}{12}$ $\frac{4}{12}$

5 $\frac{3}{11}$ $\frac{7}{11}$ $\frac{5}{11}$

11 $\frac{14}{17}$ $\frac{3}{17}$ $\frac{8}{17}$

6 $\frac{10}{15}$ $\frac{1}{15}$ $\frac{8}{15}$

12 $\frac{4}{20}$ $\frac{11}{20}$ $\frac{9}{20}$

# 12 단위분수의 크기 비교하기 (1)

공부한 날 월 일

**주어진 분수만큼 색칠하고 ○ 안에 >, =, <를 알맞게 써넣으시오.**

**1** 예

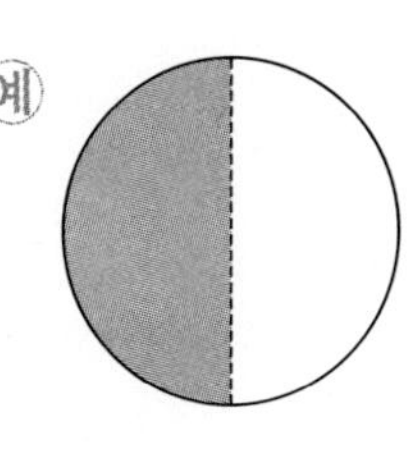

$\frac{1}{2}$ (>) $\frac{1}{3}$

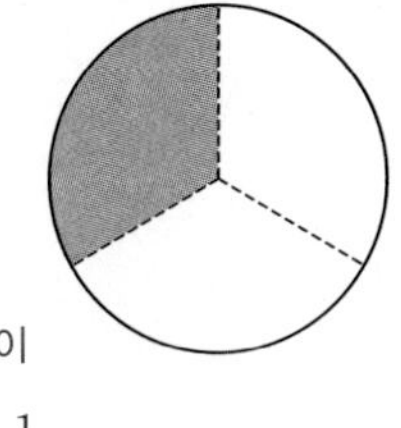

└ 색칠한 부분이 $\frac{1}{2}$이 더 넓으므로 $\frac{1}{2} > \frac{1}{3}$입니다.

분자가 1인 분수를 단위분수라고 해. 단위분수는 색칠한 부분이 넓을수록 더 큰 수야.

**2**

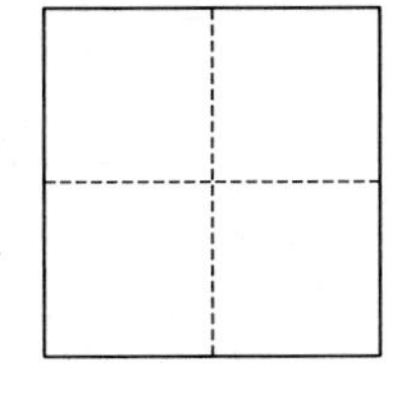

$\frac{1}{4}$ ○ $\frac{1}{2}$

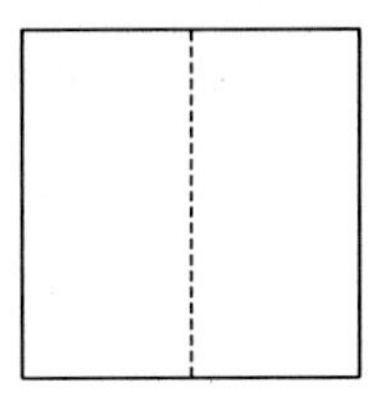

**3**

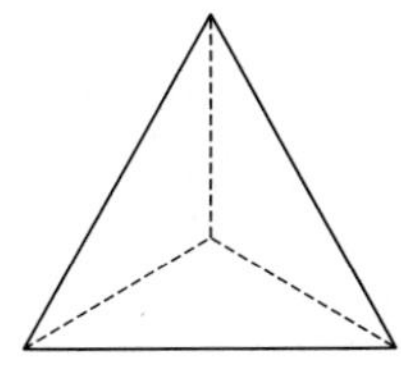

$\frac{1}{3}$ ○ $\frac{1}{6}$

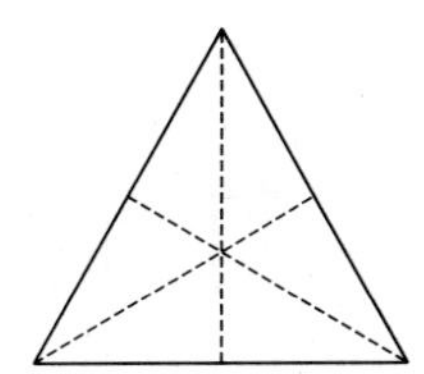

**4**

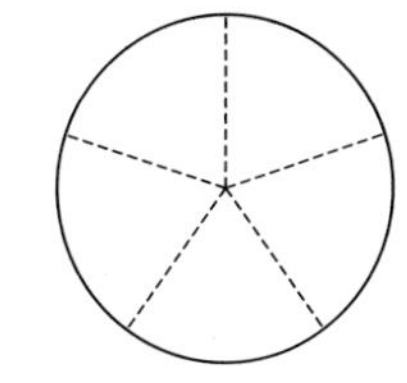

$\frac{1}{5}$ ○ $\frac{1}{4}$

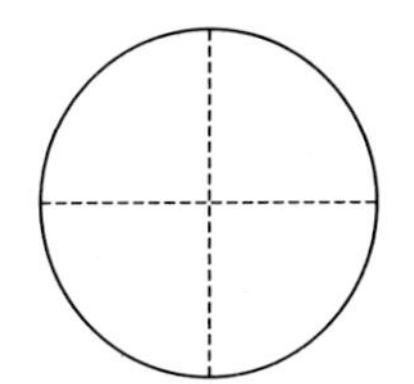

**5**

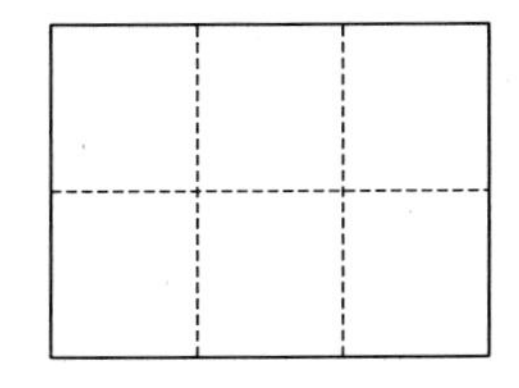

$\frac{1}{6}$ ○ $\frac{1}{8}$

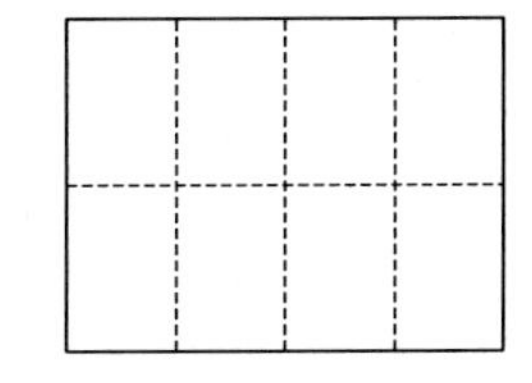

✸ 두 분수의 크기를 비교하여 ○ 안에 >, =, <를 알맞게 써넣으시오.

1 $\frac{1}{3}$ (>) $\frac{1}{4}$ (3<4)

2 $\frac{1}{2}$ ○ $\frac{1}{5}$

3 $\frac{1}{7}$ ○ $\frac{1}{6}$

4 $\frac{1}{9}$ ○ $\frac{1}{8}$

5 $\frac{1}{11}$ ○ $\frac{1}{2}$

6 $\frac{1}{5}$ ○ $\frac{1}{10}$

7 $\frac{1}{16}$ ○ $\frac{1}{3}$

8 $\frac{1}{6}$ ○ $\frac{1}{9}$

9 $\frac{1}{4}$ ○ $\frac{1}{8}$

10 $\frac{1}{12}$ ○ $\frac{1}{7}$

11 $\frac{1}{10}$ ○ $\frac{1}{13}$

12 $\frac{1}{14}$ ○ $\frac{1}{20}$

13 $\frac{1}{15}$ ○ $\frac{1}{17}$

14 $\frac{1}{18}$ ○ $\frac{1}{11}$

✹ 가장 큰 분수에 ○표, 가장 작은 분수에 △표 하시오.

1 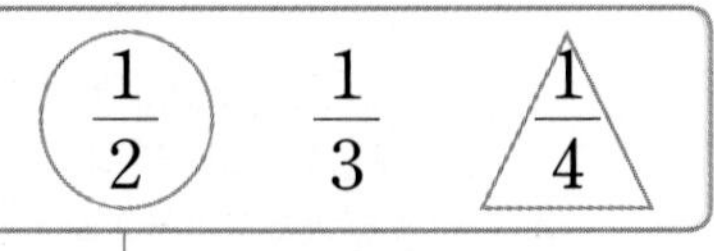

└ 분모의 크기를 비교하면 $2<3<4$이므로 $\frac{1}{2}>\frac{1}{3}>\frac{1}{4}$입니다.

단위분수이므로 분모의 크기를 비교해 봐.

2 $\frac{1}{5}$ $\frac{1}{8}$ $\frac{1}{6}$

3 $\frac{1}{9}$ $\frac{1}{4}$ $\frac{1}{7}$

4 $\frac{1}{5}$ $\frac{1}{10}$ $\frac{1}{2}$

5 $\frac{1}{8}$ $\frac{1}{11}$ $\frac{1}{7}$

6 $\frac{1}{3}$ $\frac{1}{9}$ $\frac{1}{6}$

7 $\frac{1}{5}$ $\frac{1}{4}$ $\frac{1}{12}$

8 $\frac{1}{7}$ $\frac{1}{21}$ $\frac{1}{14}$

9 $\frac{1}{3}$ $\frac{1}{15}$ $\frac{1}{5}$

10 $\frac{1}{55}$ $\frac{1}{33}$ $\frac{1}{11}$

11 $\frac{1}{10}$ $\frac{1}{20}$ $\frac{1}{30}$

12 $\frac{1}{25}$ $\frac{1}{100}$ $\frac{1}{50}$

## 15 소수 알아보기 (1)

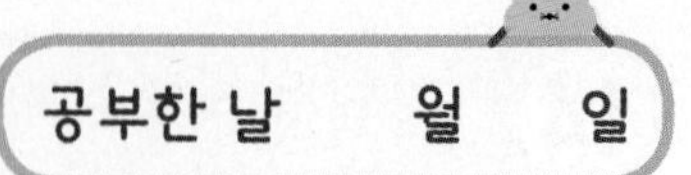


✹ □ 안에 알맞은 수나 말을 써넣으시오.

**1** 분수 $\frac{2}{10}$를 소수로 [0.2]라 쓰고 [영 점 이]라고 읽습니다.

$\frac{2}{10}=0.2$

**2** 분수 $\frac{3}{10}$을 소수로 □(이)라 쓰고 □(이)라고 읽습니다.

**3** 분수 $\frac{5}{10}$를 소수로 □(이)라 쓰고 □(이)라고 읽습니다.

**4** 분수 $\frac{7}{10}$을 소수로 □(이)라 쓰고 □(이)라고 읽습니다.

**5** 분수 $\frac{\square}{10}$을/를 소수로 0.4라 쓰고 □(이)라고 읽습니다.

**6** 분수 $\frac{\square}{10}$을/를 소수로 0.8이라 쓰고 □(이)라고 읽습니다.

**7** 분수 $\frac{\square}{10}$을/를 소수로 □(이)라 쓰고 영 점 육이라고 읽습니다.

**8** 분수 $\frac{\square}{10}$을/를 소수로 □(이)라 쓰고 영 점 구라고 읽습니다.

공부한 날 월 일

## 그림을 보고 색칠한 부분을 분수와 소수로 나타내어 보시오.

1

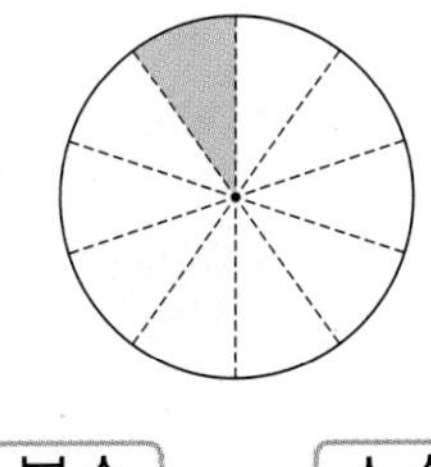

분수 $\frac{1}{10}$ 소수 0.1

2

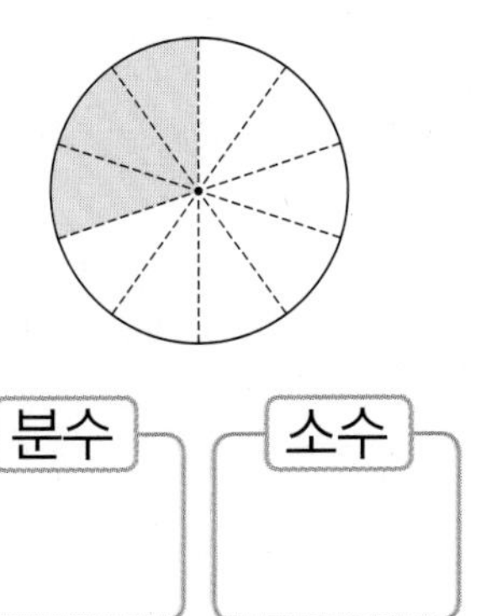

분수 소수

3

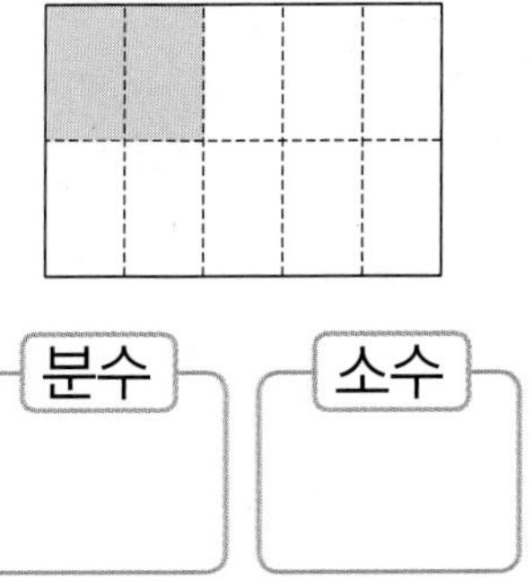

분수 소수

4

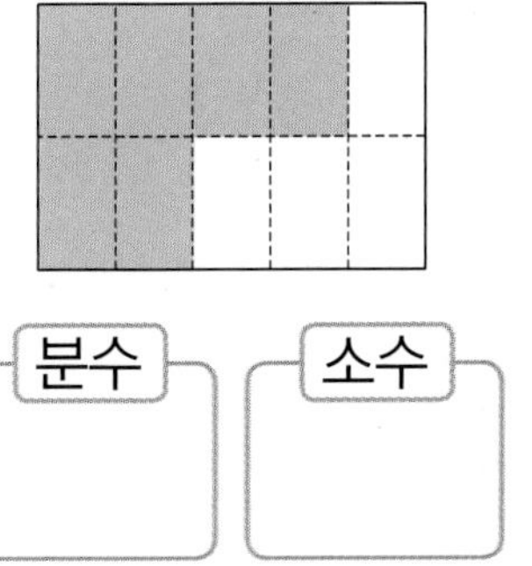

분수 소수

5

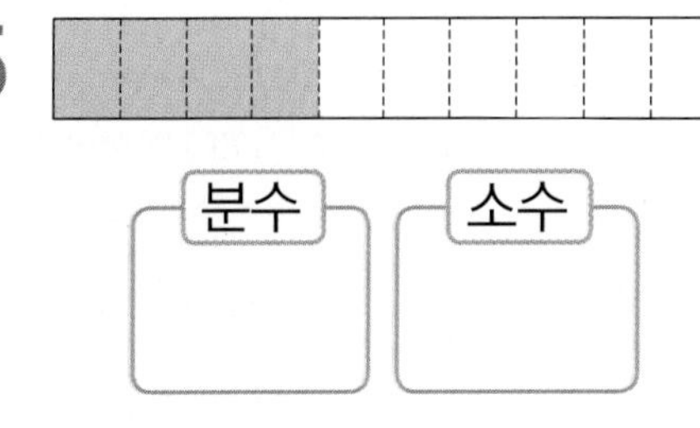

분수 소수

6

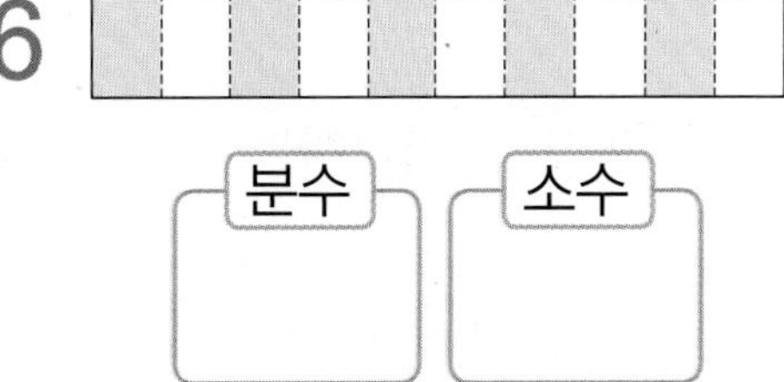

분수 소수

7

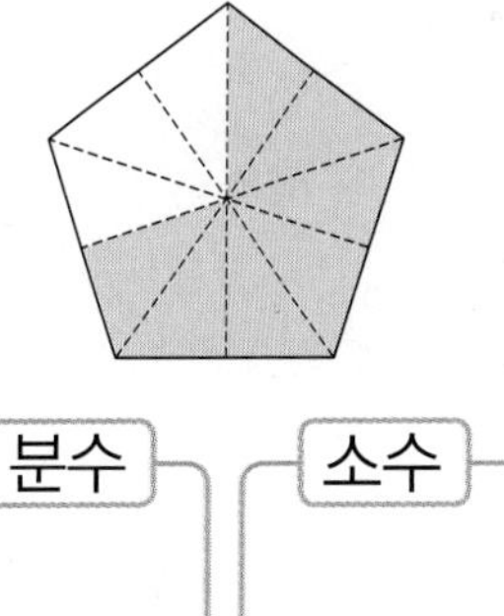

분수 소수

8

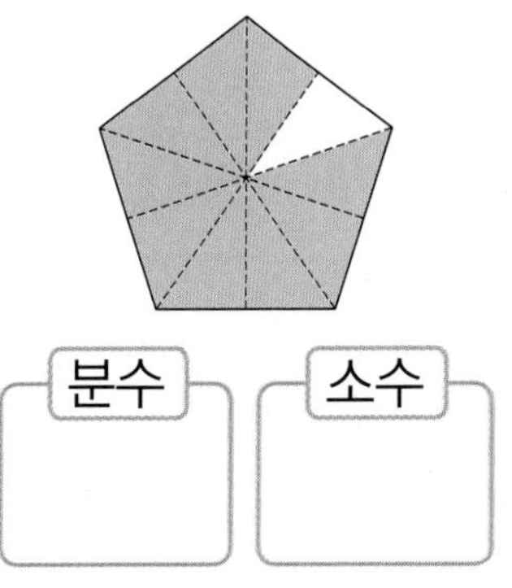

분수 소수

6 분수와 소수

✸ □ 안에 알맞은 수를 써넣으시오.

1 0.1이 2개이면 [0.2] 입니다.
(또는 $\frac{2}{10}$)

0.1이 ■이면
소수로 0.■,
분수로 $\frac{■}{10}$야.

2 0.1이 4개이면 □ 입니다.

3 0.1이 5개이면 □ 입니다.

4 0.3은 0.1이 □ 개입니다.

5 0.7은 0.1이 □ 개입니다.

6 0.8은 □ 이 8개입니다.

7 0.9는 □ 이 9개입니다.

8 $\frac{1}{10}$ = [0.1]

9 $\frac{3}{10}$ = □

10 $\frac{6}{10}$ = □

11 $\frac{8}{10}$ = □

12 0.5 = □

13 0.9 = □

14 0.7 = □

공부한 날 월 일

✹ □ 안에 알맞은 소수를 쓰고 읽어 보시오.

1 0.1이 18개이면 [1.8] 이고 [일 점 팔] 이라고 읽습니다.

2 0.1이 23개이면 □ 이고 □ (이)라고 읽습니다.

3 0.1이 37개이면 □ 이고 □ (이)라고 읽습니다.

4 0.1이 51개이면 □ 이고 □ (이)라고 읽습니다.

5 0.1이 64개이면 □ 이고 □ (이)라고 읽습니다.

6 0.1이 72개이면 □ 이고 □ (이)라고 읽습니다.

7 0.1이 89개이면 □ 이고 □ (이)라고 읽습니다.

8 0.1이 95개이면 □ 이고 □ (이)라고 읽습니다.

19 소수 알아보기 (5)

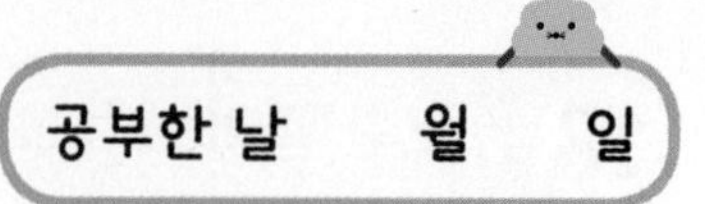

공부한 날 월 일

✳ □안에 알맞은 수를 써넣으시오.

1 0.1이 19개이면 [1.9] 입니다. (또는 $\frac{19}{10}$)

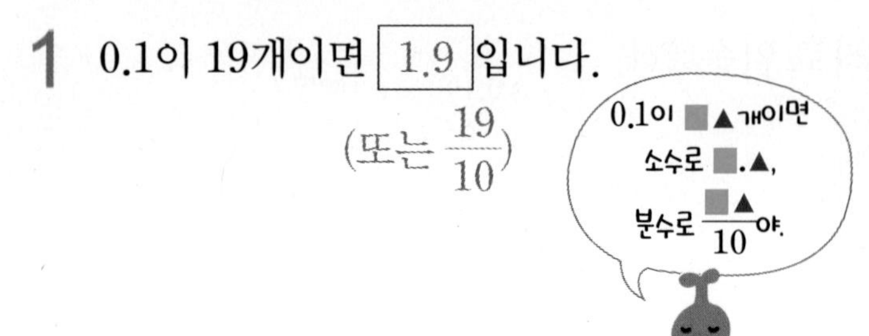


2 0.1이 36개이면 □ 입니다.

3 0.1이 54개이면 □ 입니다.

4 0.1이 □ 개이면 6.2입니다.

5 0.1이 □ 개이면 8.5입니다.

6 □ 이 71개이면 7.1입니다.

7 □ 이 93개이면 9.3입니다.

8 2.7은 0.1이 [27] 개입니다.

■.▲는 0.1이 ■▲개야.

9 4.8은 0.1이 □ 개입니다.

10 7.3은 0.1이 □ 개입니다.

11 □ 는 0.1이 59개입니다.

12 □ 는 0.1이 94개입니다.

13 6.5는 □ 이 65개입니다.

14 8.6은 □ 이 86개입니다.

공부한 날 월 일

✸ □ 안에 알맞은 소수를 써넣으시오.

1 1cm 2mm= 1.2 cm
└12mm이므로 0.1cm가 12개이면 1.2cm입니다.

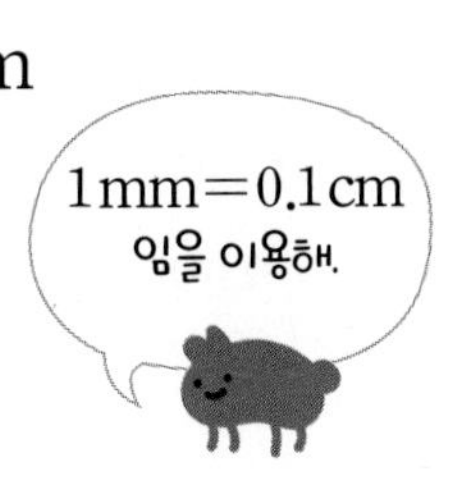


8 26mm= 2.6 cm
└0.1cm가 26개이면 2.6cm입니다.

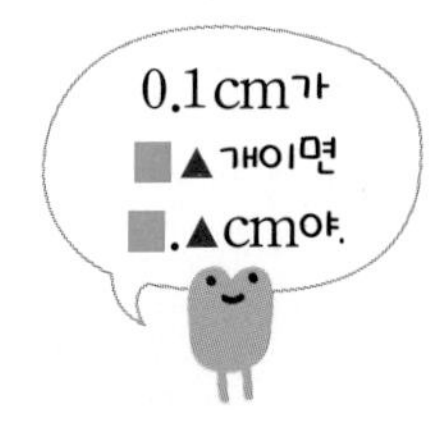


2 3cm 8mm= □ cm

9 45mm= □ cm

3 4cm 1mm= □ cm

10 59mm= □ cm

4 6cm 7mm= □ cm

11 61mm= □ cm

5 7cm 4mm= □ cm

12 92mm= □ cm

6 8cm 5mm= □ cm

13 78mm= □ cm

7 9cm 3mm= □ cm

14 87mm= □ cm

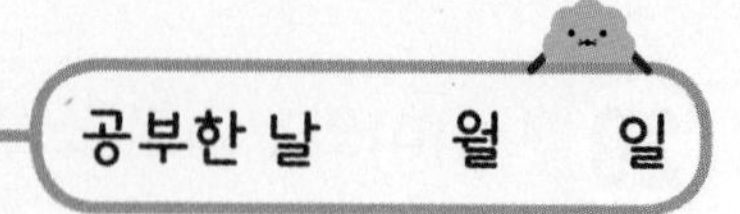


## 21 소수의 크기 비교하기 (1)

✸ 주어진 소수만큼 색칠하고 ○ 안에 >, =, <를 알맞게 써넣으시오.

**1** 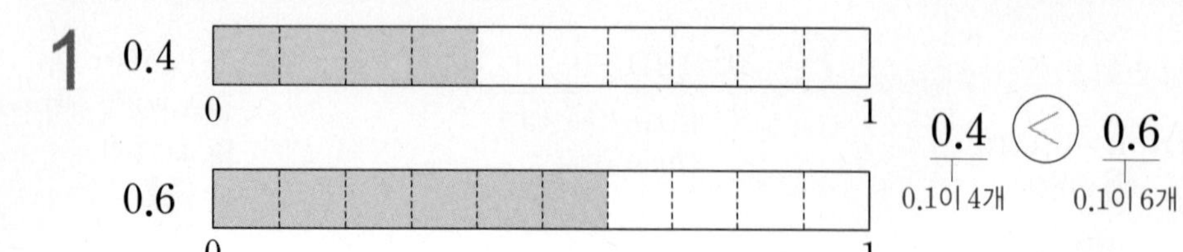


0.4 ⓐ 0.6 — 0.4 (<) 0.6
0.1이 4개 0.1이 6개

**2** 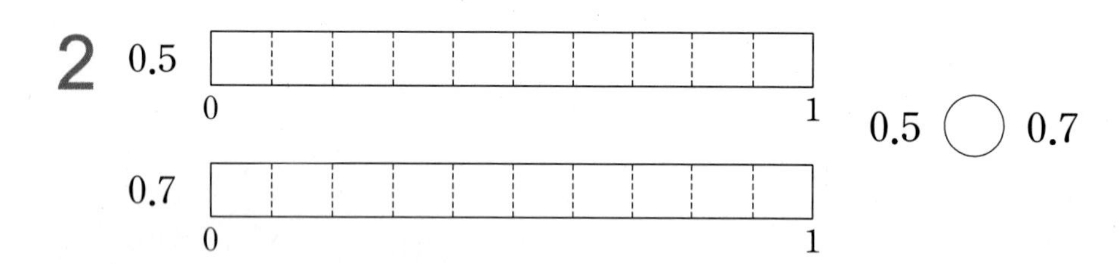


0.5 ○ 0.7

**3** 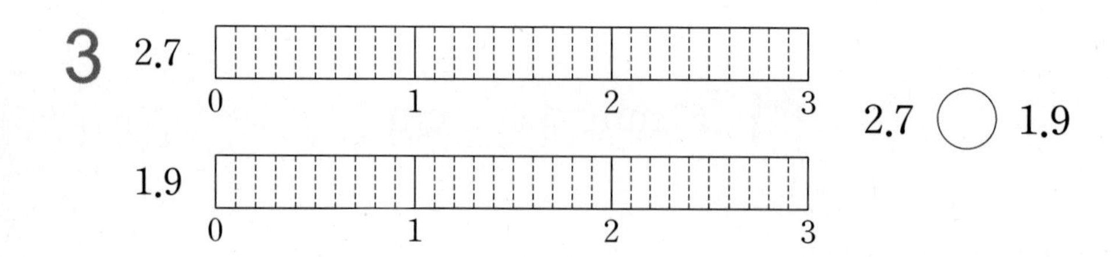


2.7 ○ 1.9

**4** 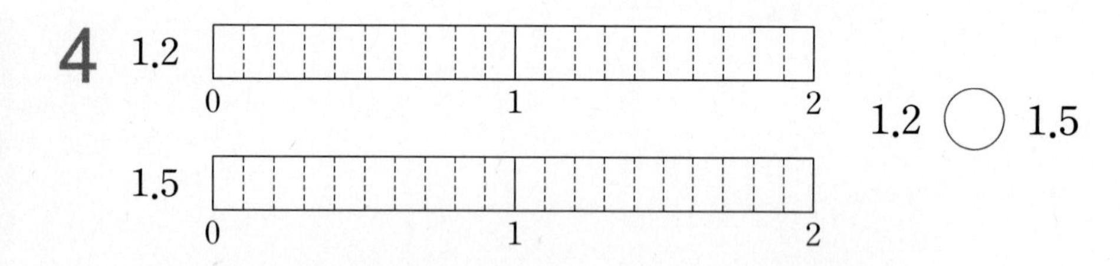


1.2 ○ 1.5

**5** 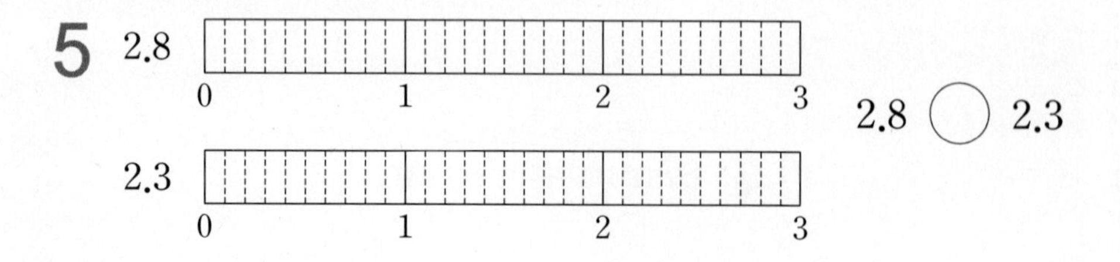


2.8 ○ 2.3

## 22 소수의 크기 비교하기 (2)

공부한 날 월 일

✹ 두 소수의 크기를 비교하여 ○ 안에 >, =, <를 알맞게 써넣으시오.

1 0.1 (<) 0.3

1<3

2 0.7 ○ 0.6

3 0.8 ○ 0.9

4 2.5 ○ 2.4

5 3.7 ○ 4.1

6 1.8 ○ 1.2

7 5.0 ○ 4.9

8 3.5 ○ 3.9

9 7.4 ○ 6.8

10 8.2 ○ 8.3

11 5.1 ○ 5.5

12 4.6 ○ 6.2

13 8.8 ○ 7.7

14 9.5 ○ 9.9

6 분수와 소수

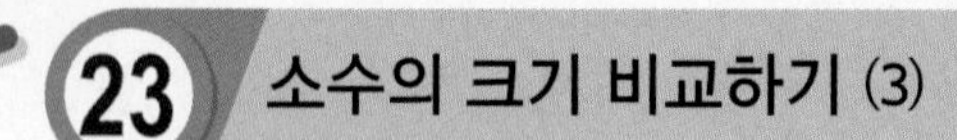


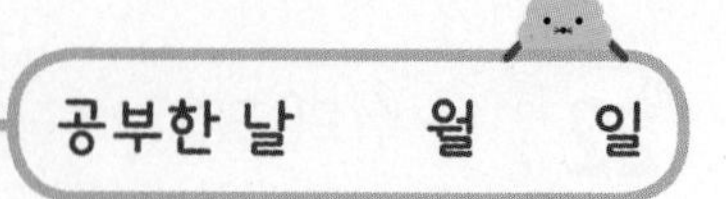


✸ 가장 큰 소수에 ○표, 가장 작은 소수에 △표 하시오.

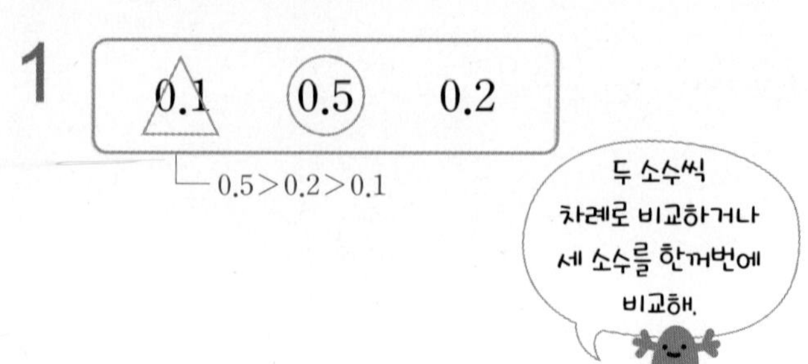


2 | 0.7 1.2 0.9 |

3 | 1.5 2.4 1.8 |

4 | 3.6 3.3 3.7 |

5 | 4.4 5.1 6.2 |

6 | 7.3 7.2 8.5 |

7 | 2.8 4.1 2.7 |

8 | 1.6 1.9 0.6 |

9 | 9.1 9.8 9.4 |

10 | 7.7 6.9 5.2 |

11 | 5.3 4.6 5.5 |

12 | 8.1 8.4 8.9 |

13 | 9.3 7.6 9.2 |

14 | 3.9 8.2 6.7 |

## 24 □ 안에 들어갈 수 있는 수 찾기

공부한 날 월 일

✹ □ 안에 들어갈 수 있는 수를 모두 찾아 ○표 하시오.

1 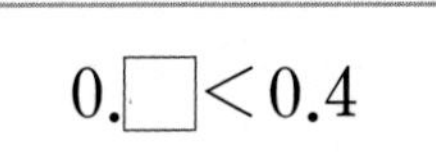


( (1), (2), (3), 4, 5, 6, 7, 8, 9 )

└ 0.1<0.4, 0.2<0.4, 0.3<0.4

2 0.□>0.5 ( 1, 2, 3, 4, 5, 6, 7, 8, 9 )

3 1.6<1.□ ( 1, 2, 3, 4, 5, 6, 7, 8, 9 )

4 3.□>3.4 ( 1, 2, 3, 4, 5, 6, 7, 8, 9 )

5 □.2<6.1 ( 1, 2, 3, 4, 5, 6, 7, 8, 9 )

6 □.7>7.3 ( 1, 2, 3, 4, 5, 6, 7, 8, 9 )

7 9.5>9.□ ( 1, 2, 3, 4, 5, 6, 7, 8, 9 )

6 분수와 소수

**1** 그림을 보고 □ 안에 알맞은 수를 써넣으시오.

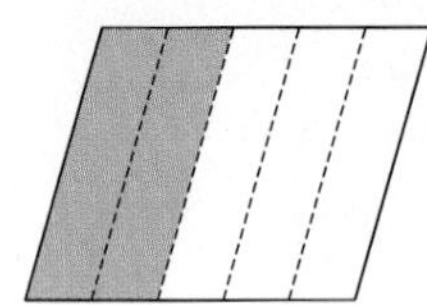

색칠한 부분은 전체를 똑같이 □(으)로 나눈 것 중의 □입니다.

· 전체를 똑같이 나눈 수와 색칠한 부분의 수를 세어 봅니다.

**2** □ 안에 알맞은 수를 써넣으시오.

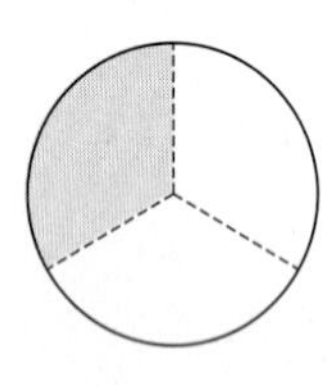

부분 ◖은 전체 ◯를 똑같이 □(으)로 나눈 것 중의 □입니다.

**3** 색칠한 부분을 분수로 쓰고 읽어 보시오.

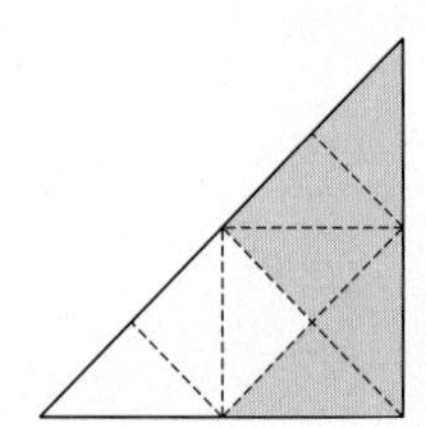

쓰기 ____________

읽기 ____________

· $\frac{(\text{색칠한 부분의 수})}{(\text{전체를 똑같이 나눈 수})}$로 나타냅니다.

**4** 주어진 분수만큼 색칠하시오.

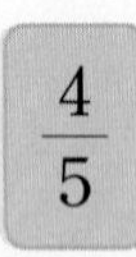

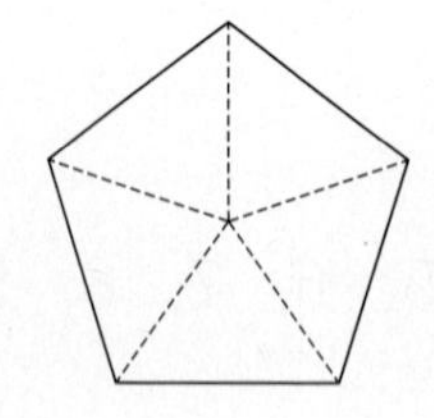

· 분모만큼 나누어져 있는지 확인한 다음 분자만큼 색칠합니다.

**5** 분수를 소수로 쓰고 읽어 보시오.

$\frac{6}{10}$ 쓰기 ____________ 읽기 ____________

· $\frac{■}{10}=0.■$

**6** 두 분수의 크기를 비교하여 ○ 안에 >, =, <를 알맞게 써넣으시오.

(1) $\frac{7}{8}$ ○ $\frac{2}{8}$　　　　(2) $\frac{1}{4}$ ○ $\frac{1}{9}$

- 분모가 같은 분수는 분자가 클수록 큰 분수입니다.
- 단위분수는 분모가 작을수록 큰 분수입니다.

**7** □ 안에 알맞은 소수를 써넣으시오.

(1) 0.1이 8개이면 □입니다.

(2) □은 0.1이 67개입니다.

**8** 두 소수의 크기를 비교하여 ○ 안에 >, =, <를 알맞게 써넣으시오.

(1) 0.7 ○ 0.2　　　　(2) 4.9 ○ 5.3

- 자연수의 크기를 먼저 비교한 후 같으면 소수의 크기를 비교합니다.

**9** 가장 큰 분수에 ○표, 가장 작은 분수에 △표 하시오.

| $\frac{1}{10}$ | $\frac{1}{2}$ | $\frac{1}{6}$ |
|---|---|---|

- 단위분수이므로 분모의 크기를 비교합니다.

**10** 갯벌에 사는 갯지렁이의 길이를 재어 보았더니 9cm 5mm였습니다. 갯지렁이의 길이는 몇 cm인지 소수로 나타내어 보시오.

(　　　　　　　　　)

- 1mm=0.1cm임을 이용합니다.

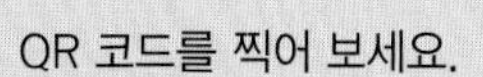
QR 코드를 찍어 보세요.
문제 생성기 새로운 문제를 계속 풀 수 있어요.
학습 게임 재미있는 학습 게임을 할 수 있어요.

# 조건에 맞게 동그라미 그리기

다음 조건에 맞게 ○를 그려 넣으시오.

- ☆ 안의 수는 그 줄에 있는 구슬의 수를 나타냅니다.
- ☆ 안의 수는 각 줄에서 가로와 세로 모두 같아야 합니다.

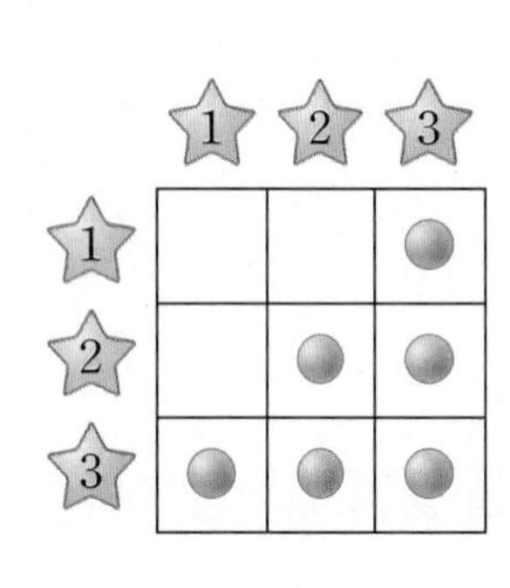

☆1 의 줄에는 구슬이 1개,
☆2 의 줄에는 구슬이 2개,
☆3 의 줄에는 구슬이 3개 있어요.

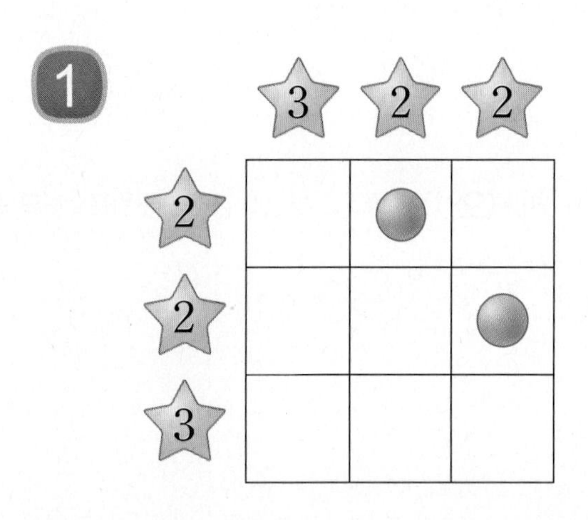

2

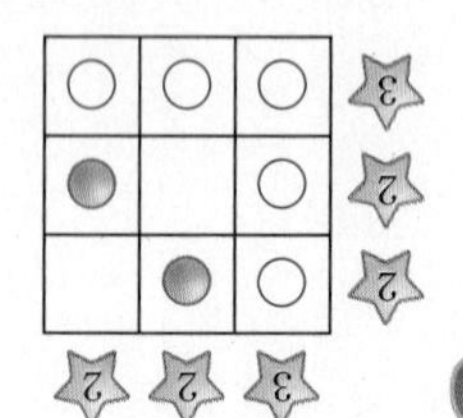

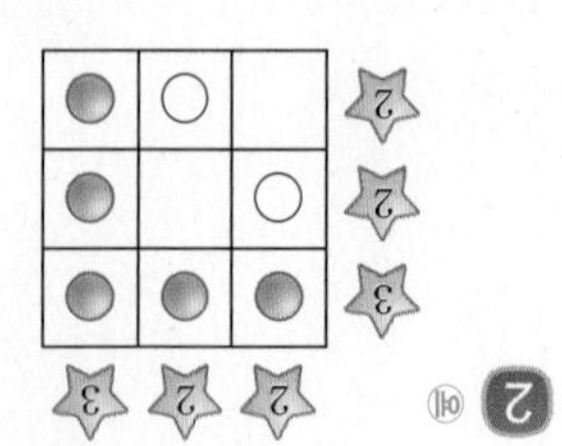

정답 1 2 예

정답지

5단계

천재교육

## 1 덧셈과 뺄셈

**6~7쪽**

1. 32　2. 50
3. 61　4. 96
5. 41　6. 83
7. 95　8. 73

1. 53　2. 73
3. 93　4. 104
5. 66　6. 92
7. 121　8. 181

1. 16　2. 27
3. 49　4. 78
5. 39　6. 57
7. 89　8. 78

1. 14　2. 15
3. 37　4. 48
5. 19　6. 36
7. 28　8. 36

**8~9쪽**

1. 486　2. 596
3. 847　4. 679
5. 597　6. 687
7. 957　8. 678
9. 949　10. 788
11. 489　12. 789
13. 999　14. 784
15. 946　16. 772
17. 688　18. 597
19. 869　20. 668
21. 887　22. 877
23. 478　24. 668
25. 797　26. 679
27. 967　28. 789
29. 996

**10~11쪽**

1. 672　2. 774
3. 845　4. 729
5. 753　6. 580
7. 649　8. 493
9. 715　10. 980
11. 756　12. 341
13. 792　14. 907
15. 893　16. 664
17. 483　18. 549
19. 883　20. 781
21. 806　22. 797
23. 372　24. 929
25. 793　26. 747
27. 982　28. 981
29. 968

**12~13쪽**

1. 912　2. 740
3. 543　4. 733
5. 832　6. 632
7. 624　8. 912
9. 713　10. 930
11. 513　12. 910
13. 921　14. 841
15. 953　16. 625
17. 723　18. 701
19. 721　20. 918
21. 622　22. 910
23. 431　24. 767
25. 765　26. 814
27. 801　28. 863
29. 952

**14~15쪽**

1. 1253　2. 1211
3. 1056　4. 1143
5. 1142　6. 1043

7. 1021　8. 1510
9. 1361　10. 1214
11. 1446　12. 1137
13. 1615　14. 1133
15. 1321　16. 1451
17. 1440　18. 1021
19. 1301　20. 1137
21. 1450　22. 1342
23. 1123　24. 1330
25. 1332　26. 1222
27. 1520　28. 1707
29. 1532

**16쪽**
1. 495　2. 594
3. 849　4. 936
5. 1421　6. 588
7. 685　8. 983
9. 772　10. 1661

**17쪽**
1. 367　2. 738
3. 583　4. 683
5. 933　6. 565
7. 770　8. 941
9. 1620　10. 1525

**18쪽**
1. 369　2. 878
3. 684　4. 781
5. 709　6. 937
7. 743　8. 920
9. 1421　10. 1801

**19쪽**
1. 566　2. 559
3. 865　4. 817
5. 732　6. 913
7. 1340　8. 1341

**20쪽**
1. (위에서부터) 389, 764, 497, 656
2. (위에서부터) 742, 497, 561, 678
3. (위에서부터) 415, 849, 623, 641
4. (위에서부터) 780, 881, 958, 703
5. (위에서부터) 493, 850, 737, 606
6. (위에서부터) 770, 934, 821, 883
7. (위에서부터) 1202, 1281, 1433, 1050
8. (위에서부터) 1125, 1803, 1241, 1687

**21쪽**
1. >　2. >　3. >
4. <　5. <　6. <
7. <　8. >　9. >
10. >　11. <　12. <
13. <　14. >

**22~23쪽**
1. 114　2. 226
3. 235　4. 366
5. 422　6. 151
7. 426　8. 252
9. 310　10. 771
11. 311　12. 403
13. 453　14. 354
15. 111　16. 223
17. 213　18. 391
19. 335　20. 311
21. 420　22. 741
23. 135　24. 216
25. 106　26. 542
27. 561　28. 145
29. 271

**24~25쪽**
1. 256　2. 119
3. 164　4. 230
5. 419　6. 347
7. 191　8. 292
9. 183　10. 571
11. 173　12. 512
13. 367　14. 284
15. 229　16. 108
17. 238　18. 331

19. 251 20. 519
21. 304 22. 455
23. 246 24. 281
25. 149 26. 162
27. 381 28. 108
29. 394

**26~27쪽**
1. 299 2. 19
3. 313 4. 188
5. 178 6. 258
7. 273 8. 358
9. 388 10. 167
11. 174 12. 257
13. 295 14. 177
15. 487 16. 159
17. 238 18. 289
19. 178 20. 169
21. 189 22. 409
23. 69 24. 166
25. 58 26. 332
27. 236 28. 568
29. 448

**28쪽**
1. 234 2. 263
3. 425 4. 279
5. 265 6. 323
7. 209 8. 151
9. 441 10. 277

**29쪽**
1. 341 2. 324
3. 346 4. 207
5. 317 6. 93
7. 154 8. 265
9. 364 10. 189

**30쪽**
1. 127 2. 160
3. 227 4. 328
5. 415 6. 275
7. 341 8. 316
9. 373 10. 135

**31쪽**
1. 411 2. 235
3. 117 4. 318
5. 181 6. 561
7. 169 8. 289

**32쪽**
1. (위에서부터) 344, 373, 113, 142
2. (위에서부터) 312, 107, 421, 216
3. (위에서부터) 432, 505, 308, 381
4. (위에서부터) 267, 44, 492, 269
5. (위에서부터) 177, 168, 288, 279
6. (위에서부터) 418, 368, 184, 134
7. (위에서부터) 177, 168, 288, 279
8. (위에서부터) 119, 225, 83, 189

**33쪽**
1. < 2. > 3. >
4. < 5. < 6. <
7. > 8. > 9. <
10. < 11. > 12. >
13. < 14. >

**34쪽**
1. (위에서부터) 5, 2, 8
2. (위에서부터) 2, 5, 2
3. (위에서부터) 4, 3, 7
4. (위에서부터) 5, 7, 8
5. (위에서부터) 6, 3, 5
6. (위에서부터) 8, 3, 0
7. (위에서부터) 9, 6, 8
8. (위에서부터) 7, 8, 9
9. (위에서부터) 4, 8, 0
10. (위에서부터) 7, 8, 8

**35쪽**
1. (위에서부터) 7, 2, 3
2. (위에서부터) 4, 4, 4
3. (위에서부터) 8, 2, 4
4. (위에서부터) 3, 7, 2
5. (위에서부터) 3, 2, 0
6. (위에서부터) 1, 3, 1
7. (위에서부터) 8, 5, 1
8. (위에서부터) 0, 7, 3
9. (위에서부터) 9, 9, 9
10. (위에서부터) 4, 4, 6

**36~37쪽**
1. 393　2. 184
3. 862　4. 379
5. 992　6. 722
7. (위에서부터) 797, 459, 185, 153
8. >
9. 754+296=1050, 1050권
10. 69m

## 2 평면도형

**40~41쪽**
1. (○)　2. (　)
3. (○)　4. (　)
5. (○)

1. (○)　2. (○)
3. (　)　4. (○)
5. (　)

1. (○)　2. (　)
3. (○)　4. (　)
5. (○)

1. (○)　2. (　)
3. (△)　4. (○)
5. (△)

**42쪽**
1. 선분 ㄱㄴ 또는 선분 ㄴㄱ
2. 선분 ㄷㄹ 또는 선분 ㄹㄷ
3. 선분 ㅁㅂ 또는 선분 ㅂㅁ
4. 선분 ㅅㅇ 또는 선분 ㅇㅅ
5. 선분 ㅇㅈ 또는 선분 ㅈㅇ
6. 선분 ㅈㅊ 또는 선분 ㅊㅈ
7. 선분 ㅋㅌ 또는 선분 ㅌㅋ
8. 선분 ㅍㅎ 또는 선분 ㅎㅍ

**43쪽**
1. 반직선 ㄱㄴ
2. 반직선 ㄷㄹ
3. 반직선 ㅂㅁ
4. 반직선 ㅅㅇ
5. 반직선 ㅊㅈ
6. 반직선 ㅊㅋ
7. 반직선 ㅌㅋ
8. 반직선 ㅍㅎ

**44쪽**
1. 직선 ㄱㄴ 또는 직선 ㄴㄱ
2. 직선 ㄷㄹ 또는 직선 ㄹㄷ
3. 직선 ㄹㅁ 또는 직선 ㅁㄹ
4. 직선 ㅂㅅ 또는 직선 ㅅㅂ
5. 직선 ㅅㅇ 또는 직선 ㅇㅅ
6. 직선 ㅈㅊ 또는 직선 ㅊㅈ
7. 직선 ㅋㅌ 또는 직선 ㅌㅋ
8. 직선 ㅌㅍ 또는 직선 ㅍㅌ

**45쪽**
1. 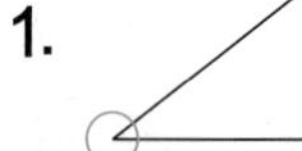
2. 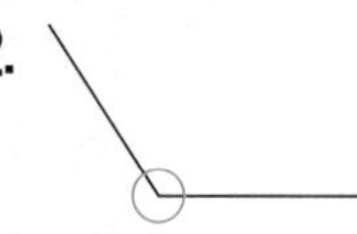
3. 
4.
5. 
6. 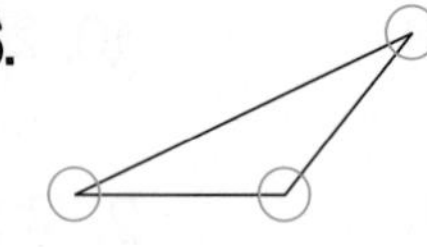
7. 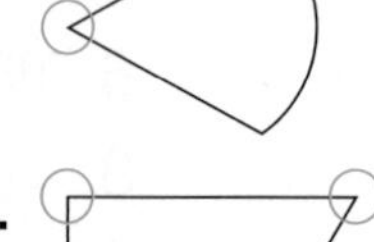
8. 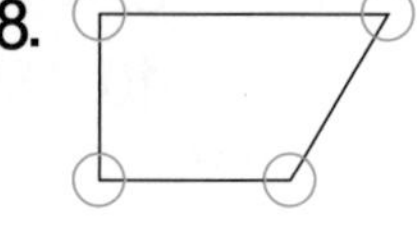
9. 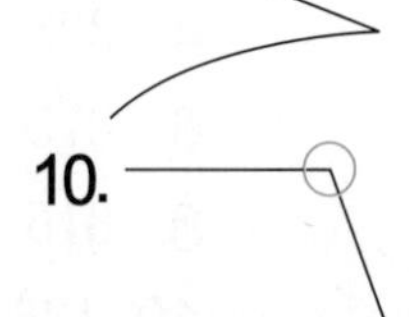
10.

**46쪽**

1. 점 ㄴ / 변 ㄴㄱ, 변 ㄴㄷ
2. 점 ㄷ / 변 ㄷㄴ, 변 ㄷㄹ
3. 점 ㅂ / 변 ㅂㅁ, 변 ㅂㅅ
4. 점 ㅅ / 변 ㅅㅂ, 변 ㅅㅇ
5. 점 ㅇ / 변 ㅇㅅ, 변 ㅇㅈ
6. 점 ㅊ / 변 ㅊㅈ, 변 ㅊㅋ
7. 점 ㅋ / 변 ㅋㅊ, 변 ㅋㅌ
8. 점 ㅍ / 변 ㅍㅌ, 변 ㅍㅎ

**47쪽**

1. 각 ㄱㄴㄷ 또는 각 ㄷㄴㄱ
2. 각 ㄹㅁㅂ 또는 각 ㅂㅁㄹ
3. 각 ㅂㅅㅇ 또는 각 ㅇㅅㅂ
4. 각 ㅇㅈㅊ 또는 각 ㅊㅈㅇ
5. 각 ㅁㅂㅅ 또는 각 ㅅㅂㅁ
6. 각 ㄴㄷㄹ 또는 각 ㄹㄷㄴ
7. 각 ㅊㅋㅌ 또는 각 ㅌㅋㅊ
8. 각 ㅌㅍㅎ 또는 각 ㅎㅍㅌ

**48쪽**

1. 2.

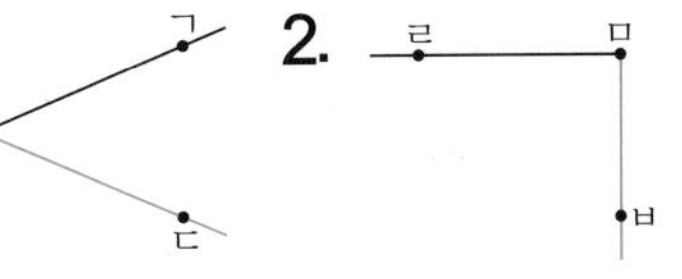


3.

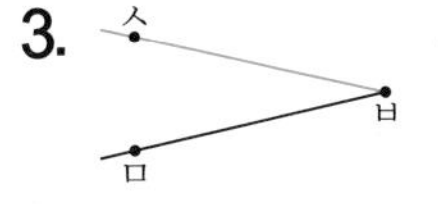


4.

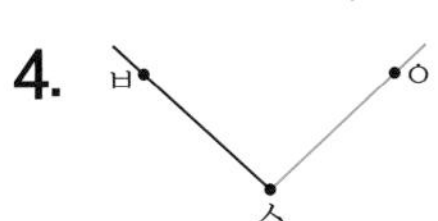


5. 6.

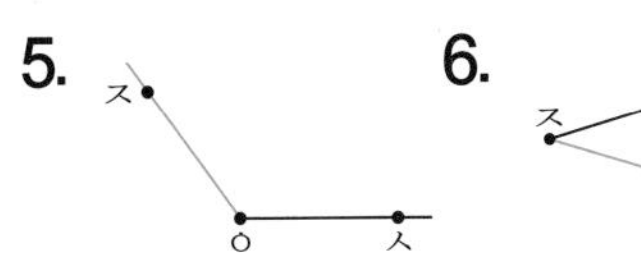


7.

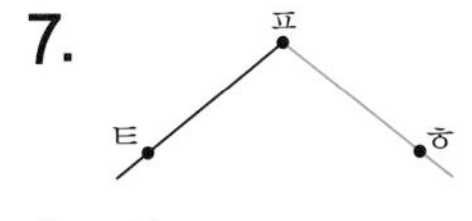


8.

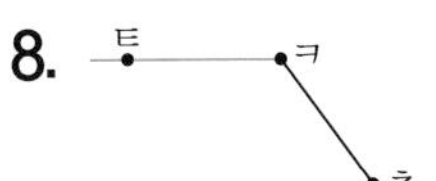


**49쪽**

1. 2. 3. 4.

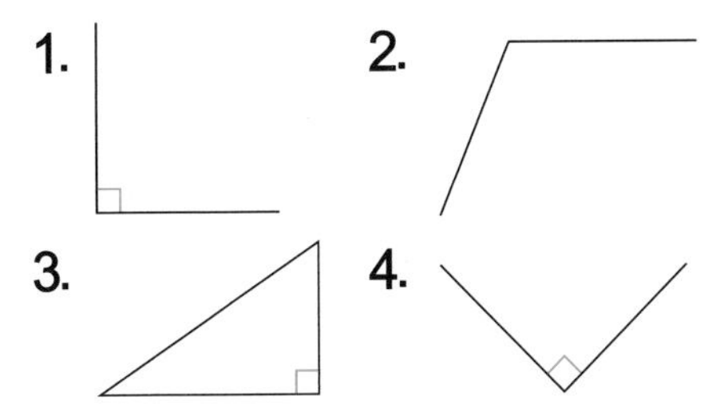

5.

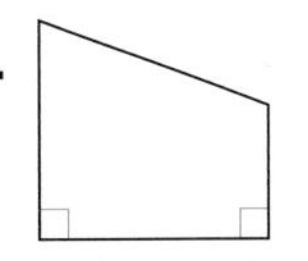

6.

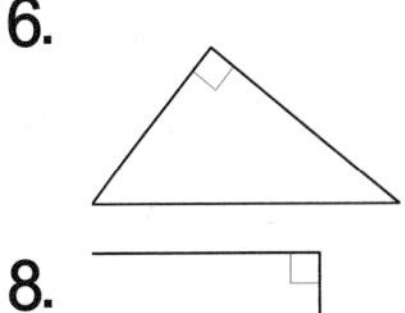

7.

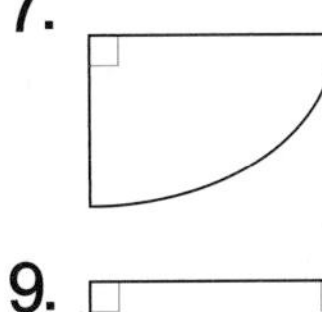

8. 9. 10.

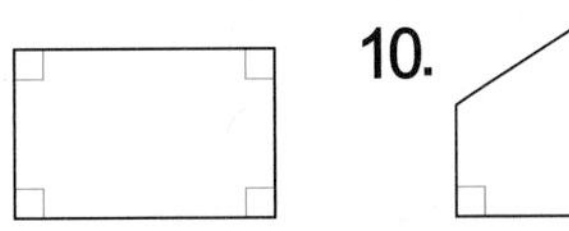

**50쪽**

1. 각 ㄱㄹㄷ 또는 각 ㄷㄹㄱ
2. 각 ㄱㄹㄴ 또는 각 ㄴㄹㄱ
3. 각 ㄱㄹㄷ 또는 각 ㄷㄹㄱ
4. 각 ㄴㅂㄷ 또는 각 ㄷㅂㄴ
5. 각 ㄴㅁㄷ 또는 각 ㄷㅁㄴ,
   각 ㄹㅁㄷ 또는 각 ㄷㅁㄹ
6. 각 ㄱㅂㅁ 또는 각 ㅁㅂㄱ,
   각 ㄹㅂㅁ 또는 각 ㅁㅂㄹ

**51쪽**

1. ( ○ ) 2. (   )
3. ( ○ ) 4. (   )
5. ( ○ ) 6. ( ○ )
7. (   ) 8. (   )
9. ( ○ ) 10. ( ○ )

**52쪽**

1. ( ○ ) 2. (   )
3. ( ○ ) 4. (   )
5. ( ○ ) 6. (   )
7. (   ) 8. ( ○ )
9. ( ○ ) 10. (   )

**53쪽**

1. ( ○ ) 2. (   )
3. (   ) 4. ( ○ )
5. ( ○ ) 6. (   )
7. ( ○ ) 8. ( ○ )
9. (   ) 10. (   )

**54~55쪽**

1. (  ) (○) (  )
2. 반직선 ㅈㅊ
3. 

4. 2개
5. 예 한 각이 직각인 삼각형이 아닙니다.
6. 가, 다
7. 다
8. 6개
9. 예

## 3 나눗셈

**58~59쪽**

1. 2
2. 8
3. 10
4. 14
5. 5
6. 15
7. 30
8. 45

---

1. 6
2. 12
3. 18
4. 27
5. 18
6. 30
7. 36
8. 48

---

1. 8
2. 20
3. 28
4. 32
5. 8
6. 24
7. 48
8. 56

---

1. 21
2. 28
3. 56
4. 63
5. 18
6. 27
7. 63
8. 72

**60쪽**

1. 4
2. 5
3. 6
4. 8

**61쪽**

1. 3, 3
2. 4, 4
3. 5, 5
4. 7, 7
5. 9, 9

**62쪽**

1. 3
2. 4
3. 5
4. 6
5. 8

**63쪽**

1. 4, 4
2. 5, 5
3. 7, 7
4. 8, 8
5. 9, 9

**64쪽**

1. 8 나누기 4는 2와 같습니다.
2. 10 나누기 2는 5와 같습니다.
3. 63 나누기 9는 7과 같습니다.
4. 40 나누기 5는 8과 같습니다.
5. $15 \div 3 = 5$
6. $32 \div 4 = 8$
7. $42 \div 7 = 6$
8. $72 \div 8 = 9$

**65쪽**

1. 2, 10 / 2
2. 2, 18 / 2
3. 3, 21 / 3
4. 6, 24 / 6
5. 8, 40 / 8

**66쪽**

1. 6, 2
2. 2, 7
3. 5, 4
4. 3, 8
5. 5 / 5, 9
6. 4 / 7, 4

7. 5, 3 / 3, 5　8. 9, 4 / 4, 9
9. 56, 7 / 56, 8
10. 35, 5 / 35, 7
11. 54, 9 / 54, 9, 6
12. 32, 4 / 32, 4, 8

**67쪽**
1. 2, 4　2. 6, 3
3. 6, 5　4. 5, 3
5. 2 / 8, 16　6. 7 / 3, 21
7. 4, 24 / 6, 24　8. 9, 36 / 4, 36
9. 7, 42 / 6, 42　10. 6, 48 / 8, 48
11. 9, 63 / 7, 9, 63
12. 8, 72 / 9, 8, 72

**68쪽**
1. 2, 4, 8 / 4, 2, 8 / 8, 2, 4 / 8, 4, 2
2. 3, 5, 15 / 5, 3, 15 / 15, 3, 5 / 15, 5, 3
3. 7, 3, 21 / 3, 7, 21 / 21, 7, 3 / 21, 3, 7
4. 5, 7, 35 / 7, 5, 35 / 35, 5, 7 / 35, 7, 5

**69쪽**
1. 2　2. 9
3. 6　4. 7
5. 5　6. 7
7. 5　8. 4
9. 5　10. 6
11. 8　12. 5
13. 4　14. 8

**70쪽**
1. 6, 6　2. 5, 5
3. 5, 5　4. 3, 3
5. 5, 5　6. 4, 4
7. 3, 3　8. 4, 4
9. 3, 3　10. 6, 6
11. 6, 6　12. 9, 9

**71쪽**
1. <　2. <　3. <
4. =　5. <　6. <
7. >　8. =　9. >
10. =　11. <　12. >
13. >　14. =

**72~73쪽**
1. 2
2. 12 나누기 6은 2와 같습니다.
3. 5 / 5, 6　4. 8, 8
5. 9 / 3, 9 (또는 9, 3)
6. 5, 5 / 5　7. =
8. 54÷9=6, 6쪽
9. 7마리

## 4 곱셈

**76~77쪽**
1. 4　2. 10
3. 12　4. 18
5. 10　6. 20
7. 25　8. 35

1. 3　2. 9
3. 21　4. 24
5. 12　6. 24
7. 42　8. 54

1. 4　2. 12
3. 24　4. 36
5. 16　6. 32
7. 40　8. 64

1. 14　2. 35
3. 49　4. 56
5. 9　6. 36
7. 54　8. 81

**78쪽**
1. 60 2. 70
3. 30 4. 40
5. 40 6. 60
7. 50 8. 20
9. 80 10. 80
11. 90 12. 60
13. 80 14. 90

**79쪽**
1. 26 2. 84
3. 55 4. 96
5. 46 6. 82
7. 66 8. 62
9. 39 10. 86
11. 28 12. 99
13. 48 14. 84

**80쪽**
1. 6, 36 2. 40, 48
3. 3, 93 4. 80, 88
5. 6, 46 6. 7, 77
7. 80, 82 8. 8, 68
9. 60, 63 10. 60, 66
11. 4, 24 12. 8, 88

**81쪽**
1. 28 2. 66
3. 99 4. 84
5. 99 6. 42
7. 84 8. 26
9. 48 10. 64
11. 66 12. 62
13. 96 14. 39
15. 86

**82쪽**
1. 128 2. 159
3. 126 4. 108
5. 126 6. 305
7. 168 8. 126
9. 144 10. 273
11. 186 12. 324
13. 219 14. 186

**83쪽**
1. 8, 168 2. 9, 129
3. 120, 128 4. 8, 328
5. 270, 279 6. 8, 208
7. 210, 216 8. 4, 184
9. 7, 287 10. 160, 166
11. 8, 728 12. 180, 189

**84쪽**
1. 248 2. 104
3. 164 4. 246
5. 288 6. 147
7. 162 8. 156
9. 124 10. 188
11. 248 12. 148
13. 455 14. 249
15. 146

**85쪽**
1. 52 2. 78
3. 76 4. 72
5. 80 6. 57
7. 72 8. 56
9. 85 10. 54
11. 75 12. 92
13. 75 14. 98

**86쪽**

1. 40, 76　2. 24, 84
3. 60, 70　4. 14, 94
5. 14, 84　6. 50, 70
7. 16, 96　8. 80, 92
9. 18, 78　10. 14, 74
11. 60, 81　12. 32, 72

**87쪽**

1. 50　2. 60
3. 87　4. 84
5. 72　6. 96
7. 96　8. 78
9. 90　10. 95
11. 91　12. 52
13. 68　14. 58
15. 54

**88쪽**

1. 111　2. 108
3. 125　4. 184
5. 371　6. 261
7. 150　8. 114
9. 360　10. 177
11. 504　12. 252
13. 522　14. 470

**89쪽**

1. 20, 100　2. 42, 102
3. 150, 160　4. 12, 192
5. 16, 416　6. 160, 196
7. 12, 132　8. 560, 581
9. 36, 126　10. 250, 270
11. 24, 234　12. 180, 192

**90쪽**

1. 105　2. 130
3. 172　4. 312
5. 595　6. 102
7. 438　8. 310
9. 744　10. 684
11. 108　12. 240
13. 378　14. 258
15. 198

**91쪽**

1. 80　2. 210
3. 88　4. 64
5. 168　6. 405
7. 72　8. 92
9. 212　10. 534

**92쪽**

1. 80　2. 42
3. 126　4. 164
5. 65　6. 72
7. 156　8. 444

**93쪽**

1. 60　2. 360
3. 63　4. 88
5. 186　6. 219
7. 56　8. 98
9. 325　10. 792

**94쪽**

1. <　2. <　3. <
4. >　5. >　6. >
7. >　8. >　9. <
10. <　11. <　12. >
13. >　14. <

**95쪽**

1. 3　2. 4
3. 2　4. 2, 2
5. (위에서부터) 3, 9
6. 4　7. 6
8. (위에서부터) 6, 9
9. (위에서부터) 2, 8
10. 7
11. (위에서부터) 3, 2
12. (위에서부터) 4, 6
13. 6
14. (위에서부터) 5, 4
15. (위에서부터) 4, 1

**96~97쪽**

1. (1) 80, 84 (2) 21, 51
2. 10
3. (1) 44 (2) 106
4. (1) 150 (2) 112
5. (1) 78 (2) 304
6. <
7. (위에서부터) 8, 9
8. 20×6=120, 120쪽
9. 60개

## 5 길이와 시간

**100~101쪽**

1. 2m, 2 미터
2. 5m, 5 미터
3. 1m 40cm, 1 미터 40 센티미터
4. 8m 63cm, 8 미터 63 센티미터

---

1. 100 2. 300
3. 7 4. 9
5. 210 6. 535
7. 6, 80 8. 9, 24

---

1. 2, 40 2. 9, 15
3. 4, 56 4. 11, 23

---

1. 60 2. 120
3. 3 4. 80
5. 195 6. 2, 10
7. 4, 30 8. 5, 50

**102쪽**

1. 4mm, 4 밀리미터
2. 7mm, 7 밀리미터
3. 2cm 5mm, 2 센티미터 5 밀리미터
4. 6cm 3mm, 6 센티미터 3 밀리미터
5. 9cm 8mm, 9 센티미터 8 밀리미터

**103쪽**

1. 1, 8 2. 4, 2
3. 7, 5 4. 10, 6
5. 2, 7 6. 5, 9
7. 14, 3 8. 5, 1
9. 8, 3 10. 9, 4
11. 13, 9 12. 2, 5
13. 10, 8 14. 17, 6

**104쪽**

1. 10 2. 30
3. 50 4. 80
5. 100 6. 140
7. 210 8. 24
9. 67 10. 95
11. 131 12. 272
13. 358 14. 483

**105쪽**

1. 2 2. 4
3. 7 4. 11
5. 18 6. 24
7. 36 8. 1, 9
9. 3, 5 10. 8, 2
11. 14, 3 12. 26, 4
13. 37, 9 14. 41, 6

**106쪽**
1. 21 / 4, 5
2. 32 / 5, 3
3. 19 / 3, 8
4. 25 / 6, 2

**107쪽**
1. 2km, 2 킬로미터
2. 5km, 5 킬로미터
3. 3km 100m, 3 킬로미터 100 미터
4. 6km 907m, 6 킬로미터 907 미터
5. 8km 640m, 8 킬로미터 640 미터

**108쪽**
1. 1, 500
2. 4, 700
3. 8, 910
4. 10, 602
5. 5, 300
6. 7, 80
7. 9, 250
8. 23, 407

**109쪽**
1. 1000
2. 2000
3. 5000
4. 7000
5. 8000
6. 11000
7. 20000
8. 1700
9. 3500
10. 6180
11. 8020
12. 9463
13. 13009
14. 24075

**110쪽**
1. 3
2. 4
3. 6
4. 9
5. 12
6. 25
7. 31
8. 2, 100
9. 5, 600
10. 7, 92
11. 8, 375
12. 18, 4
13. 27, 60
14. 35, 200

**111쪽**
1. km
2. cm
3. m
4. cm
5. km
6. m
7. km
8. cm
9. m
10. m
11. km
12. cm
13. km
14. m

**112쪽**
1. m
2. mm
3. cm
4. m
5. mm
6. cm
7. m
8. mm
9. m
10. cm
11. mm
12. cm
13. cm
14. m

**113쪽**
1. (1) 8mm
   (2) 3m 70cm
2. (1) 2km 750m
   (2) 6mm
3. (1) 5km 200m
   (2) 4m 30cm
4. (1) 17cm 5mm
   (2) 200m
5. (1) 3km 100m
   (2) 8cm 5mm
6. (1) 7mm
   (2) 20m 50cm

**114쪽**
1. 1, 25, 40
2. 6, 5, 20
3. 9, 10, 54
4. 12, 38, 15
5. 2, 45, 28
6. 5, 22, 50
7. 7, 16, 33
8. 10, 41, 9

**115쪽**
1. 2, 30, 16
2. 8, 25, 49
3. 6, 41, 7
4. 3, 13, 52
5. 11, 2, 35
6. 5, 39, 18
7. 10, 28, 46
8. 7, 55, 32
9. 9, 17, 24
10. 12, 43, 51

**116쪽**
1. 60 2. 120
3. 240 4. 420
5. 70 6. 110
7. 140 8. 220
9. 305 10. 155
11. 270 12. 375
13. 475 14. 505

**117쪽**
1. 3 2. 5
3. 6 4. 8
5. 1, 30 6. 1, 45
7. 2, 5 8. 2, 30
9. 4, 30 10. 3, 15
11. 5, 10 12. 6, 25
13. 7, 20 14. 8, 35

**118~119쪽**
1. 1, 35 2. 3, 50
3. 7, 30 4. 9, 58
5. 14, 58 6. 1 / 3, 5
7. 1 / 5, 15 8. 1 / 9, 10
9. 1 / 12, 16 10. 1 / 19, 11
11. 2, 18, 35 12. 4, 39, 45
13. 4, 55, 45 14. 7, 44, 56
15. 11, 58, 58 16. 1 / 1, 31, 15
17. 1 / 5, 46, 25
18. 1 / 8, 20, 40
19. 1 / 12, 25, 42
20. 1, 1 / 19, 14, 7

**120~121쪽**
1. 2, 55 2. 4, 55
3. 3, 56 4. 8, 34
5. 5, 45 6. 1 / 4, 10
7. 1 / 6, 8 8. 1 / 5, 11
9. 1 / 8, 27 10. 1 / 11, 12
11. 1, 15, 30 12. 3, 40, 48
13. 6, 53, 27 14. 8, 54, 50
15. 10, 59, 48
16. 1 / 2, 56, 5
17. 1 / 5, 46, 10
18. 1 / 6, 20, 20
19. 1 / 9, 12, 59
20. 1, 1 / 12, 17, 4

**122~123쪽**
1. 2, 20 2. 4, 30
3. 4, 40 4. 3, 18
5. 7, 26 6. 2, 60 / 2, 55
7. 4, 60 / 4, 40 8. 8, 60 / 5, 46
9. 9, 60 / 3, 48
10. 19, 60 / 11, 12
11. 1, 10, 5 12. 2, 30, 11
13. 2, 15, 15 14. 2, 22, 19
15. 7, 18, 21
16. 34, 60 / 3, 19, 40
17. 24, 60 / 5, 20, 35
18. 6, 60 / 4, 42, 15
19. 7, 60 / 2, 56, 8
20. 9, 60, 60 / 5, 53, 53

**124~125쪽**
1. 2, 35 2. 4, 15
3. 5, 22 4. 5, 18
5. 5, 31 6. 2, 60 / 2, 20
7. 4, 60 / 4, 35 8. 6, 60 / 4, 55
9. 8, 60 / 4, 43
10. 11, 60 / 4, 26
11. 2, 25, 25 12. 5, 5, 15
13. 5, 15, 12 14. 2, 14, 26
15. 7, 17, 27
16. 14, 60 / 4, 4, 55
17. 34, 60 / 7, 12, 50
18. 7, 60 / 5, 48, 16
19. 9, 60 / 3, 53, 15
20. 11, 60, 60 / 3, 55, 45

**126~127쪽**

1. 2, 15 2. 2, 25
3. 3, 9 4. 4, 18
5. 7, 17 6. 1, 60 / 30
7. 4, 60 / 1, 45 8. 6, 60 / 4, 47
9. 9, 60 / 4, 54
10. 11, 60 / 5, 51
11. 1, 5, 5 12. 2, 25, 20
13. 5, 17, 18 14. 3, 34, 13
15. 6, 14, 7
16. 24, 60 / 3, 14, 45
17. 29, 60 / 3, 15, 55
18. 7, 60 / 3, 48, 15
19. 9, 60 / 2, 55, 2
20. 11, 60, 60 / 5, 46, 16

**128~129쪽**

1. 3cm 4mm, 3 센티미터 4 밀리미터
2. (1) 8, 10, 40 (2) 10, 27, 35
3. (1) 41 (2) 9, 5
4. (1) 1700 (2) 8, 20
5. mm
6. (1) 100 (2) 2, 15
7. (1) 8, 55 (2) 5, 20, 5
8. 2분 10초－1분 38초＝32초, 32초
9. 1시간 23분

## 6 분수와 소수

**132~133쪽**

1. 2 2. 4 3. 2
4. 3 5. 6

---

1. ( )( )( )(○)
2. ( )( )( )(○)
3. ( )(○)( )( )
4. ( )( )(○)( )

---

1.
2. 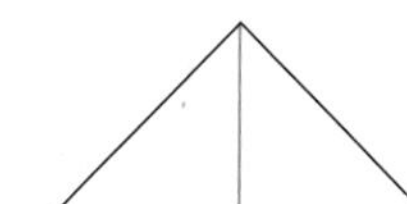
3. 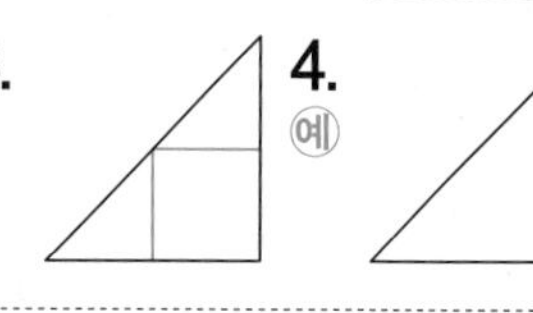
4. 예

---

1. 예
2. 예  
3. 예 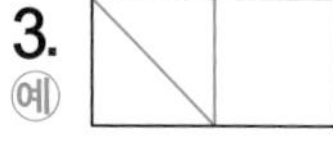
4. 예 

**134쪽**

1. 가, 다, 마 2. 나, 다, 라
3. 가, 라, 마 4. 나, 다, 마

**135쪽**

1. 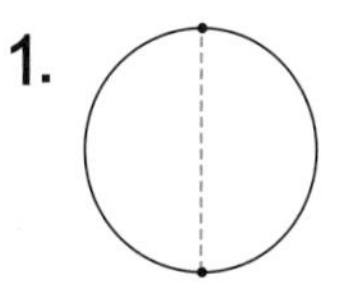
2. 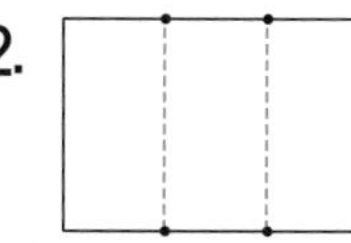
3. 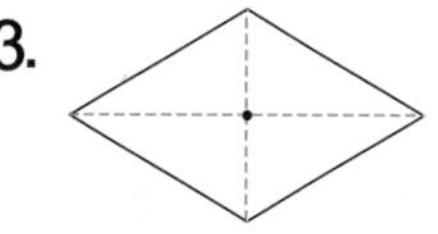
4. 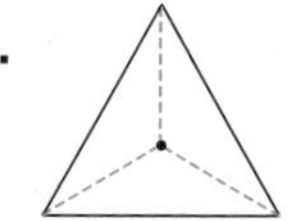
5. 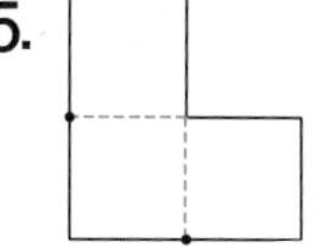
6. 예 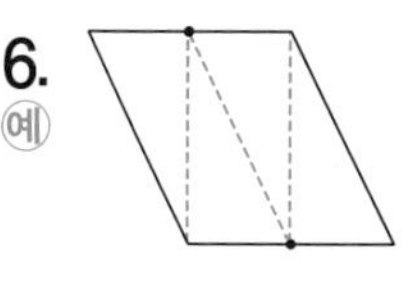
7. 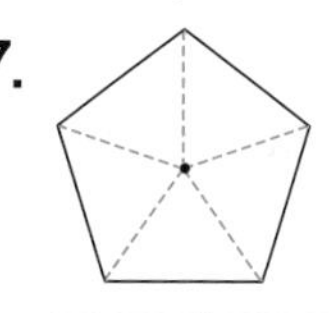
8. 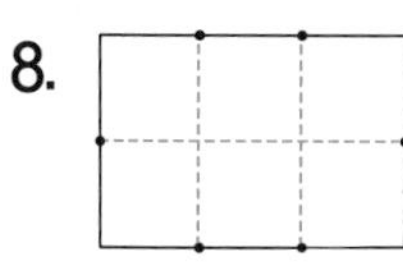
9. 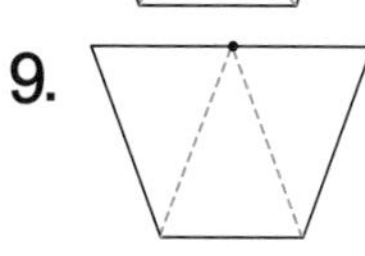
10. 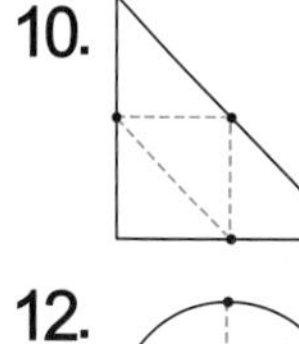
11. 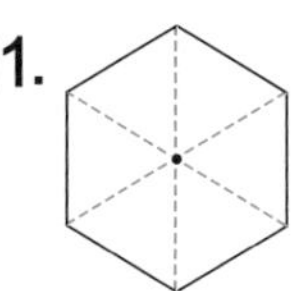
12. 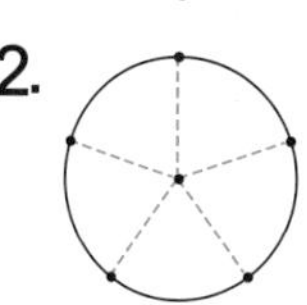

**136쪽**

1. 2, 1 2. 3, 1
3. 4, 2 4. 5, 3
5. 6, 2

**137쪽**

1. 3, 1
2. 3, 2
3. 4, 1
4. 6, 5
5. 8, 3
6. 9, 7

**138쪽**

1. 4, 1, $\frac{1}{4}$, 4분의 1
2. 6, 2, $\frac{2}{6}$, 6분의 2
3. 5, 3, $\frac{3}{5}$, 5분의 3
4. 6, 5, $\frac{5}{6}$, 6분의 5
5. 8, 4, $\frac{4}{8}$, 8분의 4

**139쪽**

1. $\frac{1}{3}$, 3분의 1
2. $\frac{2}{4}$, 4분의 2
3. $\frac{4}{5}$, 5분의 4
4. $\frac{3}{6}$, 6분의 3
5. $\frac{5}{8}$, 8분의 5

**140쪽**

1. $\frac{2}{3}$
2. $\frac{1}{4}$
3. $\frac{2}{5}$
4. $\frac{3}{6}$
5. $\frac{2}{4}$, $\frac{2}{4}$
6. $\frac{5}{6}$, $\frac{1}{6}$
7. $\frac{4}{8}$, $\frac{4}{8}$
8. $\frac{2}{9}$, $\frac{7}{9}$
9. $\frac{4}{5}$, $\frac{1}{5}$
10. $\frac{3}{8}$, $\frac{5}{8}$
11. $\frac{5}{7}$, $\frac{2}{7}$
12. $\frac{7}{10}$, $\frac{3}{10}$

**141쪽**

1. 예 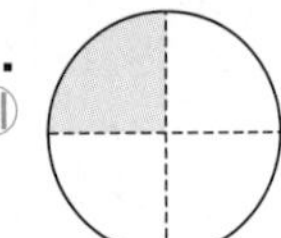
2. 예 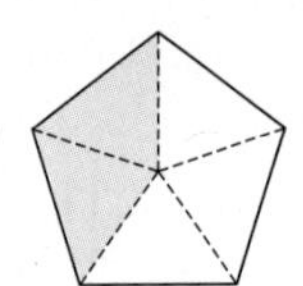
3. 예 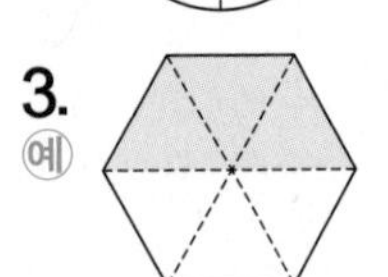
4. 예 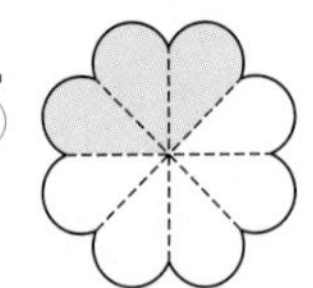
5. 예 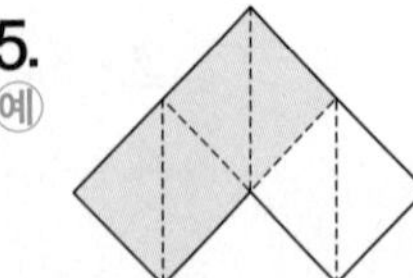
6. 예 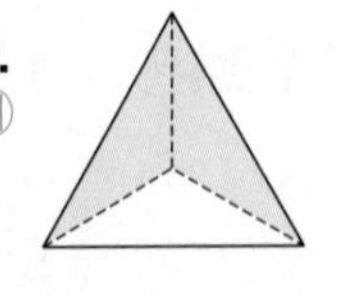
7. 예
8. 예
9. 예 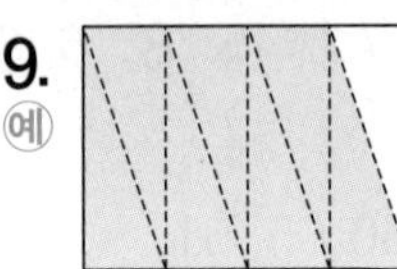
10. 예

**142쪽**

1. 예 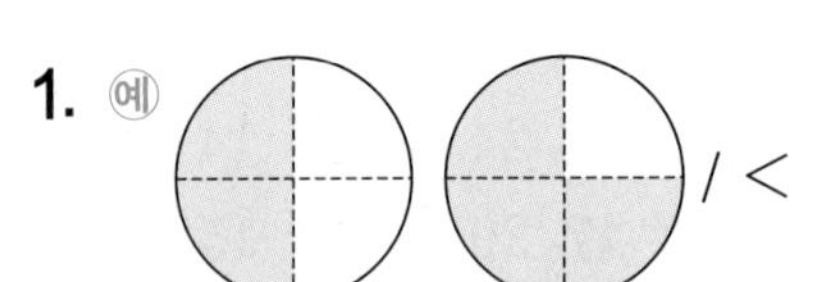 / <
2. 예 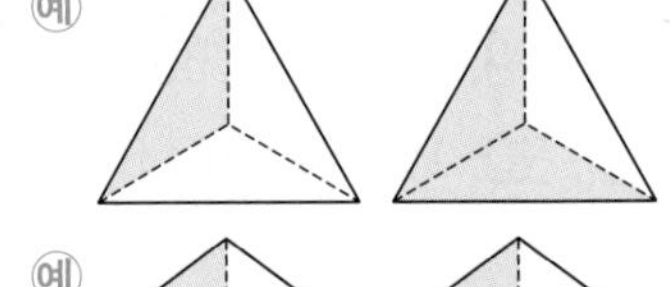 / <
3. 예 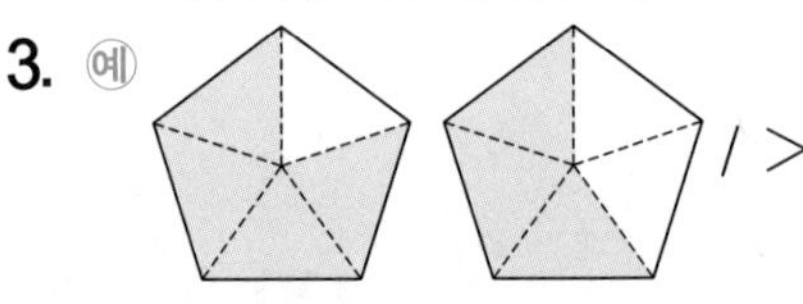 / >
4. 예 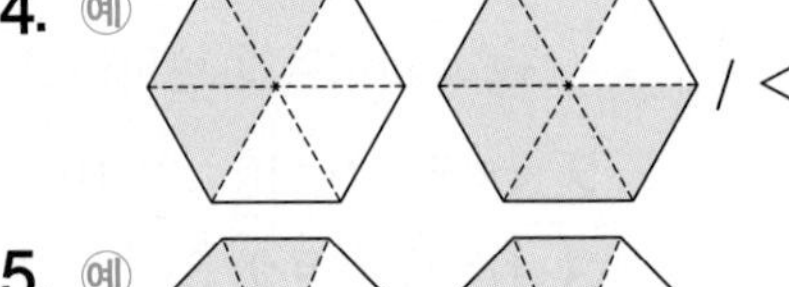 / <
5. 예 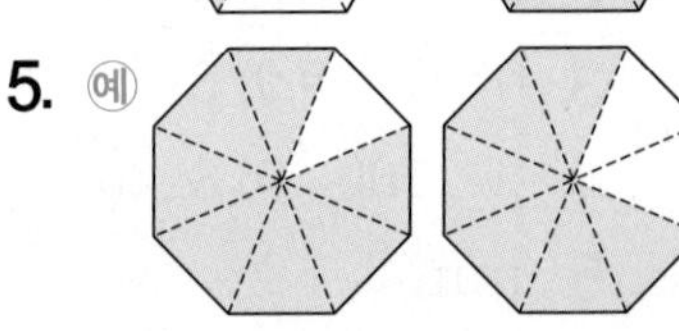 / >

**143쪽**

1. >
2. <
3. <
4. >
5. >
6. >
7. <
8. >
9. <
10. <
11. >
12. >
13. >
14. <

**144쪽**

1. $\frac{4}{5}$에 ○표, $\frac{1}{5}$에 △표
2. $\frac{5}{6}$에 ○표, $\frac{3}{6}$에 △표
3. $\frac{7}{8}$에 ○표, $\frac{1}{8}$에 △표
4. $\frac{8}{9}$에 ○표, $\frac{2}{9}$에 △표

5. $\frac{7}{11}$에 ○표, $\frac{3}{11}$에 △표

6. $\frac{10}{15}$에 ○표, $\frac{1}{15}$에 △표

7. $\frac{6}{7}$에 ○표, $\frac{3}{7}$에 △표

8. $\frac{3}{4}$에 ○표, $\frac{1}{4}$에 △표

9. $\frac{9}{10}$에 ○표, $\frac{5}{10}$에 △표

10. $\frac{8}{12}$에 ○표, $\frac{4}{12}$에 △표

11. $\frac{14}{17}$에 ○표, $\frac{3}{17}$에 △표

12. $\frac{11}{20}$에 ○표, $\frac{4}{20}$에 △표

**145쪽**

1. 예 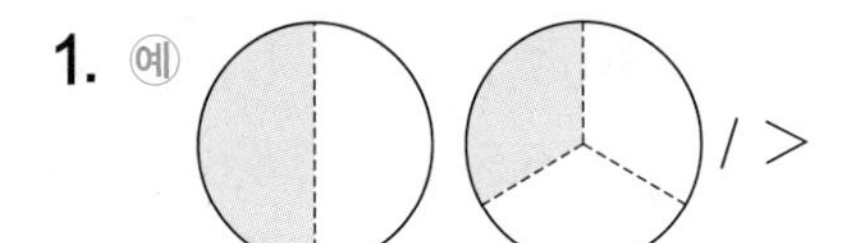 / >

2. 예 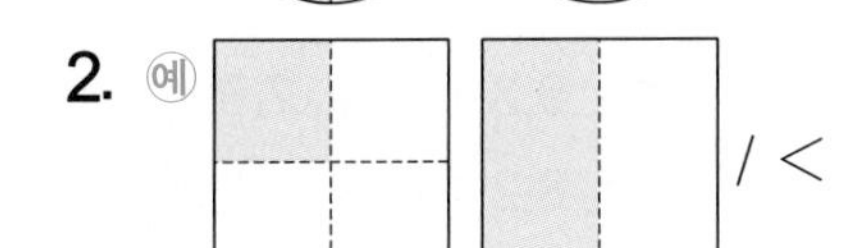 / <

3. 예 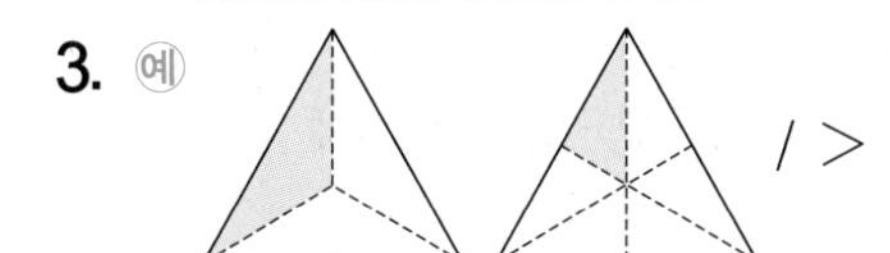 / >

4. 예 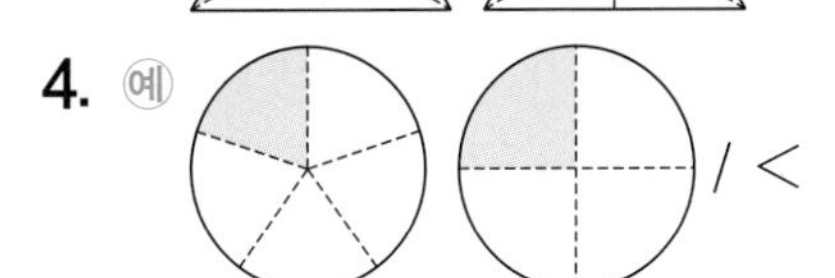 / <

5. 예 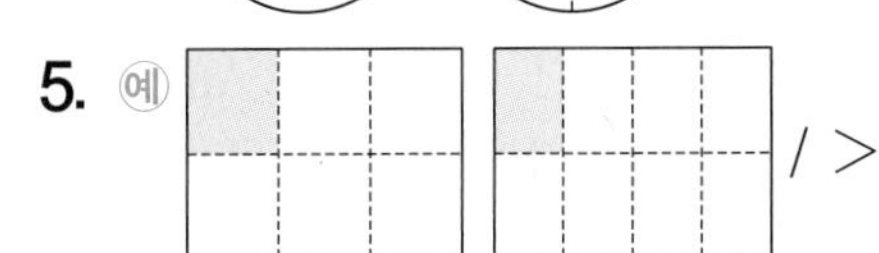 / >

**146쪽**

1. > 2. > 3. <
4. < 5. < 6. >
7. < 8. > 9. >
10. < 11. > 12. >
13. > 14. <

**147쪽**

1. $\frac{1}{2}$에 ○표, $\frac{1}{4}$에 △표

2. $\frac{1}{5}$에 ○표, $\frac{1}{8}$에 △표

3. $\frac{1}{4}$에 ○표, $\frac{1}{9}$에 △표

4. $\frac{1}{2}$에 ○표, $\frac{1}{10}$에 △표

5. $\frac{1}{7}$에 ○표, $\frac{1}{11}$에 △표

6. $\frac{1}{3}$에 ○표, $\frac{1}{9}$에 △표

7. $\frac{1}{4}$에 ○표, $\frac{1}{12}$에 △표

8. $\frac{1}{7}$에 ○표, $\frac{1}{21}$에 △표

9. $\frac{1}{3}$에 ○표, $\frac{1}{15}$에 △표

10. $\frac{1}{11}$에 ○표, $\frac{1}{55}$에 △표

11. $\frac{1}{10}$에 ○표, $\frac{1}{30}$에 △표

12. $\frac{1}{25}$에 ○표, $\frac{1}{100}$에 △표

**148쪽**

1. 0.2, 영 점 이 2. 0.3, 영 점 삼
3. 0.5, 영 점 오 4. 0.7, 영 점 칠
5. 4, 영 점 사 6. 8, 영 점 팔
7. 6, 0.6 8. 9, 0.9

**149쪽**

1. $\frac{1}{10}$, 0.1 2. $\frac{3}{10}$, 0.3
3. $\frac{2}{10}$, 0.2 4. $\frac{6}{10}$, 0.6
5. $\frac{4}{10}$, 0.4 6. $\frac{5}{10}$, 0.5
7. $\frac{7}{10}$, 0.7 8. $\frac{9}{10}$, 0.9

**150쪽**

1. 0.2 (또는 $\frac{2}{10}$) 2. 0.4 (또는 $\frac{4}{10}$)
3. 0.5 (또는 $\frac{5}{10}$) 4. 3
5. 7 6. 0.1 (또는 $\frac{1}{10}$)
7. 0.1 (또는 $\frac{1}{10}$) 8. 0.1
9. 0.3 10. 0.6
11. 0.8 12. $\frac{5}{10}$
13. $\frac{9}{10}$ 14. $\frac{7}{10}$

**151쪽**

1. 1.8, 일 점 팔
2. 2.3, 이 점 삼
3. 3.7, 삼 점 칠
4. 5.1, 오 점 일
5. 6.4, 육 점 사
6. 7.2, 칠 점 이
7. 8.9, 팔 점 구
8. 9.5, 구 점 오

**152쪽**

1. 1.9 (또는 $\frac{19}{10}$)
2. 3.6 (또는 $\frac{36}{10}$)
3. 5.4 (또는 $\frac{54}{10}$)
4. 62
5. 85
6. 0.1 (또는 $\frac{1}{10}$)
7. 0.1 (또는 $\frac{1}{10}$)
8. 27
9. 48
10. 73
11. 5.9
12. 9.4
13. 0.1 (또는 $\frac{1}{10}$)
14. 0.1 (또는 $\frac{1}{10}$)

**153쪽**

1. 1.2
2. 3.8
3. 4.1
4. 6.7
5. 7.4
6. 8.5
7. 9.3
8. 2.6
9. 4.5
10. 5.9
11. 6.1
12. 9.2
13. 7.8
14. 8.7

**154쪽**

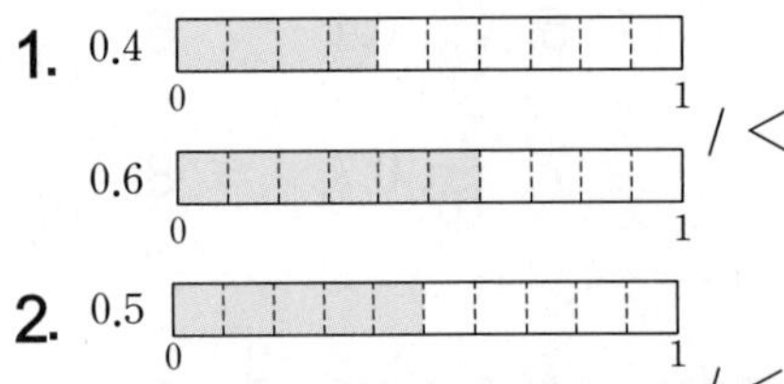

1. 0.4, 0.6 / <
2. 0.5, 0.7 / <
3. 2.7, 1.9 / >
4. 1.2, 1.5 / <
5. 2.8, 2.3 / >

**155쪽**

1. <
2. >
3. <
4. >
5. <
6. >
7. >
8. <
9. >
10. <
11. <
12. <
13. >
14. <

**156쪽**

1. 0.5에 ○표, 0.1에 △표
2. 1.2에 ○표, 0.7에 △표
3. 2.4에 ○표, 1.5에 △표
4. 3.7에 ○표, 3.3에 △표
5. 6.2에 ○표, 4.4에 △표
6. 8.5에 ○표, 7.2에 △표
7. 4.1에 ○표, 2.7에 △표
8. 1.9에 ○표, 0.6에 △표
9. 9.8에 ○표, 9.1에 △표
10. 7.7에 ○표, 5.2에 △표
11. 5.5에 ○표, 4.6에 △표
12. 8.9에 ○표, 8.1에 △표
13. 9.3에 ○표, 7.6에 △표
14. 8.2에 ○표, 3.9에 △표

**157쪽**

1. 1, 2, 3에 ○표
2. 6, 7, 8, 9에 ○표
3. 7, 8, 9에 ○표
4. 5, 6, 7, 8, 9에 ○표
5. 1, 2, 3, 4, 5에 ○표
6. 7, 8, 9에 ○표
7. 1, 2, 3, 4에 ○표

**158~159쪽**

1. 5, 2
2. 3, 1
3. $\frac{5}{8}$, 8분의 5
4. 예

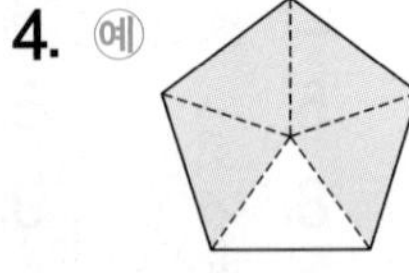

5. 0.6, 영 점 육
6. (1) > (2) >
7. (1) 0.8 (2) 6.7
8. (1) > (2) <
9. $\frac{1}{2}$에 ○표, $\frac{1}{10}$에 △표
10. 9.5cm

## 계산박사 단계별 교육 과정

| | | |
|---|---|---|
| 1학년 | 1학기 | 1단계 |
| | 2학기 | 2단계 |
| 2학년 | 1학기 | 3단계 |
| | 2학기 | 4단계 |
| 3학년 | 1학기 | 5단계 |
| | 2학기 | 6단계 |
| 4학년 | 1학기 | 7단계 |
| | 2학기 | 8단계 |
| 5학년 | 1학기 | 9단계 |
| | 2학기 | 10단계 |
| 6학년 | 1학기 | 11단계 |
| | 2학기 | 12단계 |

◀ 정답은 이 안에 있어!